大美绿城
伊金霍洛

政协伊金霍洛旗委员会　编

学苑出版社

图书在版编目（ＣＩＰ）数据

大美绿城　伊金霍洛 / 政协伊金霍洛旗委员会编；
皇甫欢欢，邬振江撰写 . -- 北京：学苑出版社，2024.1
ISBN 978-7-5077-6882-4

Ⅰ．①大… Ⅱ．①政… ②皇… ③邬… Ⅲ．①生态环
境建设—伊金霍洛旗 Ⅳ．①X321.264

中国国家版本馆CIP数据核字(2024)第011040号

责任编辑：战葆红
出版发行：学苑出版社
社　　　址：北京市丰台区南方庄2号院1号楼
邮政编码：100079
网　　　址：www.book001.com
电子信箱：xueyuanpress@163.com
联系电话：010-67601101（销售部）　010-67603091（总编室）
印 刷 厂：内蒙古掌印文化科技有限公司
开本尺寸：710mm×1000mm　1/16
印　　张：22.5
字　　数：283千字
版　　次：2024年1月第1版
印　　次：2024年1月第1次印刷
定　　价：88.00元

编 委 会

前　言

　　伊金霍洛旗属鄂尔多斯市管辖,资源富集,是全国第三大产煤县(旗),地区生产总值3年连跨500亿元,2022年达到1219亿元,跻身"千亿县俱乐部",2022年末,全旗常住人口为25.36万人,是一个绿富同兴、发展活力极强的北方旗(县)。

　　《大美绿城　伊金霍洛》由伊金霍洛旗政协领导策划,政协和相关部门工作人员组织资料,鄂尔多斯学研究会组织专家学者编撰,学苑出版社出版发行。该书全景式反映了伊金霍洛旗各族人民群众在党的领导下绿化家园、追求美好生活的时代画卷。

　　全书分七章,从伊金霍洛生态区位开卷,用六节详细描述了伊金霍洛旗所处的地理方位。第二章专门叙述了伊金霍洛生态本底,该章从"自然地理概况""经济社会发展现状""生态文明建设成就"到"优势条件",用四节翔实地介绍了伊金霍洛旗当下的生态文明状况。第三章伊金霍洛绿色考卷,是本书的重点章节,从八个方面展开撰写,包括"荒漠化基本得到遏制,防治任务依然艰巨""矿区废弃地面积大,生态恢复亟须加强""水资源先天不足,影响可持续发展""湿地生态功能持续退化,保护形势异常严峻""林分结构不合理,林地综合防护效益不高""农田碎片化问题突出,阻碍产业化发展""产业结构转型较慢,亟须发展绿色生态产业""人民对优美环境的需求十分迫切"等,客观实在地分析了伊金霍洛旗生态文明建设仍然处在任重道远的发展关口。第四章伊金霍洛绿色答卷,从四个阶段剖析了各族人民群众植绿种草建设家园的各种举措,中华人民共和国成立之前,过度放垦草原造成"黄风不分昼与夜";中华人民共和国成立后,国有林场、集体治沙、个人种树种草一起上,沙进人退现象得到一定程度的改善;党的十一届三中全会始,旗委、旗政府坚持"植被建设是伊金霍洛旗最大的基本建设"的战略举措,防沙治沙、小流域治理、草牧场"三化"防治和矿区生态修复等出现前所未有的喜人景象;党的十八大以来,全旗上下坚定不移地坚持"山水林田湖草沙"系统治理的理念,追求以生态优先高质量发展的路径,多措并举,加大投入,强调科技,史无前例地出现了生态效益、经济效益、社会效益多赢的局面。第五章伊金霍洛绿富同兴,篇幅不大,文字不多,但这是本书画龙点睛之章,作者用生态效益增"绿"、经济效益增"金"、社会效益增"名"、景观效益增"美"进行高度概括,给人特别想读,读后又惬意舒服的感受。第六章伊金霍洛绿色精神,通过对"治沙大户 引领示范"者马鸡焕、阿文色林和倪驼羔,"英雄模范 忠魂永驻"者王玉珊、贾道尔吉,"科技支撑 默默奉献"者许广重、乔栈彪,"政策保障 稳步先行"者聂生有、李志平,"创新创业 生态优先"者李玉良等的总结,提炼出富有鼓舞作用和引领价值的十六字"伊金霍洛绿色精神",即"守望家园、齐心协力、创新助业、绿富同兴"。第七章厚植底色 逐绿前行,用七个部分书写了对未来的展望,既有"守望碧水蓝天,共建美丽家园"的愿景和规划,也有"和谐共生更增绿""政策连续更有力""改革驱动更强劲""技术革新更迅速"的行动和举措,更有"产业拉动共富裕"和"党建引领强保障"的壮美蓝图。

书中所说的"伊金霍洛"是蒙古语,汉语意为"圣主的院落",因成吉思汗陵坐落在境内而得名。

该书最大的特点在于"大""美""绿""城"。

所谓"大"，即"大思路""大范围""大力度""大收获"。

伊金霍洛旗的"大思路"，旗委从20世纪50年代始，始终坚持绿化家园建设的大思路，由"种草种树基本田"到"林牧为主多种经营"，再到"绿色大旗工业强旗"，几十年的经验就一条：生态优先、绿色发展。这里的"大范围"是指从城镇到乡村，从集体到农牧户，从矿区到田间地头，只要国土需要植绿的地方，便有绿色行动，正因为这样，全国绿化模范旗的荣誉一直是伊金霍洛旗各族人民群众最为珍惜的一张名片。"大力度"说的是各级政府投入力度大，各类企业和社会组织植绿的积极性高，农牧民治沙绿化家园的热情超乎寻常，多方面合力打造出今日的绿色伊金霍洛。70年前生态恶化、黄沙漫天，沙地占全旗总面积的66%，70年后森林覆盖率从3%提升到37.1%。"大收获"就是"前人种树后人乘凉"，大地绿了，植被好了，蓝天白云漂亮了，飞禽走兽也多了，人的心情舒坦了，宜居宜业宜游的伊金霍洛给四面八方来者留下"大美绿城"的美好印象，当地人更是生活在绿色美妙之中。

所谓"美"，即"向往美""奋斗美""成就美""未来美"。

伊金霍洛旗的老百姓从古至今都喜欢夸奖家乡美，有书记载：成吉思汗途经这片草原时，曾有过"花角金鹿栖息之所，戴胜鸟儿孵化之乡，衰落王朝振兴之地，白发吾翁享乐之邦"的赞叹。中华人民共和国成立后，伊金霍洛旗的各族儿女在中国共产党的领导下，艰苦奋斗、奋发图强，创造条件改变家乡荒漠贫穷落后的面貌，从"向往美"到"奋斗美"，再到"成就美"，这一过程虽说披星戴月，披荆斩棘，筚路蓝缕，但建设美好家园的初心和梦想始终是伊金霍洛旗各族人民群众踔厉奋发、勇毅前行不竭的动力。如今我们可以自豪地说，先人们"大干苦干加巧干"局部遏制了"沙进人退"现象，前辈们"人工机械加飞播"促成了全面小康的绿色家园，当下吾辈们"生态优先绿色发展"必将造就一个"科技支撑、和谐宜居"的现代化伊金霍洛。

所谓"绿",即"追求绿""黄变绿""绿中绿""绿更绿"。伊金霍洛旗地处毛乌素沙地东北边缘,历史原因和地理因素的叠加,为当地的生态建设出了一道难题。但伊金霍洛人没有望沙而却步,而是坚持"一张蓝图绘到底、一任接着一任干",接力植绿、护绿、守绿。特别是党的十八大以来,伊金霍洛旗不断创新完善治沙模式,提高治沙综合效益,扎实推进山水林田湖草沙一体化保护和系统治理,科学编制全国首例县级《山水林田湖草沙综合治理与绿色发展规划》,先后实施退耕还林、"三北"工程、京津风沙源治理等国家重点工程和"四区十线一新村"绿化、碳汇林、城防林等地方林业工程,退化林分提质修复等一批先进造林护林技术被广泛推广、复制。如今的伊金霍洛旗再无寸草不生之荒寂,大片的沙地柏、樟子松为大地披上了绿色,密密麻麻的沙柳和杨柴将沙土牢牢固定住,微风拂面,鸟鸣清脆。截至2022年底,伊金霍洛旗森林面积达到305万亩,森林覆盖率达到37.06%,草原综合植被盖度达到61%。这是伊金霍洛人治沙精神的真实写照,这是伊金霍洛旗对"绿水青山就是金山银山"生态文明理念的生动写意。伊金霍洛人从"追求绿"的奋斗中实现了"黄变绿",由"绿中绿"走向今天的"绿更绿","中国十佳绿色城市""中国绿色名旗""国家园林县城"等称号镌刻着可圈可点的"伊金霍洛绿色实践"。

所谓"城",即"梦中城""村变城""宜居城""绿富城"。

从乡村走进城市,过上"楼上楼下电灯电话,耕地不用牛,点灯不用油"的城市生活,曾经是多少代伊金霍洛人的梦想。中华人民共和国成立后,这里的城镇建设因各种原因走过一段爬坡过坎的艰难路程,党的十一届三中全会后,伊金霍洛旗迈开了加快建设工业化、城镇化的步伐,21世纪开始,特别是党的十八大以来,伊金霍洛旗工业化、城镇化建设实现了跨越式发展,旗委、旗政府着力打造"水在城中、城在绿中、人在景中"的城市生态宜居环境。如今,伊金霍洛旗结合城市生态水系建设,按照"舒展大气""精美秀气""亲水灵气"的理念,以"绣花功夫"和"工匠精神",对中心城区5大区域、9个公园广场、28条市政道路和71个景观节点绿化品质进行了精雕细琢、全面提升,新增绿地面积100万平方米,公园绿地总数达33处,中心城区绿化率突破48.4%,人均公园绿地面积达84.8平方米;硬化人行道126万平方米,铺设慢行系统25公里,城市绿道、慢行步道、骑行公园、林荫小路交错布局,一座高"颜值"、高"气质"的生态小城正在形成之中。2023年,在创建全国县级文明城市的过程中,伊金霍洛人始终注重扮靓城市"颜值",提升市民生活品质,大力进行基础设施改造,完善道路交通体系,改造老旧小区,全力推进城市的蝶变跃升。

田奋清

2023年10月8日

目　　录

第七章　厚植底色　逐绿前行

第一章
伊金霍洛生态区位

党的二十大确定了新时代我国经济和社会发展的战略目标——以中国式现代化全面推进中华民族伟大复兴,到21世纪中叶建成富强民主文明和谐美丽的社会主义现代化强国。生态优先,绿色发展是社会主义现代化强国的应有之义,全面建成社会主义现代化强国必须推动绿色发展,促进人与自然和谐共生。

党的十八大以来,习近平总书记立足新时代的历史方位,深刻把握自然规律、经济规律和社会规律,高度重视生态建设,提出一系列重要理念和重要思想,如生态文明建设是"五位一体"总体布局之一、绿色发展理念是新发展理念之一、污染防治是三大攻坚战之一等,这些新理念新思想体现了以习近平同志为核心的党中央对生态文明建设规律的把握,体现了生态文明建设在新时代党和国家事业发展中的战略地位。

习近平总书记高度重视内蒙古自治区的生态文明建设情况,先后多次对内蒙古生态文明建设工作作出重要指示批示,连续五次参加了全国人大内蒙古代表团审议并发表重要讲话,对内蒙古的战略地位与发展定位进行了充分阐述,为内蒙古量身定制了"坚定不移走以生态优先、绿色发展为导向的高质量发展新路子,把祖国北部边疆风景线打造得更加亮丽"的行动纲领,这既是习近平总书记对内蒙古的深切嘱托,也是党中央赋予内蒙古的重大责任与光荣使命。

第一节　国家"两屏三带"安全
格局的关键地带

2015年,生态环境部、中国科学院发布《全国生态功能区划(修编版)》,作为实施区域生态分区管理、构建国家和区域生态安全格局的基础,全国生态功能区划为全国生态保护与建设规划、维护区域生态安全、促进社会经济可持续发展与生态文明建设提供科学依据。《全国生态功能区划》包括3大类、9个类型和242个生态功能区,根据区域生态系统格局、生态环境敏感性与生态系统服务功能空间分异规律,将区域划分成不同生态功能的地区,确定了"两屏三带"为主体的国家生态安全战略格局,这是指以青藏高原生态屏障、黄土高原川滇生态屏障、东北森林带、北方防沙带和南方丘陵土地带以及大江大河重要水系为骨架,以其他国家重点生态功能区为重要支撑,以点状分布的国家禁止开发区域为重要组成部分的生态安全战略格局。

北方防沙带是国家"两屏三带"生态安全格局的重要组成部分,范围包括新疆、甘肃、宁夏、内蒙古、辽宁、吉林等部分地区及新疆生产建设兵团有关团场,与东北西北部、华北北部和西北北部的风沙带走向、范围基本一致,古尔班通古特、巴丹吉林、腾格里、乌兰布和、库布齐、毛乌素、浑善达克、科尔沁、呼伦贝尔等沙漠和沙地沿带分布,此区域干旱缺水,土壤瘠薄、次生盐渍化严重,林草植被覆盖率低,生态非常脆弱,是我国主要的风沙策源区和灾害严重区,但对于维护和保障我国国土的生态安全尤为重要。

伊金霍洛旗(以下简称"伊旗")位于库布齐沙漠南、毛乌素沙区东北角,是"两屏三带"国家整体生态安全格局中"北方防沙带"的重要部分,其生态区位非常关键,自觉承担起防风固沙重要职责,科学有序地开展生态系统治理,不仅可以满足伊旗各族群众对美好生活的向往、推动伊旗高质量发展,同时也是伊旗筑牢我国北方重要生态安全屏障彰显的政治担当。

一、伊金霍洛旗在"北方防沙带"安全格局中的关键作用

荒漠化是全球面临的重大生态问题,被喻为"地球的癌症",全球有100多个国家和地区,10亿多人口受到荒漠化的威胁。我国是世界上荒漠化面积最大、受影响人口最多、风沙危害最重的国家,全国荒漠化土地占我国陆地面积的近1/3,沙化土地占近1/5。东北、华北、西北是我国荒漠化最严重的地区之一,大部分居民饱受土地退化导致的严重危害,风沙扬尘、草场退化、土壤沙化等生态环境问题突出。内蒙古横跨"三北",地理位置非常关键,在荒漠化防治中的重要性不言而喻。习近平总书记高度重视内蒙古生态建设,2021年全国两会期间,总书记在谈到要保护好内蒙古生态环境、筑牢祖国北方生态安全屏障时,语重心长地说:"要统筹山水林田湖草沙系统治理,这里要加一个'沙'字。"叮嘱内蒙古要"筑牢祖国北方生态安全屏障",把生态环境放在国家战略的大格局中进行谋篇布局。2023年6月,习近平总书记在巴彦淖尔市临河区国营新华林场考察时,再次发出动员令:力争用10年左右时间,打一场"三北"工程攻坚战,把"三北"工程建设成为功能完备、牢不可破的北疆绿色长城、生态安全屏障。这无疑对内蒙古生态建设提出了更高的要求,赋予了更高的希冀。

"三北"防护林工程东起黑龙江的宾县,西至新疆的乌孜别里山口,横跨风沙危害、水土流失严重的"三北"13个省、区、市的512个县,全长

7000多公里,宽400至1700公里,面积约占全国陆地面积的41%,被国内外誉为"绿色长城"。所谓"防护林体系",概括为"四个结合、一个靠拢"。即营造新林、新草与保护好现有森林草原植被相结合;防护林、薪炭林、用材林、经济林、国防林与四旁植树相结合;网、片、带相结合;草、灌、乔相结合;按山系、流域综合治理,区域之间尽可能互相连接、靠拢,以形成体系。"三北"防护林工程以人工造林、飞机播种造林、封山封沙育林为措施,改善生态环境,防治风沙危害,水土流失等自然灾害,是我国人民整治环境,改造自然的一项伟大创举。

伊旗位于鄂尔多斯市中南部,地处毛乌素沙地东北边缘,是"北方防沙带"重要组成部分,其生态建设程度直接影响内蒙古能否成为"三北"地区乃至全国的"挡沙墙"和"碳汇库",对承担祖国北疆绿色生态屏障作用有着不可替代的生态价值。作为"三北"地区受风沙灾害、水土流失影响较为严重的旗县之一,1978年,全旗沙化面积360万亩,水土流失面积400万亩,分别占总面积40%左右,有林面积为126万亩,森林覆盖率13%。境内植被稀疏,气候干旱、风沙肆虐、水土流失严重、自然灾害频繁、农牧业生产低而不稳,伊旗全境被列入营造"三北"防护林区域之内。范围包括15个镇,其中西部7个镇属于风沙危害重点区,东部8个镇属于水土流失重点区。西部风沙区土地总面积469万亩,其中沙化面积360万亩,占该地区总面积的76.8%,受风沙危害的农田22万亩;东部水土流失区总面积431万亩,水土流失面积占100%,受危害的农田16.5万亩。"沙进人退""与沙斗争"曾经是一代又一代伊金霍洛人的生存魔咒,能否遏制风沙侵害不仅关系到伊金霍洛各族群众的生存与发展,也关系到内蒙古自治区、"三北"地区乃至全国的生态安全。

从20世纪70年代初,伊旗开展了大规模国土绿化行动,不断扩大森林覆盖面积。特别是1978年全旗被列入"三北"防护林体系建设重点旗县后,旗委、政府带领全旗各族人民开展了大规模治沙造林活动,累计完成人工造林156.2万亩,飞播28.3万亩。在长期的生态建设过程中,伊旗探索总结出自己特有的模式:在树种选择上,坚持灌、草、乔结合,以灌、草为主;在治理方式上,坚持造、飞、封结合,以造、封为主;在治理模式上,坚持带网片结合,以带网为主,突出生态效益;坚持造林、管护、林沙产业发展并重,以森林管护和发展林沙产业为主;在造林绿化的布局上,坚持点、线、面结合,实施以围城、围园、围路、围沙为主要内容的"绿色四围工程";在政策落实上,实行国家、集体、个人一起行动的方针,谁造林谁受益,允许继承转让等一系列的造林绿化优惠政策和措施。通过伊旗各族人民的共同努力,使20世纪五六十年代沙进人退的"不毛之地",逐步成为投资创业的热土,为全旗经济快速发展增加了新亮点,生态状况实现了由严重恶化到整体遏制逐步好转的历史性转变,自然生态开始向有利于全旗人民生产、生存的良性循环方向发展。

进入21世纪,全旗有计划、有步骤地开展大规模治沙造林,先后启动实施了"天保工程"、退耕还林、"三北"四期、日元贷款植树、京津风沙源治理等国家重点工程和"四区十线一新村"绿化、碳汇林、城防林、国有林场站残次林改造等地方林业工程,对沙丘、荒原、丘陵、道路、村屯、园区和矿区复垦区进行绿化,防沙治沙工作步入跨越式发展阶段,生态环境明显改善。在推进生态建设过程中,不断创新完善治沙模式,提高治沙综合效益,扎实推进山水林田湖草沙一体化保护和系统治理,科学编制全国首例县级《山水林田湖草沙综合治理与绿色发展规划(2019—2035年)》,退化林分提质修复等一批先进造林护林技术被广泛推广、复制。深入开展全民义务植树、主题纪念林植树等活动,累计造林50万亩。截至2022年底,伊金霍洛旗森林面积达到305万亩,森林覆盖率达到37.06%,草原综合植被盖度达到61%。

经过全旗几代人的不懈努力和艰苦奋斗,伊旗在生态保护与建设方面取得了丰硕成果,先后被评为"全国绿化模范县""全国绿化百佳县"

"全国退耕还林后续产业先进县""全国退耕还林先进县""中国十佳绿色城市""中国绿色名旗""全国珍贵树种培育示范县"。2010年,获"全国绿色贡献奖"。同年,实施的"三北"防护林工程被国家林业"三北"防护林建设局评为优质工程。2013年,被自治区政府评为"全区重点区域绿化先进单位",奖励资金1040万元。2015年,内蒙古成吉思汗国家森林公园成功获国家林业局批复设立,成为全国唯一以沙地人工植树造林为主体的国家级森林公园。2017年,圆满完成《联合国防治荒漠化公约》第十三次缔约方大会伊旗境内考察路线和考察点的建设任务,得到与会代表和中外宾客的高度赞扬。

伊旗荒漠化和沙化面积持续减少,森林覆盖率、草原综合植被覆盖度不断提升,有效阻隔了风沙蔓延,沙尘暴天数日益减少,群众幸福感切实提升,这些成绩是多年来的全旗生态建设最大的成果,彰显了伊金霍洛在"北方风沙带"安全格局中的关键作用,为防沙治沙、守好北方生态屏障贡献"伊金霍洛智慧"与"伊金霍洛力量"。

二、伊金霍洛旗位于毛乌素沙地东北部,是重要的生态屏障区

毛乌素沙地是中国四大沙地之一,是中国最西端、面积最大的沙地,自然分布于内蒙古、陕西、宁夏3个省区,南北长220公里,东西宽100公里,最宽达150公里,总面积7050万亩,在鄂尔多斯市境内面积为4772万亩,约占毛乌素沙地总面积的2/3,主要分布在鄂尔多斯乌审旗、鄂托克前旗、伊金霍洛旗、鄂托克旗。伊旗地处毛乌素沙地东北部,境内毛乌素沙地面积达3700平方公里,占全旗总面积的66%。历史上这里是一块水草丰美的好地方,曾被成吉思汗誉为"梅花鹿儿栖息之所,戴胜鸟儿育雏之乡"。但由于干旱少雨、风大沙多等自然条件和放牧复垦等因素影响,曾经全旗森林覆盖率不足3%,出现沙进人退的严重局面。1949年,全旗有林面积仅为2.15万亩,其中人工零星林只有350亩,且90%以上属于沙柳、柠条、臭柏等灌木半灌木次生疏林,森林覆盖率为

0.21%。20世纪70年代初期,220多公里长的毛乌素沙地日夜吞噬着大片草原和农田,面对"明沙一天比一天大,风沙一天比一天多",仅纳林希里乡几年内就有近1000人被迫背井离乡。为了改善环境、留住人民和后世子孙,从1975年开始,伊旗开始了声势浩大的植树造林、治理沙漠化行动,创办了13个社办治沙站,136个社办林场,4个国有林场站,对全旗500多个风口、218万亩荒沙进行治理,通过林业引领、场站先行、全民参与,全旗进入防沙治沙、全面植绿护绿新阶段。特别是1978年被列入"三北"防护林体系建设重点旗县后,伊旗先后实施了"三北"一至五期工程和京津风沙源等工程,在毛乌素沙地累计实施工程376.78万亩,累计投资40.02亿元。到1980年底,伊旗人工林实际保存121.26万亩,柠条38.25万亩(包括天然柠条),天然林(除天然柠条)1.09万亩,森林覆盖率为17.8%。从有林面积2.15万亩到100多万亩,从森林覆盖率不足3%到17.8%,沙化程度逐渐被有效遏制,生态环境持续向好。为促进有效治沙,20世纪七八十年代,伊旗先后制定了以治沙造林为重点的《农林牧水综合治理规划》《关于禁止开荒保护植被的通告》《重申关于土地、草场、林地问题的几点规定》等规章制度。

21世纪以来,伊旗多元投入,协同治理。一方面将地方财政投入和国家林业重点工程、生态移民、农牧业综合开发、水保小流域治理、农田水利等生态建设资金捆绑使用,多元化投入,实行综合治理。另一方面,采取共同协作的造林机制,国家、集体、个人共同参与,林业、城建、园林、园区、国土、财政、发改、交通等多部门也投入其中,同时,积极支持造林大户和党政机关干部职工带头投资造林绿化,发展非公有制林业,逐步形成全社会重视林业、支持林业、参与林业、投资林业的浓厚氛围。在毛乌素沙地累计实施工程376.78万亩,累计投资40.02亿元。

截至2023年8月,境内毛乌素沙地裸露沙地面积仅剩1.9万亩,整体治理率达99.6%,年平均风沙天数缩短为5天,下降86%。绿色植被不仅将黄沙覆盖,更是把流动的沙丘牢牢锁住,让曾经的"不毛之地"变成了如今郁郁葱葱的"生态绿洲"。除了科学的植树造林,伊旗也在不断地探索治沙新模式,实现从治沙到用沙,从增绿到增收的转变。比如,探索推进"家庭林草场"的新模式,通过鼓励农牧民承包沙区,在治沙种草的同时,科学合理地种植枸杞、红枣等特色林产品,发展生态种养、生态旅游等富民新业态,不仅实现了防沙治沙,也让农牧民实现了增收。全旗已挂牌家庭林场21户,实现年均家庭收入20万元左右。

第二节　黄河流域生态保护和高质量发展的重要实践区

黄河是中华民族的母亲河，黄河流域在我国经济社会发展和生态安全方面具有十分重要的地位。2019年，习近平总书记在黄河流域生态保护和高质量发展座谈会上指出，黄河流域构成我国重要的生态屏障，是我国重要的经济地带，提出治理黄河，重在保护，要在治理。要坚持山水林田湖草综合治理、系统治理、源头治理，统筹推进各项工作，加强协同配合，推动黄河流域高质量发展。

伊旗的外流河水系分布在东部丘陵区，属于黄河流域窟野河的支流，主要有乌兰木伦河和特牛川两大河流，流域面积约占全旗面积的45.87%。乌兰木伦河起源于苏布尔嘎镇杨家壕，为窟野河上游。特牛川为过境河流，在小圪丑沟口南侧进入伊旗，至三界塔流出进入陕西省境内，在陕西省神木市房子塔处与乌兰木伦河汇合，至陕西省神木市罗峪口，从右侧汇入黄河。伊旗的外流河水系作为黄河流域的重要组成部分，其生态环境质量、水土保持状况、全旗用水方式等直接关系到黄河流域高质量发展程度。

伊旗立足于国家关于黄河流域生态保护和高质量发展的战略，坚持以保护优先、自然恢复为主，通过生态环境系统治理和修复，将黄河流域生态保护与绿色产业发展有机统一，坚持以水定城、以水定地、以水定人、以水定产，大力发展节水产业和技术，大力推进农业节水，实施全社会节水行动,推动用水方式由粗放向节约集约转变,切实为黄河流域生态保护和高质量发展贡献"伊金霍洛力量"。

一、加强水土保持,推进综合治理

牢抓河(湖)长制工作。为加强水土保持,提升流域水环境质量,推进一体化综合治理,2017年,伊旗全面建立了旗、镇、村三级河湖长制责任体系,构建起责任明确、协调有序、监管严格、保护有力的河流管护体制和高效运行机制。确定三级河湖长,责任到人,严格落实"镇级河长月巡河、村级河长周巡河"制度,实现68条河流、17个湖泊管护全覆盖。编制完成旗级"一河(湖)一策"实施方案,科学确定治理目标,合理制定治理措施,有序推进河湖综合整治工作,进一步压实各级河湖长责任。全面布设河湖岸线界桩,完成界桩布设25000余根,将河道、湖泊划界工作落到实处;利用世界水日和中国水周,对河湖长制进行线上和线下宣传,发放各类宣传品,扩大群众影响力,增强群众护河意识,提升水土保持责任感。

推进水利工程建设。伊旗始终坚持习近平总书记"节水优先、空间均衡、系统治理、两手发力"的治水思路,将水利工作摆在促进全旗经济社会高质量发展大局中定位思考,不断丰富水利发展内涵,坚持"抓进度、促安全、强质量"的原则,狠抓工程项目建设,持续推动"水利工程补短板、水利行业强监管"总基调向纵深发展。截至2022年,完成阿勒腾席热镇西部片区裸露土地治理工程、窟野河流域束会川河道治理工程、柳沟河上游片区疏干水综合利用工程、阿勒腾席热镇西山片区城市水土保持生态治理工程和重点采煤沉陷区生态修复与环境整治输水管线应急工程(二期),各项水利建设稳步推进,为黄河流域生态保护和高质量发展夯实水利基础。

抓好水土保持监督。伊旗不断完善水土保持配套法规体系建设,按照上级印发的一系列开发建设项目水土保持方案监督管理办法,旗政府相应出台了具体的监督管理规定,规划并公告了全旗水土流失预防保护区和重点监督治理区,指导和督查生产建设单位依法实施水土流失防治任务。对全旗生产建设项目和水保项目开展水土保持监督检查工作,并对问题企业下达水土保持督查意见书;对产能核增后的煤矿进行现场监督检查,督促相关煤矿完成水保手续变更与备案;足额征收水土保持补偿税。严把水土保持补偿税征收关,做到应征尽征。截至2022年,已征收水土保持补偿税4.01亿元,合同庙综合监测点监测和数据采集工作有序开展,为预测侵蚀模数等生态建设关键指标取得长期观测数据。

二、建设黄河流域绿色生态廊道

伊旗强化林草植被建设,提高林草覆盖度,提升森林草原质量,全方位推动沿黄河生态廊道建设。对外流河水系——乌兰木伦河和特牛川两大河流区域进行生态廊道建设,提升涵养水源、水土保持效果,建设"环湖绿廊"。按照《伊金霍洛旗山(沙)水林田湖草综合治理与绿色发展规划(2019—2035年)》,进行水生态环境保护与修复,对乌兰伦木河两岸,营造以樟子松、油松、旱柳、河北杨、白蜡等为主,并以沙棘、柠条、黄刺玫等耐旱的观花植物的景观节点。对流经乡野段泄洪沟,选择沙棘、沙柳、柠条、沙枣等乡土树种,并辅以碱茅、赖草、狗牙根等地被植物,建设护岸林带,增强水土保持效果。通过护岸林建设,滞留雨洪,形成山水一体、城乡互联的水系绿化体系。遏制泄洪沟沿途水土流失状况,降低入河泥沙含量,减轻雨季洪水对城镇及村庄农田的威胁。

实施库岸林工程,推进乌兰木伦水库、札萨克水库、东西红海子湿地裸露土地等绿化带建设。在"七湖八淖"构建具有湿地植物—灌木—乔木演替特征的近自然植物群落。结合湿地鸟类分布情况,适当增加护岸林宽度。建设休闲景观林带,满足市民休闲需求,为生态旅游开展打下基础。在水系通道绿化过程中,合理利用雨洪资源,并配置拦蓄、储存雨水的设施,降低护岸林养护难度。

三、不断提升河流生态环境质量

为深入贯彻习近平总书记关于黄河流域生态保护的重要指示精神和党中央决策部署,伊旗按照"水陆统筹、以水定岸"原则,全面摸清黄河流域入河排污口底数,推动建立"权责清晰、管理规范、监管到位"的排污口管理长效机制,有效管控入河污染物排放,为改善黄河流域生态环境质量、推动高质量发展奠定坚实基础。按照鄂尔多斯市污染防治攻坚工作领导小组办公室印发的《关于黄河干流及重点支流入河排口综合整治的预通知》(鄂污防治办发〔2022〕25号)文件要求,伊旗完成了黄河流域入河排污口三级排查工作,确定了境内黄河流域入河排口62处。委托生态环境部黄河生态环境科学研究所对排口进行现场溯源、监测,并编制完成《鄂尔多斯市伊金霍洛旗入河排口"一口一策"整治方案》。按照"依法取缔一批、清理合并一批、规范整治一批"的原则对黄河流域入河排污口进行整治和规范化建设。建立入河排污口整治"一本账"和"一张图",逐渐形成"权责清晰、监控到位、管理规范"的入河排污口管理长效机制。

按照《鄂尔多斯市生态环境局关于转发〈鄂尔多斯市污染防治攻坚工作领导小组办公室关于开展入河排污口现场勘查和确认工作的通知〉的函》的要求,完成对水利局转交原入河排污口的再排查,确保境内14处原入河排污口全部封堵取缔。煤矿矿井水除自身生产回用外,其余输送至圣园水务公司进行生态补水。14处入河排口已全部完成规范化整治,设置标识标牌。

乌兰木伦河及特牛川属于黄河流域窟野河的支流,共6个考核断面,包括4个国家考核断面(乌兰木伦河断面、特牛川贾家畔断面、乌兰木伦水库坝上断面、大柳塔断面)和2个市级考核断面(乌兰木伦景观湖出库断面、乌兰木伦高家塔断面)。为使两条流域入河水质符合要求,境内黄河支流实现废水"零入河",伊旗境内两条流域实施了多项大规模水质提升工程:一是对乌兰木伦河、牸牛川河开展了河道环境综合整治;二是实施流域治理工程;三是实施污水处理厂中水回用工程;四是实施排污口封堵工程;五是开展沿河农村环境综合整治。

乌兰木伦河牸牛川流域水质提升工程

项目名称	项目内容
河道综合整治	集中整治沿河道路、护坡、堤岸
	清理河道淤积物及各类垃圾
流域治理工程	矿井水提标改造氟化物治理
	矿井水源头治理除盐项目
	矿井水灌溉综合利用工程
	煤矿在线设备安装与联网
中水回用工程	污水处理厂改扩建
	中水回用生态灌溉工程
高盐水处理工程	高盐水分质结晶项目
	减少并消除蒸发塘存水
入河排口封堵	实现"废水"零入河

经过"十三五"期间的综合治理,乌兰木伦石圪台断面、牸牛川贾家畔断面水质从2016年的Ⅴ类、劣Ⅴ类,改善至目前Ⅲ类、Ⅳ类,切实履行了黄河流域生态保护和高质量发展的"伊金霍洛责任"。

第三节　国家矿产资源开发集中综合整治区

　　伊旗是国家重要的能源战略基地,已探明煤炭资源储量约560亿吨,现有现代化煤矿77座,全旗煤炭产量稳定在2亿吨左右,是全国第三大产煤县。经过近30年规模化开采,现已形成井工煤矿采煤沉陷区58块,面积约49.8万亩,露天煤矿复垦区面积约9万亩。随着煤炭资源持续开采,煤矿采煤沉陷区和复垦区仍以每年约3万亩的面积持续扩展。全旗矿山地质环境治理、土地复垦工作越来越成为生态环境保护的重点和难点,严重影响着矿山生态环境和矿山可持续发展。

　　按照党中央、国务院部署,编制实施《全国国土规划纲要(2016—2030年)》,是统筹推进"五位一体"总体布局和协调推进"四个全面"战略布局,贯彻落实创新、协调、绿色、开放、共享的新发展理念,促进人口资源环境相均衡、经济社会生态效益相统一的重大举措,对国土空间开发、资源环境保护、国土综合整治和保障体系建设等作出总体部署与统筹安排,对涉及国土空间开发、保护、整治的各类活动具有指导和管控作用,对相关国土空间专项规划具有引领和协调作用,是战略性、综合性、基础性规划。规划从资源环境承载力等方面,将鄂尔多斯区域定位为环境质量与水资源保护区,明确提出要加强大气环境和水环境治理,调整产业结构,严格用水总量控制,并明确了要加强矿产资源开发集中区的综合整治,伊旗属于矿山环境治理和绿色矿山建设的重点区域。

按照《纲要》要求,需要加强矿山地质环境恢复和综合治理,推进历史遗留矿山综合整治,稳步推进工矿废弃地复垦利用,到2030年历史遗留矿山综合治理率达到60%以上。

伊旗严格落实新建和生产矿山环境治理恢复和土地复垦责任,完善矿山地质环境治理恢复等相关制度,依法制订有关生态保护和恢复治理方案并予以实施,加强矿山废污水和固体废弃物污染治理。全面推进绿色矿山建设,在资源相对富集、矿山分布相对集中的地区,建成了一批布局合理、集约高效、生态优良、矿地和谐的绿色矿业发展示范区,引领矿业转型升级,实现资源开发利用与区域经济社会发展相协调。

一、推进矿山土地复垦

伊旗充分发挥大型驻地企业优势,按照"示范引领、统筹推进"的总体思路,实施辖区煤矿采煤沉陷区生态修复"一矿一策"规划编制,逐步形成了"生产—排土—治理—复垦—绿化—产业"为一体的良性循环。开展采煤沉陷区和复垦区绿化建设工程,将绿化工程和生态产业相结合,在对生态经济林充分调研的前提下,在对玫瑰、沙棘、中草药等品种的落地实施进行了多年的研究实践后,开始进行大面积推广;对饲草料等经济作物进行了反复论证和考察,在部分地区小面积试种后进行大面积推广,矿山土地复垦和绿化取得积极成效。

(一)神华布尔台煤矿沉陷区生态治理

2021年起,神华布尔台煤矿沉陷区范围内开始进行矿山土地复垦规划。规划种植玫瑰7200亩,种植沙棘大果3700亩,建设以黄芪、甘草为主的中草药1300亩,同时建设以道路生态廊道为核心的混交林带和以固沙保水为主的沙地柏景观带。围绕"生态产业化、产业生态化"目标,积极推动玫瑰、沙棘、中草药等经济作物项目落地实施。如中国农科院历经十几年培育玫瑰新品种,具有耐盐碱、耐寒冷、耐干旱、精油产量高等特性,除鲜花蕾、鲜花瓣的直接受益外,已形成精油、酱、露、胶囊、片剂、饮料、食品等多种系列产品。另外,研发出富含黄酮、有机酸、生物碱等活性成分的沙棘籽油、沙棘果油等多种产品。通过与同仁堂、国药等各大药厂技术合作,成功试种出蒙古甘草、黄芪、黄芩、红花、党参等一系列"人种天养"药材,为后期中药材深加工提纯萃取及新药研究提供优质原材料。

（二）乌兰集团满来梁煤矿土地复垦

乌兰集团满来梁煤矿自2008年露天开采开始以来,在排土场平盘内植树21820余株,种植草苜蓿3700亩,种植沙棘67万株,农田100亩,边坡种植沙柳网格148万延长米,投资建设3台大型移动式喷灌机进行灌溉花草树木和农作物,截至2023年3月,煤矿已复垦绿化6121亩,成效显著。

乌兰集团满来梁煤矿复垦区景色

二、矿山地质环境恢复

伊旗深入挖掘绿色资产,在自治区率先落实矿山地质环境恢复治理基金计提政策,治理采煤沉陷区复垦区累计达55.3万亩,高标准建成47座国家和自治区级绿色矿山。在采煤沉陷区和复垦区,通过剥采—排土—治理—复垦—绿化—产业"生态修复+"综合治理模式,推进矿区疏干水和煤矸石资源化综合利用,打造"绿色矿山+新能源+多产业"等多样融合发展示范基地,将排土场打造成高效农业种植示范区,实现由煤矿产业到绿色生态产业的转型。

天骄绿能50万千瓦采煤沉陷区生态治理光伏发电示范项目位于乌兰木伦镇巴图塔采煤沉陷区,由内蒙古圣圆能源集团作为平台公司按照"五统一、两融合"模式,深入实施天骄绿能50万千瓦"光伏+采煤沉陷区生态治理"。按照"板上发电、板间板下种植"的"林光互补"生态修复模式对采煤沉陷区进行高标准生态修复治理,发挥"一地多用"的特点,发展农渔观光、特色果蔬采摘等旅游产业,将采煤沉陷区建成智能光伏田园综合体,打造为全国智能光伏产业示范区。项目采取政府主导、企业实施、村集体入股、农牧民参与的发展模式,利用光伏场区板间板下的牧草,为繁育牛场肉牛养殖提供饲喂基础,再利用牛场牛粪有机肥回填光伏场区,"林光互补"生态修复模式对采煤沉陷区进行高标准生态修复治理,实现土壤改良和生态修复成果持续巩固,打造"光→草→牛→肥→草"种养循环生态圈,配套建设万头牛约500亩的"托牛所"养殖设施,形成伊旗肉牛产业发展样板区,带动村集体、农牧民参与牛养殖,壮大村集体经济,助力乡村振兴。2022年并网发电至2023年3月,天骄绿能50万千瓦采煤沉陷区生态治理光伏发电示范项目累计发电约4.7亿度,电价按照0.2829元/千瓦时结算,实现年产值约2.4亿元,实现了生态效益、社会效益、经济效益共赢。

天骄绿能50万千瓦采煤沉陷区生态治理光伏发电示范项目

三、矿山环境综合治理

（一）废污水治理与循环利用

煤矿井下疏干水是指在煤矿采掘中，由于地层构造而在井下涌出的废水。为更好地为城市建设为经济发展服务，实现疏干水的循环利用。在疏干水综合利用工程中，作为责任单位，伊金霍洛旗圣圆水务公司对经各煤矿进行深度处理达到地表三类水标准的疏干水进行集中利用，在集中利用之前，圣圆水务公司在每个煤矿管道接入口安装在线监测系统，同时环保部门每个月对该公司的水质进行检测。达标后的疏干水主要用于矿区环境整治，为城区绿化提供灌溉用水，为工业提供生产用水，为城中水系提供生态补水，为农牧民提供农田灌溉用水，为西部湖区的天然洼淖提供生态补水。将矿区每天生产的18万立方米的疏干水和东、西红海子近2000万立方米的水源作为补给，引入水系上游，借助阿勒腾席热镇城区西高东低的地势特征，实现城区水系全程高水位自流,变"静"水为"活"水,促进水体净化。同时,将剩余水源引入红庆河和苏布尔嘎两个农业大镇,补充农业灌溉用水、降低生产成本,补充"七湖八淖"水源,改善生态环境,解决"两缺一弃"难题,打好打赢污染防治攻坚战,助力乡村振兴。

伊旗全面建成矿区疏干水综合利用工程,年供水能力达到5500万吨,实现境内黄河支流废水"零入河"。疏干水综合利用工程为工业提供生产用水,为城区绿化、矿区环境整治、采煤沉陷区生态修复治理提供用水,为城中水系以及西部8条内陆河流和15个湖淖提供生态补水,充分发挥救湿地、强生态、防污尘、净空气的功能作用,实现全旗水资源、水生态平衡。境内74座矿井产生的18万立方米疏干水净化处理后引入城市、乡村、园区,有效提高了矿区疏干水的综合利用率,促进了河湖水质环境净化改善,全面提升了城市生态宜居品质。

(二)固体废弃物污染治理

伊旗固废来源主要为煤炭行业产生的煤矸石及煤化工企业和电力行业等产生的气化炉渣、锅炉灰渣和脱硫石膏。为推进一般工业固体废物减量化、资源化、无害化利用处置,推进工业固废资源化,建设了汇能尔林兔煤矿、新能王家塔煤矿、转龙湾煤矿、神东补连塔煤矿、考考赖沟煤矿等煤矸石土地复垦、沉陷区治理及露天尾坑治理等煤矸石综合利用项目,推进了国电建投察哈素煤矿、永煤马泰壕煤矿、石拉乌素煤矿、伊泰广联红庆河煤矿、呼和乌素煤矿、神东天隆霍洛湾等煤矿的煤矸石井下充填项目实施,预计综合利用煤矸石约400万吨。正在推进实施的金水河煤炭有限责任公司年产6000万块煤矸石烧结砖项目、伊金霍洛旗门克庆环保砖有限公司年产1.2亿块煤矸石烧结砖建设项目等10家煤矸石砖厂,全部建设后预计综合利用煤矸石约500万吨。推进了鄂尔多斯市环保投资有限公司、内蒙古蒙陕环保科技有限公司等利用煤矸石600万吨/年制营养土项目建设,神东布尔台煤矿煤矸石制砾石制备生产线及余热利用发电工程和陶粒制备生产线及余热利用发电工程,年处理煤矸石475.94万吨煤矸石综合利用项目。

四、推进绿色矿山建设

在绿色矿山建设过程中,伊旗创新性地将新能源开发与矿山生态治理相结合,全力打造集矿山生态治理、沙漠生态修复、风光氢储发电、草畜一体发展的"绿色矿山+新能源+多产业"融合发展示范基地,充分利用光伏等资源并网发电,推动全域新能源产业高质量可持续发展,同时推进山水林田湖草沙一体化保护与治理,开创低碳绿色发展新格局,实现经济效益和生态效益双丰收。截至2023年5月,累计建成绿色矿山47家(其中国家级6座,自治区级41座),完成57家采煤沉陷区绿色矿山治理55.3万亩,治理率达90.35%;境内17座露天煤矿到期复垦率达96.85%,复垦还地率达94.51%;共计完成绿色矿山治理面积6.44万亩。种树533.54万株,其中樟子松327.43万株,油松9870株,沙棘77.66万株,沙地柏61.36万株,其他树种66.12万株。种草面积4422.24亩,整修道路63.9公里,平整场地2292.38亩,整治边坡737.13亩,垃圾清运13604吨。

(一)科技赋能矿山建设

以环保为基础推进矿山建设。在已完成的《伊金霍洛旗生态环境综合修复总体规划》《伊金霍洛旗绿色矿山建设生态环境保护规划2021—2030》的基础上,积极深化环保项目的落地实施。按照"水上山、矸石下坑"的整体思路,开展煤矸石、疏干水资源再利用的探索实践。在煤矸石利用方面,创新大宗固体废弃物的利用模式,拓展大宗固体废弃物推广应用渠道,减少固体废弃物填埋量,缓解排矸场存放压力;在疏干水利用方面,在对疏干水分析化验的基础上突破水处理技术瓶颈,采用活性炭磁化固化技术,总体提升疏干水利用率;在节能减排方面,积极开展煤矿润滑油污染治理与井下一氧化碳危害人身治理的技术推广工作。

以智能为方向推进矿山建设。针对矿山智能化监管体系缺失的现状,伊旗大力推广应用国产卫星遥感等先进技术,充分发挥遥感测绘和时空大数据优势,建设矿区环境监测大数据智慧管理平台系统,开展国土空间红线监管、大气环境监控、碳排放和碳汇能力核算、疏干水排放监测等服务体系,以期全面提高矿山建设治理水平。如神东煤矿拥有世界首套纯水支架、世界首套拥有完全自主知识产权的8.8米超大采高智能综采工作面、井下5G+无人机智能巡检系统、"三期三圈"生态环境防治技术……在神东上湾矿区,煤炭从开采、洗选再到装运,几乎都由机器设备来完成。井下5G+无人机智能巡检系统在8.8米超大采高智能综采工作面顺槽皮带机巷的成功运行,通过激光扫描定位实现了无人机在无GPS信号、无任何照明和复杂电磁环境下的自主飞行、自主导航和自动避障、自动巡检,为最终实现矿井无人值守、安全高效生产的智能化改造升级积累了技术经验。红庆河煤矿以私有云数据中心为核心,以自动化控制技术为基础,依托现代化计算机及网络技术,实现5G下井、智能机器人巡检、变电所(水泵房)等重要场所无人值守的智能化矿井,先后获得国家发明专利6项,国家实用新型专利7项。累计投资1亿余元,率先建成了自治区煤炭行业领先的一网一站、井上下视频监控等13项自动化信息化系统。2021年,红庆河煤矿投入3674.3万元,在原有自动化信息化基础上,建设了智能化综采工作面;投入200万元建设的煤矿智能物流管理系统,已经实现煤矿物流业务全流程智能化。

(二)制度保障矿山治理

绿色矿山建设是一个系统性工程,是生态文明建设的重要组成部分和关键一环,不仅需要政府及相关部门的强力推动,也需要矿山企业、社会各界的共同参与、协同推进。绿色矿山建设包括生态、环保、产业、智能等很多方面,涉及范围广,需要全面推进,久久为功。伊旗旗委、旗政府主动承担起绿色矿山建设的第一责任,筹划成立了伊金霍洛旗生态绿化建设委员会,统筹全旗绿色矿山建设工作。同时,明确各职能部门的职责并加强相互之间的协调配合,督查企业落实主体责任,形成绿色矿山建设的"合力"。创新绿色矿山综合治理管理机制,按照"一张蓝图、一把尺子"的思路,即全旗绿色矿山综合治理项目统一规划设计、统一竣工验收,形成了基金共管、政府引导、企业实施的管理机制,保证高质量、高标准实现绿色矿山综合治理目标。在充分调研、广泛征求矿山企业意见基础上,创新绿色发展规划建设思路,通过委托权威院所、行业领军专家,组织编制完成了全国首个旗县级山(沙)水林田湖草综合治理与绿色发展规划。以《伊金霍洛旗山(沙)水林田湖草系统治理与绿色发展规划(2019—2035年)》为统领,将绿色矿山建设及综合治理中所涉及的水利项目、农牧业项目、林草项目、环保项目、景观旅游项目、智慧信息项目等进行全盘谋划、重点打造,通过各方合力,为绿色矿山建设提供制度保障。

第四节　区域协同发展中的重要节点

一、在"一带一路"和中蒙俄经济走廊中发挥节点作用

2013年9月和10月，中国国家主席习近平先后提出建设"新丝绸之路经济带"和"21世纪海上丝绸之路"的合作倡议。"一带一路"倡议以陆上和海上经济合作走廊为依托，以人文交流为纽带，以共商、共建、共享为原则，建设中国同共建各国经贸和文化交流的大通道，为共建各国共谋发展、共同繁荣提供了新的重大契机，得到了国际社会特别是共建各国的积极参与，也成为新时代我国扩大中西部开放、引领中西部发展的主要路径。

伊旗不断提高对外开放水平，持续加强与周边地区协同发展，立足地区资源优势与新能源新产业的比较优势，突出在"一带一

鄂尔多斯首趟中欧班列在伊旗鑫聚源物流配送中心启程

路"建设中的节点作用,积极融入中蒙俄经济走廊和新发展格局,扩大交流合作,更好地发挥自身在资源、工业、经贸和旅游文化等方面的优势,成为"一带一路"建设和中蒙俄经济走廊中的深度参与者与发展受益者。另外,积极参与鄂尔多斯市国家物流枢纽建设,推进陆港、空港口岸建设,大力发展枢纽经济,利用航空口岸和对外开放平台,突出伊旗航空产业、保税业务、现代物流业的比较优势,一方面在积极融入国家发展战略中夯实主导产业,将更多优质产品搭载上中欧班列,走出国门,鼓励本地优质企业海外设厂,利用好国际市场和国际资源;另一方面,持续优化区域营商环境,将引资、引技、引智并重,吸引更多高端企业到伊旗投资建厂,将更多新产业新模式新业态吸引到伊旗,推动经济结构调整,助力产业提质增效;最后,通过中外合作产业园、合资企业、外商独资企业等形式,着力引进国外制造业先进生产管理技术和规则标准,以"外溢效应"促进本地产品"走出"国门。

二、在呼包鄂榆城市群中协同发展

呼包鄂榆城市群位于全国"两横三纵"城市化战略格局中包昆通道纵轴北端,是我国中西部地区彰显区域和民族特色的重要经济增长极,是我国建设面向蒙俄、服务全国、开放包容、城市协同、城乡融合、绿色发展的重要城市群。伊金霍洛旗位于呼包鄂榆城市带发展的主轴上,是呼包鄂榆城市协同发展的重要节点,北距工业重镇包头市130公里,距东胜29公里,南与陕西煤城大柳塔毗邻,地处呼—包—鄂"金三角"区域,是我国著名的煤炭之乡和国家战略能源基地。现已基本形成了集铁路、公路、航空于一体的四通八达的立体交通网络,为全旗经济和社会的全面发展创造了良好的外部环境,使之成为呼包鄂榆地区乃至我国西北地区重要的交通枢纽、战略通道和开放门户。

按照国家对呼包鄂榆城市群的总体发展定位,呼包鄂榆经济区将建成全国高端能源化工基地、向北向西开发战略的支点、西北地区生态文明合作共建区、民族地区城乡融合发展先行区。伊旗应在呼包鄂榆城市群发展战略的基础上,依托煤炭、矿业资源的优势,促进特色优势产业升级,增强辐射带动能力,实现煤炭资源清洁高效开发和利用,打造国家绿色能源基地。加快完善城市治理水平,加快产城融合和多元文化交融,探索民族地区城乡融合发展新路子,尊重自然、顺应自然、保护自然,科学有力实施荒漠化防治、水土流失治理等工程,加强水资源和林草资源保护,积极探索、先行先试,建成"三北"地区生态空间共建共享、生态环境共治共管、人与自然和谐共生的宜居城市。

(一)基础设施互联互通

交通方面,鄂尔多斯国际机场,鄂尔多斯火车站均在伊旗境内,应充分发挥伊旗交通设施优势,提升呼包鄂榆城市群内部联通水平。按照"融入呼包、辐射银榆、联通晋陕宁"的战略定位,构筑安全、舒适、便捷、高效、现代化的综合交通运输网络,形成四通八达的进出口高速路网,以旗府所在地为枢纽,连通所有苏木乡镇、工业园区、经济开放区和旅游景区,满足现代物流和快速客运发展需求。通过新建包西高铁、东台铁路、东乌铁路二线、准神铁路与马泰壕煤矿支线

伊旗境内公路

等数条铁路,构建完善的综合运输通道骨架,新建纳龙高速,改造提升包茂高速、荣乌高速,畅通对外交通通道。完善交通服务,提高高速公路的管理和养护水平,使伊旗的高速公路养护机制和管理体系达到现代化水平。

鄂尔多斯火车站

优化鄂尔多斯机场航线网络,提高航班密度,拓展短途运输业务。加强以鄂尔多斯机场、鄂尔多斯火车站、公路客货站场为中心的综合交通枢纽建设,优化枢纽内部交通组织。

信息基础设施方面,推进智慧市政、智能交通、智慧园区、智慧社区建设,整合网络资源,借助自治区首个政府自建的政务城域网——"伊金霍洛旗政务云"平台,搭建呼包鄂榆城市群统一的政务云、物流云、环境监测云和电子商务云,提升综合信息服务水平,构建城市群信息共享网络系统。发展基于云计算、大数据、区块链、人工智能的专业化服务,提升各领域的信息化水平,建设工业物联网,打造"互联网+制造业"的工业物联网平台,促进互联网与制造业深度融合,推动企业上云,普及工业App使用。

(二)产业发展协同推进

积极探索与呼和浩特、包头、榆林的合作模式,建立跨区域产业合作园区或合作联盟,与相关产业园区从科研、零部件生产、组装、物流等全流程实现产业联动发展。重点发展现代物流、智能制造、新能源产业、新一代信息技术等产业,培育新动能,搭建重点产业和重点项目对接会、上下游企业推介交流会等产业合作平台,建立优势互补、联动发展的区域分工产业体系,联手打造高端能源化工、装备制造、新能源等优势产业集群。深化跨区域产业分工协作,推动乌兰木伦—大柳塔蒙陕合作试验区建设。建立协同创新体系,共建产业科技创新平台,加强在煤炭、风光氢储车等领域的科技资源共建共享,围绕重点产业和关键技术,加强呼包鄂榆龙头企业、高等院校、科研院所等科技创新主体,联合开展关键技术攻关,建立产学研深度融合的创新体系,不断增强R&D投入,整合城市群内创新资源,探索建立区域协同创新体制改革试验区,形成区域内人才自由流动、创新要素合作的长效机制。

(三)社会治理互学互鉴

作为中国全面小康十大示范县,伊旗在强化民生保障、推动共同富裕上要先行示范,成为鄂尔多斯实现共同富裕的先行区。协同呼和浩特、包头、榆林三市在教育文化、医疗健康和社会保障方面实现全覆盖,破除地区壁垒,大力提升城乡基本公共服务均等化水平,更好地满足各族群众多层次、多样化需求。

立足于全国乡村治理体系建设试点旗和鄂尔多斯市域社会治理现代化示范区,通过强化基层带头人队伍建设,健全"乡镇(社区)吹哨、部门报到"工作机制,推动社会治理重心向基层下移,向呼包榆地区全面推广"三社联动"和"四权四制三把关"治理模式,建设人人有责、人人尽责、人人享有的社会治理共同体。推广哈达图淖尔村"村级议事协商"机制,健全旗镇村三级矛盾纠纷多元化解体系,将矛盾纠纷化解在基层和萌芽状态,打造新时代"枫桥经验"伊金霍洛升级版,为呼包鄂榆城市群社会治理贡献"伊金霍洛经验"。

（四）生态环境联防共治

与榆林市联合创建毛乌素沙地综合治理示范区,推广光伏治沙等产业化治理荒漠的经验和模式。统筹实施"三北"防护林、京津风沙源治理、乌兰木伦河流域治理等工程,建立生态系统保护修复和污染防治区域联动机制,加强区域生态环境共建共享、推进环境联防联控和流域共治,推动重点行业、重点领域污染综合防治、提高能源资源利用率,共同发展循环经济。以落实黄河流域生态保护和高质量发展等重大战略部署为契机,协同推进黄河流域大保护大治理,在生态保护修复、资源开发补偿、区域生态补偿、生态经济发展等体制机制方面积极探索、先行先试,以建成西北地区生态空间共建共享、生态环境联防共治、人与自然和谐共生的宜居城市群贡献"伊金霍洛之力"。

三、在"东康伊"一体化发展中力足劲强

"东康伊"是鄂尔多斯市的城市核心区,是行政、文化、经济等公共活动最活跃的区域,承载着提升产业能级、优化城市功能、精细化社会治理和保护好生态环境的功能,体现着鄂尔多斯经济社会发展水平及发展形态。推进"东康伊"一体化发展,有助于提升鄂尔多斯城市运行效率,优化国土空间布局,推动产城融合发展,实现资源的合理有效配置,对进一步提升鄂尔多斯城市影响力和综合竞争力意义重大。

（一）实现城市功能互补协同

在城市功能方面,伊旗与东胜区、康巴什区具有互补性与协同性。在进一步发挥伊旗与东胜区、康巴什区的功能统筹和空间衔接基础上,加强商贸物流、旅游服务、教育研发、会展会议、创意产业等现代服务职能,打造市级体育中心与市级旅游服务副中心,立足东胜区市级传统商贸与公共服务中心、新兴现代服务中心、文化旅游服务基地和重要的生态休闲居住区的功能定位,康巴什区、伊旗市级行政文化中心和商务中心区,重要的教育研发、会议会展、旅游服务以及创意产业基地的功能定位,推动"东康伊"发挥各自比较优势,实现城市功能互补,推动相关产业实现高效分工、错位发展、有序竞争、相互融合、绿色低碳、协同发展,形成鄂尔多斯优势产业集群。围绕"东康伊"城市核心区,带动周边的装备制造产业园、空港物流园区、蒙苏经济开发区等产业园区,按照产城融合的发展方向,不断完善基础设施硬件与配套公共服务,满足园区员工的生活居住及公共服务需求,提升园区承载能力。

(二)促进交通设施互联互通

伊旗在"东康伊"交通发展中具有比较优势,要立足于现有机场、铁路、公路等交通配置,推进区域集约化发展,促进"东康伊"地区便捷交通联系和一体化建设。以伊旗为引领,进一步提高路网密度,统一规划区域国道与公路、快速路系统、机场与火车站等主要交通设施,建设以高速铁路为主骨架,普速铁路、城际列车、市郊铁路、城市轨道交通于一

连通伊旗与康巴什区的四号桥

30

体的现代轨道交通运输系统,打造高质量的快速轨道交通网络。以"东康伊"为核心枢纽,构建连通所有镇、工业园区、经济开发区和旅游景区的立体化交通网络,增加地区可达性和便利性,满足现代物流和快速客运发展需求。加强康巴什区、伊旗的公路衔接程度,建设过河通道,方便城市互通与群众出行。

(三)推进公共服务共建共享

伊旗有医院15家,其中公立医院3家,民营医院12家,基层医疗卫生机构162个,形成了覆盖旗、镇、嘎查村三级的医疗卫生保障体系。公共财政预算教育事业费、公用经费等主要指标居鄂尔多斯前列,全旗城乡教育基础设施日趋完善,2011年被内蒙古自治区认定为"双高普九"旗。依托现有公共服务基础,推进"东康伊"教育、医疗、养老等公共服务共建共享,统筹安排基础教育、文化体育、科技研发、医疗卫生、社会福利等公共服务设施,推进更多的高等级公共服务设施,如科技馆、市级医院等向旗、镇、嘎查村倾斜,实现区域内公共服务设施的资源共享。同时,提升疾病预防控制能力,共同应对跨区域突发卫生事件。

(四)提升市政设施联合服务

以康巴什区、伊旗区域市政设施共建共享为目标,统筹考虑区域市政设施布局,减少市政设施的重复建设。给水方面,完善供水管网,强化康伊城区管网的互联互通,整合水资源利用,将矿井疏干水与地表水、地下水共同纳入水资源调配体系,结合区域生态、产业布局、水资源承载能力,统一规划配置矿井疏干水,统一收集综合利用矿井疏干水,提高疏干水供应能力。污水处理方面,提升伊旗现有污水处理厂规模,满足康伊城区远期污水处理需求。统筹区域供电系统,形成以500千伏变电站为电源点,220千伏电网为骨干,110千伏电网为高压配电网的网架结构。通过一体化信息平台建设,打造"东康伊"公共服务线上"一屏办""指尖办"智慧平台,让群众足不出户办理业务。

第五节　国家可持续农业的适度发展区

《全国农业可持续发展规划(2015—2030年)》根据农业可持续发展面临的突出问题,综合考虑农业资源承载力、环境容量、生态类型和发展基础等各种因素,将全国划分为优化发展区、适度发展区和保护发展区。伊金霍洛旗属于该规划中的适度发展区,该区农牧业生产特色鲜明,但生态脆弱,水土配置错位,资源性和工程性缺水严重,资源环境承载力有限,农业基础设施相对薄弱。规划明确指出,该区农业可持续发展应坚持保护与发展并重,立足资源环境,发挥优势、扬长避短,适度挖掘潜力、集约节约、有序利用,提高资源利用率。以水资源高效利用、草畜平衡为核心,突出生态屏障、特色产区、稳农增收三大功能,大力发展旱作节水农业、草食畜牧业、适度规模经营、循环农业和生态农业,加强中低产田改造和盐碱地治理,实现生产、生活、生态互利共赢。大力发展高效节水灌溉,实施续建配套与节水改造,完善田间灌排渠系,增加节水灌溉面积,严格控制地下水开采。推进粮草兼顾型农业结构调整,挖掘饲草料生产潜力,推进草食畜牧业发展。保护天然草原,实行划区轮牧、禁牧、休牧、舍饲圈养,科学防治草原退化、沙化,提高草场的生产力和承载力。

伊旗处于农牧交错带,粮食和牲畜为农产品的主要来源,据此,分别统计各镇牧场、耕地面积和粮食、牲畜产量。

牧草面积:札萨克镇牧草面积最大,为92.25万亩,红庆河镇和苏布尔嘎镇牧草面积数量较大,阿勒腾席热镇牧草面积最小,为19.95万亩。

农田面积:红庆河镇农田面积最大,为12.03万亩,其次为札萨克镇和苏布尔嘎镇。

粮食作物产量:粮食作物产量和农田面积大小有着紧密的联系,札萨克镇、苏布尔嘎镇、红庆河镇、伊金霍洛镇粮食作物产量较大。

牲畜总量:牲畜总量和牧草面积大小有着紧密的联系,其中红庆河镇和苏布尔嘎镇牲畜数量最多,札萨克镇和伊金霍洛镇次之。

伊金霍洛旗农田和牧草面积及牧产品产量排序

辖镇	农田面积	粮食产量	牧草面积	牲畜总量	总和
阿勒腾席热镇	7	7	7	7	28
纳林陶亥镇	6	6	4	6	22
乌兰木伦镇	5	5	6	5	21
伊金霍洛镇	4	3	5	4	16
苏布尔嘎查镇	3	1	3	2	9
札萨克镇	2	2	1	3	8
红庆河镇	1	4	2	1	8

一、加强基本农田保护力度

基本农田保护区主要分布在红庆河镇、苏布尔嘎镇和札萨克镇的东部、伊金霍洛镇的西部及乌兰木伦镇和纳林陶亥镇的平、洼地区及沟谷阶地。一般农业地区集中分布在红庆河镇、札萨克镇和苏布尔嘎镇。

伊旗全面贯彻《基本农田保护条例》,明确各级保护责任,坚决贯彻"五不准"基本农田用途管制制度和占用报批制度,保证占补平衡,建立完善的基本农田动态监测体系,实现对所辖区内基本农田面积、地力情况和环境质量状况等进行定期检查,并公布检查结果。建立基本农田社会化监督网络,设立举报电话、举报箱等,任何单位和个人可以任何方式举报违法违规占用或破坏基本农田的行为,发现情况及时处理。建立完善基本农田动态监测体系,实现对所辖区内的基本农田的面积、地力情况和环境质量状况等进行定期检查,并公布检查结果;建立完善的基本农田社会化监督体系,稳定耕地保有量。

推进土地整治和高标准农田建设,稳步提升耕地质量,科学合理开展土地平整工程、灌溉与排水工程、田间道路工程、农田防护与生态环境保持工程等田间基础设施建设,满足田间管理和农业机械化、规模化生产需要。合理布置耕作田块,保持各项工程之间的协调配合,实现田间基础设施配套齐全,有效保护全旗农田。

二、提高农田水利建设水平

伊旗处于干旱、半干旱地区,年平均降水量少,农作物生长期内的降水量基本无法满足作物生长的需要,自然条件下的农业生产普遍处于干旱的威胁之中。降水的季节分配极不均匀,春季降水偏少,加之气温迅速回升,大风日数增多,导致地面蒸发量加大,春旱极为普遍和严重,夏季降水高度集中,有时会形成洪水灾害,危害农业。在这样的自然地理条件下,农业经济发展急需农田水利高质量发展作为支撑,伊旗的农田水利发展史在一定程度上就是同干旱和洪水做斗争的历史。内蒙古自治区成立前,农田灌溉基本靠天吃饭,水利基础设施非常薄弱,"十五"以来,鄂尔多斯市委提出"三化互动水支撑,基础设施要先行"的战略性口号,要求各地区要切实加大对水利基础设施的投入力度。伊旗水利局紧紧围绕系统发展思路,认真贯彻落实鄂尔多斯市委、市政府、伊金霍洛旗旗委、旗政府农牧业产业化发展总体要求,积极探索、超前谋划,不断推出水利工作的新举措,大胆提出了农田水利建设转变理念:农田草牧场水利基本建设要由"粗、低、广、散"向"精、高、示、保"转变。"精"就是要改变过去水利建设粗放、点多面广、投资分散的现象,要集中人力、物力、技术建设精品工程。"高"就是要改变过去水利建设技术含量低、效益低、标准要求低的格局,努力建设技术含量高、效益高、标准要求高的工程,充分发挥工程的最大效益。"示"就是把所建设的工程建成示范工程,产生影响,带动周边。"保"就是要把所建设的工程建成保稳定、保增收、促发展的工程。在这一理念的引导下,伊旗农田水利健康发展,灌溉方式从落后的漫灌发展到节水灌溉,灌溉形式也从渠道衬砌发展到管道灌溉、喷灌甚至是滴灌。先后实施了小型农田水利工程、现代农牧业项目、牧区水利节水灌溉工程、节水灌溉示范项目以及现在的节水增效项目,各类节水灌溉项目的实施,不仅有效节约了水资源,还将使饲草料大幅增收,农牧民收入也得到增加。

三、推进农业结构优化调整

伊旗种植业生产适宜区800.8万亩,主要位于红庆河镇南部与纳林陶亥镇北部;畜牧业生产适宜区802.35万亩,主要位于苏布尔嘎镇的光胜村、敏盖村、敖包圪台村以及红庆河镇的巴本岱村、巴音布拉格村、台格希里村。推进粮草兼顾型农业结构调整,通过坡耕地退耕还草、粮草轮作、种植结构调整、已垦草原恢复等形式,挖掘饲草料生产潜力,推进草食畜牧业发展。推广水肥一体化,增施有机肥,改良土壤,调整种植业结构,合理安排草、经、粮的种植比例,优化种植品种,引进节水、抗旱、高产新品种,种植有机特色经济作物,发展生态、设施、节水和特色农业。

建立健全质量监控体系。以红庆河镇设施农业基地为中心发展带动周边地区发展保护地蔬菜、瓜果、花卉等名优产品种植。结合"互联网+",以信息发布为手段,促进整村、整乡实现规模经营。加快粮食生产全程机械化整村推进,培育发展农机作业服务市场,促进机械化向产前产后延伸,切实提升现代农业设施装备和机械化水平。在稳步提升粮食供给的同时,结合市场需求优化产业结构,促进农村牧区土地整合流转,发展一批中药材、食用菌、杂粮杂豆、有机蔬菜等订单式、合作制、股份制等多种形式的规模化农业种植项目。

搭建起旗镇两级农村产权交易平台,完善制度机制,健全市场交易规则,切实维护好承包农户和经营主体权益,确保农村土地等产权交易顺利有序进行,大力促进农村牧区土地整合流转,发展适度规模经营。不断探索实行统一连片流转和按户连片耕种模式,解决土地细碎化等问题。

四、促进天然草原科学利用

保护天然草原,实行划区轮牧、禁牧、休牧、舍饲圈养,科学防治草原退化、沙化,提高草场的生产力和承载力。伊旗苏布尔嘎镇、红庆河镇等西部乡镇主要以发展农牧业为主,为促进农民增收,伊旗采取抓示范、建基地等措施,推广紫花苜蓿、饲用玉米等优质牧草种植,引导群众科学种草,以草定畜,为下一步做大做强做优养殖产业打下坚实的基础。

截至2023年,全旗种植紫花苜蓿等优质牧草5.2万亩,年可产优质牧草5万吨,全旗饲用玉米及青储玉米播种量30万亩,可产饲草(折算鲜草)105万吨。全旗优质牧草及农作物秸秆可初步满足现有100万头(以羊为单位)牲畜的饲养,为全旗养殖业、舍饲圈养、禁牧创造了良好条件,全旗牧草产值达4.98亿元。

第六节　全国林业生态建设的重点区

　　2013年11月,习近平总书记在《关于〈中共中央关于全面深化改革若干重大问题的决定〉的说明》中指出:"我们要认识到,山水林田湖是一个生命共同体,人的命脉在田,田的命脉在水,水的命脉在山,山的命脉在土,土的命脉在树。用途管制和生态修复必须遵守自然规律,如果种树的只管种树、治水的只管治水、护田的单纯护田,很容易顾此失彼,最终造成生态的系统性破坏。由一个部门负责领土范围内所有国土空间用途管制职责,对山(沙)水林田湖进行统一保护、统一修复是十分必要的。"为此,国家林业和草原局(原国家林业局)深入贯彻习近平总书记系列重要讲话精神,牢固树立创新、协调、绿色、开放、共享的新发展理念,制定了以生态建设为主的林业发展战略,确定了我国林业建设以维护森林生态安全为主攻方向,以增绿增质增效为基本要求,加快国土绿化,增进绿色惠民,强化基础保障,加快推进林业现代化建设,为全面建成小康社会、建设生态文明和美丽中国作出更大贡献。按照山水林田湖草沙生命共同体的要求,优化林业生产力布局,以森林为主体,系统配置森林、湿地、沙区植被、野生动植物栖息地等生态空间,引导林业产业区域集聚、转型升级,加快构建"一圈三区五带"的林业发展新格局。

　　伊旗属于"五带"中的北方防沙带,生态建设应结合全国林业发展格局,坚持保护优先、自然恢复为主,通过山水林田湖草沙的系统治理和

修复,将生态建设与绿色产业发展有机统一,筑牢我国北方生态安全屏障。

一、构建林业发展新格局

(一)保护荒漠生态系统,增加林草植被

20世纪五六十年代,伊旗沙化面积达3000平方公里,森林覆盖率不足3%,出现了沙进人退、百姓难以生存的局面。面对艰难的生存条件,伊金霍洛人没有向黄沙屈服,始终冲锋在前、勇于探索、因地制宜、大胆实践,掀起一场旷日持久的"绿色革命",志在让黄沙披绿装。

历经几代人艰苦奋斗,实现了"沙进人退"向"绿进沙退"的巨大转变,百姓难以生存的严峻局面彻底扭转。从70年代初,在上级党委政府的大力支持下,伊金霍洛旗旗委政府带领全旗各族人民开展了大规模治沙造林活动。改革开放后,伊旗被列入国家"三北"防护林体系建设重点县,在旗委、旗政府带领下,全旗各族群众满怀热情,积极投身于群众性造林活动,并对窟野河等小流域进行重点治理。随着林木两权分离、畜草双承包责任制的不断落实,林业、草原、水利水保得到了长足的发展。"八五"以后,随着国家能源战略西移,旗委、旗政府按照社会主义市场经济的要求,坚决落实鄂尔多斯建设"反弹琵琶、逆向拉动"的战略,实现林沙产业从无到有,创造了以加工转化促进造林绿化的成功经验。西部大开发以来,在国家生态优先方针的指导下,旗委、旗政府审时度势,抢抓机遇,2000年在全国全区全市率先实行全面禁牧、舍饲圈养,使伊旗生态好转、植被恢复。进入21世纪,先后启动实施了各项国家重点工程和地方林业工程。2005—2007年间,累计投入17.5亿元,在霍洛林场小霍洛作业区、新街治沙站阿鲁图作业区开展造林治沙工作,防沙治沙工作步入跨越式发展阶段,生态环境明显改善。党的十八大以来,按照习近平总书记关于"打造祖国北疆亮丽风景线"的指示精神,通过政策驱动、科技推动、产业拉动等多元机制,深入实施生态强旗战

略,采用多种方式开展造林。截至2022年,全旗森林面积达到306.63万亩,森林覆盖率达到37%,其中,灌木林地面积为200万亩,占森林总面积的66.7%,全旗森林蓄积量达245.5万立方米。主要灌木树种有柠条、沙柳、杨柴、沙棘等,主要乔木树种有樟子松、油松、杨树、旱柳、榆树。草原面积650.32万亩,可利用草地面积539.76万亩,占全旗国土总面积的77.4%,森林草原碳汇能力进一步提高,沙化土地基本消除。

(二)实施保护性造林,构建防风固沙林

从1978年开始,伊旗共实施各类国家重点林业工程483.28万亩,累计投入资金5.88亿元,其中实施"三北"防护林体系建设工程372.58万亩,投入资金1.08亿元;实施天然林资源保护工程55.3万亩,投入资金0.32亿元;退耕还林工程51.2万亩,投入资金4.35亿元;京津风沙源治理工程4.2万亩,投入资金0.13亿元。

重点生态工程实施情况:

1. 天然林资源工程

天然林资源保护工程(以下简称"天保工程")是国家治理生态环境的六大林业重点工程之一,伊旗从2000年正式实施"天保工程",主要开展国有林场站职工分流安置、资源林政管理、野生动植物保护、护林防火、公益林建设及林业基础设施建设等工作。截至2023年3月,伊旗"天保工程"累计投入资金27374.98万元,其中基本建设资金3154万元;财政专项资金24549.2万元;地方投入31.78万元。"天保工程"一期(2000至2010年)累计完成"天保工程"公益林建设52.5万亩,其中,飞播造林28万亩,封山(沙)育24.5万亩;二期(2011至2015年)累计完成"天保工程"公益林建设2.8万亩,全部为人工造林。全旗森林资源得到有效保护,实现了森林面积、蓄积和覆盖率持续三增长。

2. 京津风沙源治理二期工程人工造林

伊旗2013—2015年度共实施京津风沙源治理二期工程人工造林

42000亩,设计林种防风固沙林、水土保持林。其中:乔木造林39000亩,灌木造林3000亩。累计投入资金2655万元,其中:国家专项资金1336万元,群众投工投劳折资1319万元。

3."三北"防护林工程

从1978年伊旗被列为"三北"工程实施重点旗县后,累计实施五期造林工程,累计实施工程面积372.58万亩,总投资1.08亿元,其中造林352.18万亩(人工造林308.53万亩、飞播造林36.12万亩、封山育林7.53万亩),退化林分修复20.4万亩,保存面积210.3万亩(人工造林196万亩、飞播造林14.3万亩)。

4.退耕还林工程

2002年,退耕还林工程在全旗全面启动。2002—2011年,共实施退耕还林49.7万亩,其中退耕还生态林20.447万亩,荒山荒地造林29.248万亩,主要树种为杨树、沙柳、柠条等,实施封山(沙)育林1.5万亩,全面完成国务院下达任务。国家林业和草原局授予伊旗"全国退耕还林先进县"荣誉称号。

5.退耕还草工程

伊旗在"十三五"期间实施退耕还草项目7500亩。其中,2015年度退耕还草项目实施面积3500亩,发放补贴两次合计970元/亩;2016年度退耕还草实施面积4000亩,两次发放补贴1000元/亩。2023年,已实施完毕,对于验收合格的户子均通过"一卡通"发放了补贴。从项目实施情况看,退耕还草项目建设增加了草原植被,减少了水土流失和风沙危害,促进了农业结构调整,增加了农牧民收入。

(三)山水林田湖草沙系统治理和修复

党的二十大报告指出,要推进美丽中国建设,坚持山水林田湖草沙一体化保护和系统治理。明确提出"提升生态系统多样性、稳定性、持续性","加快实施重要生态系统保护和修复重大工程","推行草原森林河流湖泊湿地休养生息"。

伊旗在生态恢复与稳步推进的同时,加快实施山水林田湖草沙综合治理,加强自然生态系统保护和修复,全面提升区域内森林、湿地、草原、荒漠生态系统的生态服务功能,实现生态资产的保值增值和人民生活绿色低碳。制定了《伊金霍洛旗山水林田湖草综合治理与绿色发展规划(2019—2035)》,成为国内首例评审通过的旗县级山水林田湖草综合治理与绿色发展规划,投资7.87亿元推进全旗生态治理工程8大工程(采煤沉陷区生态治理示范项目、旅游景区绿化示范项目、通道绿化、毛乌素沙地综合治理、退化林分改造提升、矿区疏矿水综合利用、草原生态修复、城镇周边水生态及绿化示范工程),各项工作有序推进,成效显著。2019年5月,全球首家荒漠化指数发布中心在伊旗挂牌成立,这些既是伊金霍洛旗深化荒漠化治理成果的具体举措,也是伊金霍洛旗荒漠化治理的"成绩单",更是伊金霍洛旗落实习近平生态文明思想的生动实践。

(四)林草有害生物防控

为遏制林业有害生物的入侵和传播,实现林草资源健康发展,伊旗多措并举,开展林草有害生物防控。一是开展监测预报,及时为防控提供科学依据。全旗现有142个有害生物监测点,有专门的测报员、护林员定期进行监测,适时掌握林草有害生物发生趋势、动态,为及时、有效防控提供科学依据。二是积极防治,将危害控制在最低水平。对发生有害生物的林区和草地,及时开展调查、制订防治方案,组织防治人员或以购买社会化服务的方式积极进行防控。积极鼓励村集体、农牧民参与到防治工作中来,既防治了有害生物又让农牧民和村集体增收,助力乡村振兴。三是"以防为主",加强检疫执法工作。对外地调入的苗木等严格做好植物检疫工作,有效减少外来有害生物传播。同时,加强宣传,呼吁广大农牧民、企业,在调出、调入苗木前,主动到林草检疫部

门报检,持《植物检疫证书》调运。

二、积极发展林沙产业和果林经济

党的十八大以来,伊旗围绕"生态产业化、产业生态化"目标,初步形成了以重组木、生物质发电、饲料、饮食品、药品加工和生态旅游为主的林沙产业体系。通过经济林、中草药的种植,保护生态和向生态要效益形成良性循环林沙产业不断壮大。

依托丰富的林木资源,积极探索和促进林沙产业发展,加大对林沙企业的扶持力度,通过公司+基地+农户的形式,与农牧民建立合理的利益联结机制,充分发挥龙头企业的辐射带动作用,把林沙资源优势转化为经济优势,实现生态保护和脱贫致富互促共赢。经过多年探索发展,林沙产业实现了规模从小到大,链条从短到长,档次从低到高,市场从近到远的转变,初步形成了以人造板、生物质发电、饲料、饮食品、药品加工和生态旅游为主的林沙产业体系,引进的沙柳重组木项目应用37项国内专利,1项国际专利,极大地提高了沙柳利用效率,推动了沙柳产业的发展。

(一)种苗产业日趋成熟

伊旗种苗产业随着生态建设需要,应运而生。20世纪60年代开始,主要以国有林场治沙站育苗为主,以杂交杨为主,引种樟子松育苗试验。80年代以来,农牧民个体育苗逐渐兴起,采集羊柴、籽蒿、苜蓿种子满足飞播造林需要,满足国家重点生态工程需要,以沙棘、柠条、山杏等灌木育苗为主。2007年以来,随着地方林业工程及园林绿化工程的实施,出现了全社会搞育苗的局面,以樟子松为例,现全旗育苗面积达22万亩,樟子松达3亿多株,初步估算产值达30亿元,每年向周边省市、地区输送苗木达560万株,年销售收入达6000万元,不同时期种苗的发展,成为农牧民增收的重要来源。

（二）沙柳产业持续发展

沙柳作为防沙治沙先锋树种,在防风固沙改善生态环境方面发挥了重要作用,除作为百姓日常栅栏、日用编织物及柴火使用外,根据沙柳平茬复壮的特点,每5年左右就可平茬一次,持续利用,在农牧民增收方面,效益明显。在20世纪七八十年代,伊旗柳编制品曾出口日美等十几个国家和地区。90年代初期,伊旗率先在原新街镇建成年产1万立方米刨花板厂,90年代末在阿勒腾席热镇建成年产5万立方米中密度纤维板厂,2004年在原公尼召乡建成年产20万立方米高密度纤维板厂（碧海木业）。

随着沙柳人造板产品的更新换代,促进沙柳资源的有效利用,2016年,内蒙古清研沙柳产业工程技术中心有限公司在伊旗成立,通过科学技术的研发,沙柳被加工成新型重组木材,被广泛用作家具等建材原材料,成为木材界的环保大使,公司通过分布在各镇的10家沙柳原料收购企业,与农牧民建立利益联结机制,2万多户农牧民的原料出售得到保证,户均实现收入1000多元,公司年产值1000万元。

鄂尔多斯市绿源科技有限公司积极探索生物质综合利用新途径,建成生物质供热项目,用沙柳、柠条等林木质资源代替煤炭,给居民供热。项目于2020年10月份在红庆河镇给居民供热,截至2023年,总供热面积达到12万多平方米。通过购买当地平茬的沙柳和柠条,为农牧民带来175万元的经济收入,同时,使用生物质供热后,每年可以替代5000吨煤炭,有效解决排渣排气等环保问题。

2016年以来,伊旗依托森林质量精准提升沙柳平茬项目等,累计已完成灌木平茬15.3万亩,收购原材料2.3万吨,销售沙柳切片3.3万吨,实现经营收益约2985万元,种植、加工、收购过程中间接带动农牧民实现收益约463万元。

（三）沙棘产业发展日盛

从20世纪八九十年代开始,沙棘成为全旗水土保持的主要树种之一,具有很强的生命力,同时又是一种价值较高的生态型经济林木。随着沙棘产业在全旗范围内快速发展,实现了改善生态环境、促进经济发展、带动农民致富的良性循环,涌现出菓奇奇、淳点等沙棘品牌。

内蒙古淳点实业有限公司于2016年成立,是一家以沙棘健康生态全产业链综合开发利用为主,涵盖生态治理修复、医药大健康、食品、大数据等多元化经营的现代综合型企业,主要在开发沙棘汁、沙棘茶、沙棘油等初级原料产品外,涉及沙棘保健品及沙棘辅助药品的深加工。2020年3月,旗政府与内蒙古淳点实业有限公司签署战略合作框架协议,双方将在推动黄河流域生态治理、采煤沉陷区生态修复、沙棘种植和产品开发等方面开展全方位合作。2021年,公司实现总产值3.9亿元,年产值9700万元。

（四）林下经济稳步推进

为全面打赢脱贫攻坚战,伊旗大力培育新的林业经济增长点,带动农牧民脱贫致富。2018年,在全旗范围内试验性地开展一部分果林经济,打造千亩红枣种植基地、千亩红枫基地,实施文冠果套种汉麻项目。2019年,通过鼓励和支持企业对采煤沉陷区和复垦区可用土地再利用,规模化种植沙棘、沙柳等经济林;大力发展林下经济,在成熟林区推广林牧模式、林药模式、林草模式等林下经济产业。2020年,重点打造天骄生态文化林核心区5平方公里,全面支持天骄生态文化林发展林下经济,通过种植中草药、林间散养鸡等方式引导龙头企业、合作社、农牧民等经营主体参与其中,促进农牧民持续稳定增收。同时,结合疏干水工程,通过东水西调,建设水系,为林下经济发展提供用水保障并做好阿勒腾席热镇城区及部分农田的灌溉工作,切实将伊金霍洛的"绿色青山"转化为"金山银山"。

　　注重特色林果基地建设,经济林品种和面积不断增加。2018年以来,先后在阿勒腾席热镇东山果林、天骄生态文化林建设经济林基地2500亩,现在全旗农牧民庭院经济林、村集体经济林、田园经济综合体等累计种植各类经济果林折合面积约2.3万亩,林下养殖、林下种植优质牧草、中草药逐步发展。全旗果林经济总产值约1.84亿元,年产值约2300万元。

第二章
伊金霍洛生态本底

第一节　自然地理概况

一、地理位置

伊旗位于内蒙古鄂尔多斯高原东南部,毛乌素沙地东北缘。东与准格尔旗、府谷县接壤,西与乌审旗、杭锦旗交界,南与神木市为邻,北与鄂尔多斯市政府所在地康巴什区、东胜区毗邻。地理坐标为东经108°58′—110°25′,北纬38°56′—39°49′。东西长120公里,南北宽61公里,总面积5600平方公里。旗政府所在地阿勒腾席热镇与鄂尔多斯市政府所在地康巴什区隔河相望。

全旗自然地理格局呈"三区四流域、七湖八淖尔"的特征。其中,"三区"为地形地势分区,由西部波状高原区、东部黄土高原丘陵沟壑区以及南部毛乌素沙地区组成;"四流域"指水系流域,由乌兰淖尔流域、红碱淖尔流域、乌兰木伦河流域与特牛川流域构成;"七湖八淖尔"指旗域范围内散布的红碱淖、光明淖、其和淖、红海子等湿地水域。

伊旗所在的鄂尔多斯高原盆地是世界级的煤炭、石油、天然气等综合能源富集区。全旗已探明各类矿产18种,其中已查明有资源储量的矿种有13种。依据2018年内蒙古自治区矿产资源储量调查,煤炭预测资源量329.06亿吨,天然气预测资源量823.06亿吨,油页岩预测资源量341.30万吨,是国家重要的能源战略基地与清洁能源输送基地。

二、地形地貌

（一）地形

伊旗位于鄂尔多斯高平原隆起部位,地处亚洲中部干旱草原向荒漠草原过渡的半干旱、干旱地带。地形总体呈西北高、东南低趋势,由西向东倾斜,海拔在1070—1556米。地面高度一般在1200—1550米,其中苏布尔嘎镇一带最高为1541米;折家梁、新庙一带最低,低于1200米。北部的高原台地—东胜梁,海拔1450—1550米,是鄂尔多斯市境内黄河支流的主要分水岭。地形以高平原、波状高原和丘陵为主。

东部及东南部为准格尔丘陵山地,均为高100米左右的土石沙丘,水系发育,另有少量的黄土沟谷地形。周围沟壑纵横,坡陡沟深,谷底干涸,地形比差大,植被覆盖度低,水土流失严重。山地海拔1200—1450米,沟谷下游多较开阔,宽浅平坦,土质肥沃,适于耕种,其上游地段可拦洪蓄水,筑坝澄地。

西部及中部地区呈波状起伏的高原地形,海拔1400米左右,为内陆水系,大部为流域面积不大的季节性河流。

五连寨子一带为毛乌素沙地北部边缘,沙丘仍很高大,沙丘一般高度10～20米,高者可达30～40米。由于沙丘蓄水能力强,径流缓慢而不通畅,地下水埋藏较浅,沙丘间形成许多水草丰茂的洼地,个别地段基岩裸露地表。

（二）地貌

伊旗东部属晋陕黄土高原的北缘水蚀沟壑地貌,中部为坡梁起伏的鄂尔多斯高原,西部是风沙地貌比较发育的毛乌素沙地。地貌按其成因可划分为侵蚀构造、构造剥蚀以及堆积三大类型。

侵蚀构造类型。分布于伊旗北部及东部,约占全旗面积的二分之一。按其形态又可分为高平原和高原丘陵。高平原略呈东西带状展布于以东胜梁为主体的广大地区,包括以山脊相连接的等高度的山顶,高为1450～1550米;高原丘陵分布于本区东部及东南部。为地形起伏较大的丘陵地形,地面高度1200～1450米。

构造剥蚀类型:在干旱气候条件下发育而成的特殊地貌景观,主要特点是气候干旱、水系稀少、景观荒凉,其发育和形成主要是干燥剥蚀和风力作用的结果,暂时性水流仅限于局部地区。按其形态可分为波状高原和高平原。波状高原主要分布于阿勒腾席热镇以西地区,大部分为内陆水系上游集水地段,地形倾向南西,呈波状起伏,地面高度1400～1500米;高平原主要分布于红庆河以北及碱淖水系流域上游地区,地面高度1350～1450米。

堆积类型:在本区分布较广按成因可分为湖积平原、河流堆积和风积沙漠。湖积平原主要分布于伊旗西南部的苏泊罕—太吉马—纳林希里—公尼召以及红海子一带,地面高度1280～1420米;河流堆积地形主要呈树枝状分布于伊旗东部,大部为沿河道堆积着的第四系碎屑物质所构成;风积沙漠地形主要分布于伊旗南部以及后石圪台东北地区,地面高度1330～1460米。

三、气候特征

伊旗属温带大陆性气候,其特点是干旱少雨,日照强烈,冷热剧变,风大沙多。冬季受蒙古冷气团影响,气候干燥而寒冷;夏季炎热而少雨,湿润度由东向西递减。旗内各地气候差异明显,全旗年降水量在340—420毫米,由东南向西北逐渐递减;全旗年平均气温6.2℃,极端最低气温-31.4℃,极端最高气温36.6℃,无霜期130—140天;年日照时数在2740—3100小时,年太阳总辐射量145千卡/平方厘米;常年风大沙多,蒸发旺盛,全年蒸发量2163毫米,是降水量的7倍。多年平均日照时数为2875小时,太阳辐射总量为145千卡/平方厘米;无霜期139～140天;冻土期为11月至翌年4月,最大冻土深度为2.1米。

（一）气温

多年平均气温6.1℃,最热月7月极端最高气温37.4℃,最冷月1月极端最低气温-31.4℃。

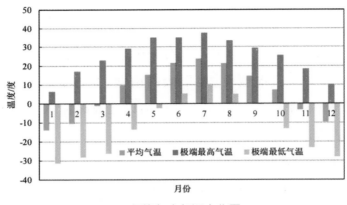

伊旗年内气温变化图

（二）降雨

伊旗全年平均降水量343.2毫米,由东南向西北逐渐递减。其中,6—9月平均降水264.1毫米,占全年降水的73.4%。降水量年际变化较大,最大年间雨量出现在1967年,降水量为624.5毫米;最小降水量出现在1962年,降水量为100.8毫米。

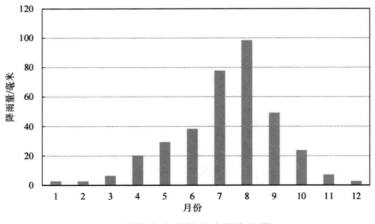

伊旗年内平均降水量变化图

（三）蒸发

伊旗多年平均蒸发量为2351.2毫米，年最大蒸发量2987.2毫米，最小蒸发量1876.7毫米；年蒸发量由东向西递增，东部最小，年平均蒸发量小于2200毫米，西部最大，年平均蒸发量大于2500毫米。

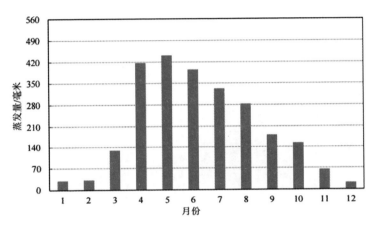

伊旗多年平均蒸发量年内分配图

（四）湿度

年内平均相对湿度在29%—68%，多年平均相对湿度为49%，春季空气湿度最小，夏季最大。

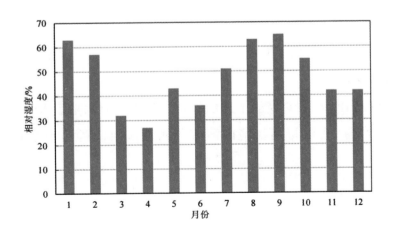

伊旗年内各月平均相对湿度表

（五）风速

大风天气偏多，多年平均风速3.4米/秒，以西北风为主，风期主要集中在冬、春季，以3—5月大风日数最多，年内大于8级大风日数平均28天，最多达56天，沙尘暴日数平均23天，最大风速28.5米/秒，多年最大平均风速15.3米/秒。

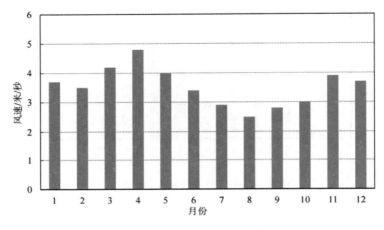

伊旗年内风速变化情况表

（六）其他

多年平均日照时数为2875小时，太阳辐射总量为145千卡/平方厘米；无霜期139～140天；冻土期为11月至翌年4月，最大冻土深度为2.1米。

四、水文水系

伊旗境内河流除少数常年有水外，大多为季节性河流，旱季无水，汛期则峰高水急，含沙量高。境内河流分属外流河（黄河）水系和内陆河水系。

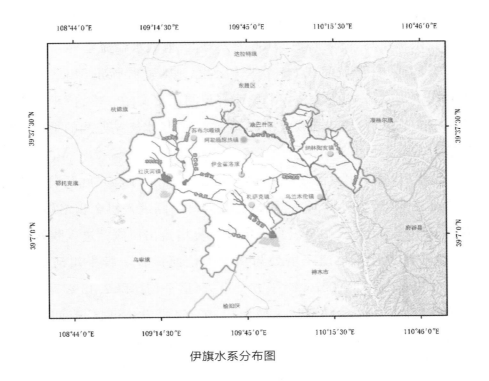

伊旗水系分布图

（一）外流河水系

伊旗外流河水系分布在东部丘陵区,属于黄河流域窟野河的支流,主要有乌兰木伦河和特牛川两大河流,流域面积2562.11平方公里,约占全旗面积的45.87%。

乌兰木伦河:乌兰木伦河起源于苏布尔嘎镇杨家壕,为窟野河上游,在陕西省境内与特牛川汇合,至陕西省神木市罗峪口,从右侧汇入黄河,流域面积3837.27平方公里,河道全长132.5公里,平均比降2.83%。乌兰木伦河纵贯伊旗东部,流经苏布尔嘎镇、阿勒腾席热镇、纳林陶亥镇、乌兰木伦镇,旗境内长95.5公里,流域面积2168.47平方公里,占全旗总面积的38.82%,年地表水径流总量10623.97万立方米;全河除河源4公里左右为间歇性水流外,区域均有清水;一级支流27条,比较大的有霍泥图沟(流域面积58平方公里,地表水径流量104.4万立方米)、呼和乌素沟(流域面积471平方公里,地表水径流量2307.57万立方米)、尔林兔沟(流域面积50.06平方公里,地表水径流量84.5万立方米)、合同庙川(流域面积145.6平方公里,地表水径流量513.1万立方米)等,二级支流41条。乌兰木伦河有控制性水文站一座,位于陕西省神木市王道恒塔,控制流域面积3833平方公里,水文站监测的平均年径流量为18812.49万立方米。

牸牛川:牸牛川发源于准格尔旗神山镇神山豁子与东胜区铜川镇塔拉壕交界地带,为过境河流,在小圪丑沟口南侧进入伊金霍洛旗,向东南流至乌兰色太沟入口处转向西南至三界塔流出伊旗并进入陕西省境内,在陕西省神木市房子塔处与乌兰木伦河汇合。牸牛川河道全长87.5公里,流域面积2276.25平方公里,河道平均比降2.43%。牸牛川在伊旗境内长度为21公里,流域面积393.64平方公里,均有间歇性清水;伊境内牸牛川一级支流10条,主要有束会川(流域面积383平方公里,地表水径流量2379.16万立方米)、毕连图沟、七开沟等。二级支流16条。

(二)内流河水系

内流河分布于西部波状高原,河流较短,流域面积小,河浅岸缓,无明显河道,均属季节性河流。这些河流都注入湖泊,构成独立的水系。较大的河流有艾勒盖沟(流域面积533.96平方公里,年地表水径流量1410.06万立方米)、札萨克河(流域面积312.69平方公里,年地表水径流量825.78万立方米)、通格朗河(流域面积268.04平方公里,年地表径流量707.87万立方米)、特并庙沟(流域面积200.14平方公里,年地表水径流量528.55万立方米)等。内陆河流在伊旗流程短,水量不大,因而利用价值较低。境内湖泊分布较多,较大的湖泊有红碱淖(水面面积29.26平方公里,平均深度3米,蓄水量8778万立方米)、其和淖尔(水面面积3.21平方公里,平均深度3.5米,蓄水量1123.5万立方米)、哈达图淖尔(南)(水面面积1.34平方公里,平均深度0.8米,蓄水量107.2万立方米)、奎子淖(水面面积1.85平方公里,平均深度1米,蓄水量185万立方米)、乌兰淖(水面面积0.55平方公里,平均深度0.5米,蓄水量27.5万立方米)、伊和日淖尔(水面面积2.18平方公里,平均深度1.2米,蓄水量261.6万立方米)、哈达图淖(北)(水面面积1.54平方公里,平均深度3米,蓄水量462万立方米)等。各湖淖水质由于水面的蒸发作用,淖水浓缩,致使矿化度增高,不适宜直接用于人畜饮用和农作物灌溉。内陆河流域面积2924.69平方公里。

伊金霍洛旗主要内流河流流域面积统计表

流域名称	流域面积(平方公里)	占全旗面积(%)	占内流区面积(%)
艾勒盖沟	533.93	9.73	18.26
札萨克河	312.69	5.70	10.69
通格朗河	268.04	4.89	9.16
孔独朗沟	197.60	3.60	6.76
特并庙沟	200.14	3.65	6.84
高勒庙河	288.74	5.26	9.87
松道沟	25.17	0.46	0.86

五、水资源量

(一)水资源量及可利用量

全旗水资源总量33112.31万立方米,地表水流域面积5586.51平方公里,其中地表水22390.94万立方米,地下水12884.25万立方米,地表水与地下水重复计算量1994.45万立方米。水资源总可利用量11254.22万立方米,地表水可利用量5914.16万立方米,地下水可利用量6324.11万立方米。全旗现状水资源使用量8116.91万立方米,占可利用量的72.12%。其中地表水利用量2347.12万立方米,占地表水可利用量的39.69%。地下水利用量5769.79万立方米,占地下水可利用量的91.12%。

地下水分布状况。全旗地下水主要分为松散岩类孔隙水和碎屑岩类裂隙水。松散岩类孔隙水分为冲洪积层孔隙潜水(主要分布于乌兰木伦河和牸牛川及其各支流沟谷中)、风积层孔隙潜水(主要分布在境内东南部的纳林塔、新庙等一带地区和南部的查干淖尔、门克庆一带地区,分布范围较广)、湖积层孔隙潜水(主要分布于北部的泊江海子、中部的红海子—苏布尔嘎—红庆河镇等地区)。碎屑岩类裂隙水分为碎屑岩类裂隙孔隙潜水、碎屑岩类裂隙孔隙承压水,广泛分布于伊旗境内的大部分地区。

疏干水利用情况。伊金霍洛旗煤矿较多,矿井疏干水量大小不一,矿井疏干水涌水量大小与煤层采深、地质构造、降水量和煤矿运营状况有一定的关系,经调查统计梳理发现,可进行疏干水综合利用的煤矿主要集中在东部矿区、西部矿区和乌兰木伦河沿岸神东矿区。截至2023年6月,全旗所有煤矿实现疏干水"零排放",形成东部、西部和乌兰木伦河沿岸神东矿区三个地区27座煤矿的疏干水再利用,煤炭洗选已全部利用疏干水;生态环境用水,用于矿区绿化、降尘,矿区生态园区用水,及周边河湖生态环境补水;生活用水,缺水矿区的疏干水经深度净化处理后,达到生活用水标准,用作矿区居民生活用水;农业用水,缺水地区的疏干水处理后用于农田灌溉及牲畜饮水。以乌兰木伦河、掌岗图河、柳沟河、东红海子、西红海子"三河两湖"工程为"轴心",通过分离市政用水和居民用水,疏干水为主,中水补充,应用水资源、水环境、水景观"三位一体"的水系综合治理模式,做足水循环、水利用、水经济文章,为城市居民创建优美的滨水环境和"自然氧吧"。随着矿区疏干水综合利用工程全面建成,每年将净化达标后的4760余万吨疏干水引入城区,用于生态水系、园林绿化,剩余则补充工业、农业灌溉用水、降低生产成本,补充"七湖八淖"水源,改善生态环境,矿井疏干水成为伊旗的重要水源。

中水利用情况。2022年,中水产生量为1244.725万立方米,其中工业用水77.3476万立方米,绿化及生态补水887.715万立方米,冬储夏灌273.879万立方米,城镇公共用水25.525万立方米。

(二)用水量现状

2022年,全旗用水总量为14266.63万立方米,其中:利用地表水936.56万立方米,利用地下水6430.38万立方米,利用矿井水5909.10万立方米,利用中水990.59万立方米。按照用途用水量:农业用水量5528.77万立方米,工业用水量4671.86万立方米,生活用水量1355.48万立方米,生态环境用水量2710.53万立方米。

六、土壤

伊旗地质基础以侏罗纪、白垩纪、第四纪砂岩和砾岩为主。岩性疏松,易于风化。全旗14个土类、29个土属、59个土种。土壤呈地带性分布,东部分布的粗骨土、风沙土、栗钙土面积较广,潮土、沼泽土和盐土则零星分布于河床两岸及低洼地区;中部鄂尔多斯高原区主要分布着栗钙土、粗骨土、风沙土和一定数量的草甸土及盐土,潮土分布于滩地;西部毛乌素沙区主要分布着风沙土和相当数量的潮土及栗钙土。全旗土壤总面积801.1万亩,占全旗面积的95%,各土类具体分布情况:栗钙土占15%,粗骨土占10%,风沙土占61%,该土类是伊旗的主要农牧业用地。潮土占13%,该土类土层较厚且肥沃,是伊旗的主要农业用地。伊旗属温带半干旱草原,草原植被广泛发育,草类多由多年生的草群组成,而又以丛生禾本科为主,其次是油蒿和豆科杂草,灌木和半灌木占有较大比重。油蒿的比重高达60%左右,草群主要以毛乌素沙区的植被类型为主。土壤特点是含沙量大,粒径粗、蒸水性强,肥力不足。

七、植被

伊旗植被类型多样,植物资源比较丰富。沙生植被、草甸植被等隐域性植被是全旗植被的主体,而显域性植被仅在少部分封禁地区得以保存。植被由原生植被向沙生植被转化,显域性植被逐渐被隐域性植被所代替。

全旗有植物416种,分列72科,273属。主要是禾本科、豆科、藜科、蓼科植物,其次是伞形科、莎草科植物。植物种类以油蒿居多,占全旗植被总面积的51.3%。其次有锦鸡儿、白沙蒿、牛心朴、沙米、苔草、莎草、碱草等。通过人工造林和飞播造林,全旗沙柳、杨柴、柠条、沙打旺、柽柳分布较广。乔木树种主要有杨、柳、榆。"三北"防护林体系建设以来,引进栽植了樟子松、油松、沙棘等。干旱梁地种植了大面积柠条。

南部毛乌素沙地梁滩相间区,以草甸干草原、沙生植被为主。在沙生植被中包括多种群落类型,如分布在流动沙丘上的沙米、沙旋复花、牛心卜子、沙竹、羊柴等群落。在半固定沙地上有沙柳、臭柏、沙蒿等群落,分布在梁地上的有柠条、针茅、百里香群落。西部有下湿滩地,在这些滩地上发育着草甸群落,主要有寸草、苔草、乌柳等。东部黄土丘陵、沟壑区,以灌木草原植被为主,分布有臭柏、黄檗、黄刺玫、柠条、酸枣、酸刺、百里香、大针茅、河柳、秦头、羊草、狼毒、沙蒿等杂草。

八、荒漠

截至2020年,全旗荒漠化土地总面积659.81万亩,占全旗国土面积的78.5%。其中,以风蚀荒漠化土地最多,为550.57万亩,占荒漠化土地总面积的83%,全旗均有分布;水蚀荒漠化土地为89.11万亩,占荒漠化土地总面积的14%,主要分布在阿勒腾席热镇、乌兰木伦镇和纳林陶亥镇;盐渍化土地为20.12万亩,占荒漠化土地总面积的3%,主要分布在伊金霍洛镇、红庆河镇和苏布尔嘎镇。

九、湿地

伊旗湿地较多,不仅有红碱淖尔、阿拉善湾、转龙湾、柒盖淖尔等湖泊湿地和独具特色的沙水林田等自然景观,而且有红海子湿地、乌兰木伦湖、柳沟河等环绕城市的湿地带。境内有湖泊29个,较大的湖泊有红碱淖、其和淖尔、哈达图淖尔(南)、奎生淖、乌兰淖、查干淖、伊和日淖尔、哈达图淖(北)、姚力庙海子等。

由于属于内流水系,且蒸发量大,地表水与地下水径流均不畅通,部分湖水盐分浓缩,矿化度增高。在一般情况下矿化度均在1克/升以上,pH值均大于9,不宜人畜饮用及农田灌溉,但都是发展渔业的极好场所。经化学处理后,也是工业用水的较好水源。2012年以来,由于天然来水量减少和水资源开发利用量的增加,湖淖面积不断缩小,有的湖淖甚至干涸。主要湖淖的特征值见下表。

伊金霍洛旗内流区主要湖淖分布情况表

湖淖名称	所在地点	pH	水面面积(平方公里)	平均深度(米)	补给来源
红碱淖	札萨克镇南端	9.2	29.26	3.0	札萨克河、高勒庙河松道沟
哈达图淖尔(南)	红庆河镇	9.6	1.34	0.8	—
乌兰淖	红庆河镇	9.7	0.55	0.5	特并庙沟
奎生淖	红庆河镇	9.6	1.85	1.0	多个小沟渠
查干淖尔	札萨克镇	9.2	1.15	1.0	—
其和淖尔	红庆河镇	9.3	3.21	3.5	艾勒盖沟
桃力庙海子	苏布尔嘎镇	9.4	1.6	2.0	—
伊和日淖尔	苏布尔嘎镇	9.4	2.18	1.2	孔独郎沟

湖淖名称	所在地点	pH	水面面积（平方公里）	平均深度（米）	补给来源
哈达图淖尔(北)	苏布尔嘎镇	9.6	1.54	3.0	—
光明海子	苏布尔嘎镇	—	—	—	—

十、野生动物

鄂尔多斯市遗鸥国家级自然保护区内动物以湿地鸟类和典型草原哺乳类动物以及爬行类动物为主。据调查,保护区现有湿地鸟类83种,属国家Ⅰ级保护的野生动物有遗鸥、东方白鹳、白尾海雕,属国家Ⅱ级保护的野生动物有白琵鹭、大天鹅、鸢、大鵟、红脚隼、蓑羽鹤、苍鹰、黑浮鸥等10多种。典型的草原哺乳类动物及爬行类动物主要有蒙古野兔、艾鼬、黄鼬、赤狐、兔狲、刺猬、蒙古黄鼠、五趾跳鼠、田鼠和草原沙蜥等优势种。

伊旗现有陆生脊椎动物4纲16目34科68种。其中两栖纲1目2科2种,爬行纲2目3科6种,鸟纲8目21科41种,哺乳纲5目8科19种。

十一、土地利用

截至2021年,伊旗共有湿地0.397万亩,耕地58.71万亩,林地306.63万亩,园地0.96万亩,草地382.56万亩,城镇村及工矿用地32.06万亩,交通运输用地7.58万亩,水工建筑用地0.44万亩,水域及水利设施用地17.61万亩,其他土地16.25万亩。

第二节　经济社会发展现状

党的十八大以来,在多项政策推动下,伊旗经济发展状况持续向好,以资源和新能源为支撑的发展动力强劲。伊金霍洛旗为内蒙古自治区仅有的两个全国百强县之一,中国社会科学院财经战略研究院《中国县域经济发展报告(2020)》暨全国百强县(区)第20位,2021中国西部百强县市第3位,2021年工业百强县市第35位,地区综合竞争力连续4年全自治区首位。2022年,伊旗各项主要经济指标均创历史新高,地区生产总值达到1219.2亿元,跻身全国"千亿县俱乐部";人均GDP排名全国县域第一,财政总收入首次突破五百亿元大关,达到561亿元,一般公共预算收入突破百亿大关,达到134亿元,入选"2022年县域高质量发展经典案例",获评"2022年县市高质量发展百佳典范"第6位,县域经济综合竞争力居全区首位、全国第22位。

城镇发展进入品质提升和城乡融合新时期。2012—2022年,伊旗常住人口增加1.5万人,年均增加0.15万人;常住人口城镇化率提高了9.8个百分点。产业发展方面,伊旗是全国第三大产煤县,国家重要的能源战略基地,旗域面积的87%为国家规划矿区,能源经济在伊旗经济中发挥支柱作用,对GDP的贡献率超过75%,已形成新能源、煤化工、装备制造等能源经济相关优势产业。

一、行政区划及人口

伊旗辖7个镇138个行政村。其中,下辖7镇分别为阿勒腾席热镇、乌兰木伦镇、伊金霍洛镇、札萨克镇、纳林陶亥镇、红庆河镇和苏布尔嘎镇。阿勒腾席热镇是旗政府所在地,是全旗的政治、经济、文化、教育和交通中心。

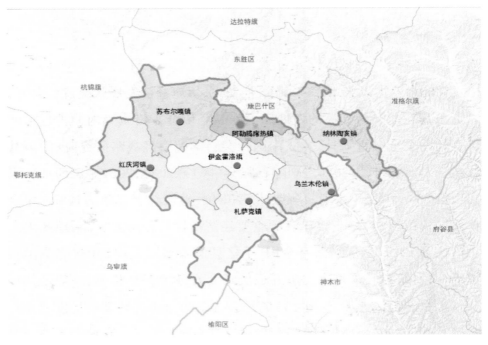

伊金霍洛旗行政区划图

2022年,全旗常住人口25.36万人,比上年末增加0.42万人,增长1.7%。其中,城镇人口19.48万人,乡村人口5.88万人;常住人口城镇化率达到76.81%,比上年末提高0.03个百分点。年末全旗户籍总人口18.38万人,比上年末增加0.19万人。全年出生人口1745人,出生率为9.5‰;死亡人口542人,死亡率为3.0‰;人口自然增长率为6.5‰。

人口组成以蒙古族为主体、汉族人口居多数的少数民族地区,域内居住着蒙古、回、满、朝鲜、达斡尔、俄罗斯、白、黎、锡伯、维吾尔、壮、鄂温克、鄂伦春等14个少数民族。全旗有少数民族人口1.6万人,占总人口的8.8%。

二、社会经济发展

伊旗经济繁荣,社会和谐,是国家重要的能源重化工基地,是自治区重点旅游旗县,是鄂尔多斯城市核心区的重要组成部分,2022年,在全国县域经济基本竞争力评比中位居全国百强第22位。初步核算,全旗实现地区生产总值1219.2亿元,超越包头市昆都仑区(1116.2亿元)进位全自治区第二。按不变价格计算,同比增长6.6%。分产业看,第一产业实现增加值12.9亿元,同比增长5.4%;第二产业实现增加值957.4亿元,同比增长8.9%;第三产业实现增加值248.9亿元,同比增长1.8%。第一产业增加值占地区生产总值比重为1.1%,比上年提高0.1个百分点;第二产业增加值比重为78.5%,比上年提高3.5个百分点;第三产业增加值比重为20.4%,比上年降低3.6个百分点。按常住人口计算,人均生产总值48.5万元(折合7.2万美元),比上年增长5.4%。全体居民人均可支配收入达到48721元,同比增长5.9%。分常住地看,城镇常住居民人均可支配收入达到58276元,同比增长4.7%,总量排名全市第1位;农村牧区常住居民人均可支配收入达到25086元,同比增长6.6%;城乡居民收入比缩小至2.32。伊旗全力保障城乡居民病有良医、住有宜居、学有优教、老有颐养、劳有丰酬,被中共中央党校《理论前沿》课题组命名为"全国构建社会主义和谐社会样板旗县"。2011年荣获"全国文明旗县"称号。

三、基础设施建设

区位优越,交通便捷。伊旗地处呼包鄂"金三角"腹地,现有三条国道、六条铁路线贯通南北、连接东西,实现了与鄂尔多斯市其他旗区及包头、呼和浩特等自治区重要城市之间的便捷流通,境内包(头)茂(名)高速公路更是将伊旗与发达的东南沿海地24区连接贯通;荣(成)乌

(海)高速使伊旗与广袤的华北和西北地区连成一片。鄂尔多斯机场坐落于距离旗府所在地12公里处。现初步形成了集铁路、公路、航空于一体的四通八达的立体交通网络,成为鄂尔多斯及周边地区的重要交通枢纽。此外,国道210辅线、包茂高速公路纵贯南北,旗县道干线公路横穿东西,运煤专线纵横交错,旅游专线相继开通,标志着以阿勒腾席热镇、乌兰木伦镇、伊金霍洛镇为中心,覆盖全旗的大交通、大运输的环形公路交通运输网络已经形成;东乌铁路、准神铁路、准乌铁路穿境而过;鄂尔多斯伊金霍洛国际机场坐落在旗境内,截至2023年2月,鄂尔多斯国际机场运营航线35条,通达国内37个城市。

截至2022年底,公路总里程达4995公里,其中,沥青、水泥混凝土路3723里,占全旗公路总里程的74.5%。主要包括:高速公路119公里(荣乌高速46公里,包茂高速63公里,机场高速10公里)、一级公路165公里;二级公路532公里;三级公路448.6公里;3.5—5.5米沥青、水泥混凝土路2458公里。全旗公路密度已达到每百平方公里89.2公里。全旗7个镇通二级以上公路、138个行政村全部通硬化路,734个自然村硬化路通达率达到80%,形成了区域互通、城乡互联的路网体系,交通运输保障发展能力显著增强。

数字引领智慧城市。伊旗智慧城市IOC平台,作为智慧城市的"神经中枢",高效汇聚海量数据,整合不同部门割裂的数据和能力,达到"可看、可用、会思考",包括城市综合管理、人口分析、指尖民生、社区、城管、园林、管网等多个专题分析,涵盖了智慧交通、智慧城管、智慧管网等30余个系统,实现了全旗城市发展运行的全景式展示、智能化辅助决策和预警,建成了自治区首个政府自建政务城域网和智慧管网。

四、矿产资源概况

伊旗有得天独厚的资源优势,矿产资源丰富。截至2022年,境内已发现矿产有煤炭、煤层气、油页岩、天然气、铀、天然碱、锗、镓、岩盐、泥炭、玻璃用石英砂、石灰岩、高岭土、砖瓦用黏土、耐火黏土、建筑用砂石、建筑用石料、矿泉水、地热、地下水等20种。列入内蒙古自治区矿产资源储量表的矿产有煤炭、油页岩、砖瓦用粘土等3种,资源储量列鄂尔多斯首位的矿种为油页岩和砖瓦用黏土,列鄂尔多斯市第二位的矿种位为煤炭。

伊旗煤种为不黏煤和长焰煤,煤炭品质好,素有"地下煤海"之称,且具"三低一高"特点,即"低灰、特低硫、特低磷,高发热量"等优点,煤田成煤于中生代侏罗纪,煤质特优,煤种属不黏煤,煤系地层平均厚度190.16米,可开采煤层厚度19.67米,煤田地质构造和水文地质条件简单煤层赋予稳定,很少有新断层、塌曲,易开采,是理想的工业化、低温干馏、煤炭液化的优质动力煤,被国内外业界人士誉为"天然精煤""洁净煤""环保型煤"。现累计探明煤炭储量725亿吨,历史累计产量23.3亿吨,剩余可采储量438亿吨。经国家规划的矿区面积达4850平方公里,占全旗总面积的87%。目前,全旗已建成煤炭产能达2亿吨/年,年均销售原煤1.8亿吨以上。全旗共有煤矿77座,核定总产能2.1亿吨/年。其中神东公司煤矿7座,核定产能0.761亿吨/年;地方煤矿68座,核定产能1.3425亿吨/年。

天然气分布在南部与乌审旗和陕西省交界的札萨克镇及庆河镇一带,属大牛地天然气田的一部分,旗内分布面积约200平方公里,估算旗内查明天然气地质储量约为823.06亿立方米,技术可采储量约380亿立方米,剩余技术可采储量约372亿立方米。

伊旗东部纳林陶亥镇木匠沟和乌兰木伦镇补连油页岩已做普查,查明资源储量共341.3万吨,产在侏罗纪中下统地层中。

五、第一产业发展

伊旗深入实施乡村振兴战略,立足特色资源,贯通产加销,融合文旅,推动乡村产业发展壮大,"一村一品""一村一特色"产业格局基本形成,创建特色村11个、示范村5个,认证"两品一标"农畜产品4个,实施布拉格肉羊养殖、哈沙图现代蔬菜种植等产业项目26个,带动农牧民人均增收1500元以上。农村牧区人居环境整治走在全区前列,龙虎渠、哈沙图、查干柴达木等5个村被农业农村部评为"中国美丽休闲乡村",伊旗获评"全国村庄清洁行动先进县"。

2022年,全旗农林牧渔业实现总产值21.2亿元,同比增长6.7%。其中,农业产值10亿元,同比增长7.0%;林业产值1.9亿元,增长10.5%;牧业产值7.8亿元,增长3.2%;渔业产值0.3亿元,增长11.1%;农林牧渔服务业产值1.3亿元,增长15.6%。

全年粮食作物播种面积38.1万亩,比上年增长1.6%。粮食总产量达到11.1万吨,比上年增长4.7%。年末牲畜总头数63.5万头(只),比上年增长5.3%。其中,猪6.5万头,增长22.6%;羊53.1万只,下降1.7%;大牲畜3.8万头,增长31%。年末全旗农牧业机械总动力23.8万千瓦,比上年末增长2.1%。拥有拖拉机5290台,农用水泵9056台,节水灌溉类机械281套,机动脱粒机612台。全年农作物机耕面积41.8万亩,机播面积39.32万亩,机电灌溉面积31.23万亩,机收面积24.33万亩。

六、第二产业发展

伊旗矿产资源丰富,主要有煤、天然气、油页岩、天然碱、泥炭、玻璃用石英砂、耐火黏土、砖瓦黏土等,素有"地下煤海"之称。截至2022年,全旗已建成煤炭产能达2亿吨/年,年均销售原煤1.8亿吨以上。

2022年,全部工业增加值比上年增长9.7%。规模以上工业总产值增长26.4%。规模以上工业总产值分经济类型看,国有企业总产值下降34.6%,股份制企业增长26.9%,外商及港澳台商投资企业增长44.2%。分门类看,采矿业产值同比增长21.4%,制造业产值增长77.3%,电力、热力、燃气及水生产供应业产值增长23.7%。以上工业企业实现全年营业收入 1757.4 亿元,比上年增长 25%;实现利润总额 790.4 亿元,比上年增长 25.7%;实现利税 1114.5 亿元,比上年增长 24.8%;营业收入利润率为 45%,比上年提高 0.1 个百分点。

七、第三产业发展

伊旗旅游资源丰富,有世界级的旅游资源成吉思汗陵和神秘复杂、庄严厚重、气势宏大的成吉思汗祭祀文化,有忠心守陵、千年传奇的达尔扈特蒙古人,有鄂尔多斯七旗会盟的苏泊罕草原,有城市、草原、湖泊和谐共生的湿地公园,有国际视野、规模宏大的产业旅游资源(伊金霍洛赛马场),有新型生态城、转型典范的城市旅游资源。

截至 2022 年,全旗拥有星级酒店 1 家,与上年末持平;拥有各类旅行社 22 家,比上年减少 1 家。全年接待各类游客 348.9 万人次,实现旅游收入 34.9 亿元。积极打造"成陵—蒙古源流文化产业园—苏泊罕大草原—乌兰活佛府—郡王府—红海子湿地"精品旅游线路,按照规划推进重点景区建设,成功将成吉思汗陵景区在全区率先提升为国家 5A 级景区,苏泊罕大草原旅游区建设成为国家 4A 级景区,全旗拥有国家 A 级旅游景区 8 个,其中 5A 级景区 1 个,4A 级景区 3 个,3A 级景区 2 个,2A 级景区 2 个,全面提升了旅游产品和服务质量。近年来,伊旗先后荣获"中国优秀文化旅游名县""中国优秀民族特色旅游县"等荣誉称号,已成为中国西部闻名的以民族历史文化和自然风光为特色,具有区域性吸引力的旅游目的地。

2022 年,全旗规模以上服务业实现营业收入 48.9 亿元,同比增长 32%,行业营业收入增长面达 7 成。其中,交通运输、仓储和邮政业营业收入 41.5 亿元,同比增长 36%;租赁和商务服务 2.8 亿元,增长 11.9%;科学研究和技术服务业 3.5 亿元,增长 14%;水利、环境和公共设施管理业 0.5 亿元,增长 96%。交通运输业恢复良好,公路货运量和铁路货运量分别达到 2433.8 万吨和 15937.2 万吨。

八、社会事业发展

发展依靠人民，发展为了人民。多年来，伊旗坚持民生优先，每年将80%以上的可用财力用于普惠性、基础性、兜底性民生建设，基本建成了幼有所育、学有所教、劳有所得、病有所医、老有所养、住有所居的公共服务体系。截至2022年，全旗拥有各类学校30所（不含学前和幼儿教育），其中中学8所，小学20所，职业高中2所；专任教师2439名，其中中学934名，职业高中54名，小学1454名；在校学生27737人，其中中学9872人，职业高中516人，小学17349人。公办幼儿园23所，教职工969名，在园幼儿7486人；民办幼儿园8所，教职工350名，在园幼儿2477人。全旗拥有医疗卫生机构195个，其中医院16个，专业公共卫生机构5个，基层卫生机构174个。医疗卫生机构拥有病床1331张，其中医院916张，专业公共卫生机构100张，基层卫生机构315张；拥有卫生技术人员1627人，其中执业医师、执业助理医师657人，注册护士628人，药剂人员109人，技师123人，卫生监督员25人，其他卫生技术人员85人。

第三节　生态文明建设成就

在旗委、政府的坚强领导下,伊旗励精图治,与时俱进,开拓创新,全面贯彻国家生态文明建设发展战略,严格落实《中共中央国务院关于加快林业发展的决定》,坚持"生态立旗"的发展思路,积极争取各级各部门的大力支持,以构建生态体系和产业体系为重点,全面推进生态文明建设各项工作的开展,取得了令人可喜的成绩。

一、生态本底得到夯实

自1978年被列入"三北"防护林体系建设重点县后,伊旗开展了大规模治沙造林活动,沙化程度得到有效控制。进入21世纪,响应国家西部大开发战略,先后启动实施了天然林保护、"三北"四期、京津风沙源治理等国家重点工程以及地方林业工程,森林覆盖率大幅提高,全旗建成区绿地率47.4%,建成区绿化覆盖率49.2%。全旗水土流失和荒漠化得到有效遏制,自然灾害逐年减少,生态状况得到全面改善。

"十二五"以来,随着禁牧工作的逐年深入和国家草原建设项目的不断扩大,使伊旗草原"三化"得到了有效缓解,局部地区生态环境明显好转,并向良性循环发展。全旗草原植被盖度、高度、牧草产量以及物种多样性等生态指标均有较大的提升,天然草原上有毒有害植物比例明显下降,野生动物数量有所增加。2012年以来,集中在矿区生态恢复区发展苜蓿种植基地,草原改良面积达105万亩,人工种草主要种植牧草品种有草木樨、沙打旺、紫花苜蓿等,年产干草平均在 2.22 千克/亩以上。曾经沙进人退的"不毛之地",逐步成为投资创业的热土,生态文明建设从"大地披绿"到"身边增绿"和"心中播绿"转化,为快速发展增加了新砝码,生态、经济、社会效益同步实现。

二、建设力度明显加强

近年来,伊旗大力推进荒漠化防治、矿区综合治理、林业生态建设、水资源利用工程建设和农田整治等各项工程建设。随着大力推进林业建设,全旗森林生态功能逐年提高,2022 年,全旗森林面积达到 306.63 万亩,森林覆盖率达到 37%,累计完成 20.4 万亩造林任务,完成总任务的 136%,其中新造林 14.95 万亩,去库存 5.45 万亩。同时,实施退化林分修复 17 万亩,森林抚育 22.6 万亩。完成京津风沙源项目贮草棚建设 1.72 万立方米,暖棚建设 1.86 万平方米,青贮窖建设 0.7 万立方米,人工饲草基地建设 1000 亩。完成退耕还草项目建设任务 7500 亩;牧草生长高度达到了 35 厘米以上,草群高度增长 15 厘米;梁地草原和沙地草原产草量分别提高到 50—80 千克(干重),产草量平均提高 30% 左右。

全社会关注林业建设、关注森林资源的氛围已经形成。野生动植物保护、湿地和自然保护区建设取得新成果,鄂尔多斯遗鸥湿地自然保护区(伊金霍洛旗境内)基础设施不断完善。

此外,伊旗大力加强矿区绿化和复垦。对于井工开采方式造成的采煤沉陷区一般采取等待其自然垮塌,后期地质结构沉陷稳定后补种植被恢复生态的办法,对露天煤矿,要求所相邻露天煤矿采取循环闭坑的方式,排土场要自然合理地衔接,最终复垦区的表土覆盖厚度不得低于 2.5 米,以确保绿化的成活率。2022 年底,全旗井工煤矿已建成绿化带 2.67 平方公里,矿区锅炉安装脱硫设施 56 台,除尘设施 21 台。露天煤矿、灾害治理工程累计完成复垦面积约 2.34 平方公里,完成绿化面积约 2.14 平方公里。为了提高水资源利用效率,伊旗主要从开源和节流两个方面入手,从生活、生产各个方面,特别是农田灌溉,加大节水力度,抑制用水需求,提高水资源利用效率和效益,同时挖潜工程供水能力,增加矿坑疏干水利用,加强中水回用,以缓解水资源短缺问题。根据水利综合统计报表数据显示,截至2022年,全旗共有中小型水库10座,总库容7181万立方米,供水能力2101万立方米;机电井26427眼,供水能力12797万立方米;塘坝53座,供水能力88万立方米;河湖取水泵站工程23处,供水能力2141万立方米;农村集中式供水工程260处,自来水普及率达到98%。

农田生态建设方面,伊旗在稳定基本耕地基础上,改善耕地的基础设施和土壤地力,加大发展畜牧业力度,推进高产、优质、高标准的生产基地建设,依靠科技进步提高单产、增加产量,发展新型的休闲农庄牧庄渔庄经济,农田生态建设取得重要成效。2019年以来,累计实施高标准农田建设6万亩。2021年新认证4个绿色农产品,"两品一标"农产品达到24个,2个特色农畜产品列入《全国名特优新农产品名录》。注册成功区域公用品牌"圣地天骄臻品",农产品市场竞争力和品牌影响力得到有效提升。

三、绿色产业初显成效

"绿水青山就是金山银山",保护生态环境就是保护生产力,改善生态环境就是发展生产力。在生态建设与开发利用上,伊金霍洛人算清了开发与保护这本大账,产业发展从"一煤独大"到多业并举转变,发展绿色产业成了意想不到之举。

2008年以来,依托丰富的林木资源,伊旗大力发展林沙产业,为保护生态环境,改善百姓民生作出了积极贡献。林沙产业实现了规模从小到大,链条从短到长,档次从低到高,市场从近到远,产业实现了从无到有的转变,形成了以人造板、生物质颗粒燃料、饲料、饮食品和生态旅游为主的林沙产业体系。如内蒙古水域山饮品有限责任公司累计种植沙棘面积12.3万亩，涉及农民19000多户，带动农民人均增收1000元左右。内蒙古清研沙柳产业工程技术中心有限公司建设沙柳重组木合作项目，2017年形成年产5000立方米沙柳重组木规模；鄂尔多斯市鸿泽源林业有限公司加工生产生物质颗粒燃料，将清研沙柳公司制木废料和沙柳平茬剩下的次料一起做成生物颗粒燃料，废物循环利用，带动农户10000多户，户均增收900多元。此外，红海子湿地公园、成吉思汗国家森林公园等资源，森林旅游、绿化苗木等绿色产业也迅速发展，带动了周边的乡村游、农家乐、养殖业、山野特产等产业发展，每年实现社会总收入1亿多元，其中农牧民种苗外销收益约2000万元，栽植户平均收入1500多元。群众收入明显提高，生态意识普遍增强，全民参与造林积极性空前高涨。

随着绿色发展提速、产业转型升级，伊金霍洛人也从这片绿水青山中受益，更有效地促进了绿水青山的保护，收获了金山银山，实现了生态良好、生产发展、生活富裕、文明和谐的可喜局面。据不完全统计，伊金霍洛人在生态建设保护上收入颇丰。其中，全旗退耕还林20.447万亩，每年补贴1840万元，人均享受105元；公益林补贴每年1800万元，农户人均享受102元；退化林分修复工程项目补贴1000万元，涉及3800户，农户户均收入2631元；鼓励农户就地消化苗木，出台了苗木去库存政策，凡是移栽至荒沙荒地、村屯、房屋周边绿化的给予补贴，地方财政绿化补贴500万元，全旗农户户均享受该项补贴220多元；另外，每年春秋季，农户利用造林、园林绿化、苗木销售、苗木抚育等契机，外出打工，每人至少获得收益1000元以上。以草原建设项目为例，2011—2015年，在牧草良种补贴项目的带动下，伊旗通过"一卡通"发放补贴资金2856万元。在实施退牧还草工程后，实施区17611户农牧民得到了国家饲料粮现金补贴，人均每年获得饲料粮补助金达320多元。在草原生态补奖一期实施后，五年累计禁牧补贴资金为21590.25万元，累计管护员工资

274万元,草原生态得到修复,人民收入提高,伊金霍洛的绿色产业俨然已成为广大农牧民增收致富的"绿色银行"。

生态旅游业日臻成熟。绿色既是伊旗的底色和价值,也是伊旗的优势和潜力。全旗大力发展全域旅游,坚持做绿色文章,打造和谐优美的自然环境和绿色协调的旅游环境,再现了当年成吉思汗赞美鄂尔多斯水草丰美的景象,依托成吉思汗国家森林公园建设,积极发展林业旅游、健康养生、休闲度假等生态旅游产业。天骄生态文化林位于成吉思汗国家森林公园的核心区,不仅是全旗生态建设的缩影、重要的民族团结示范点,也是全旗生态建设示范交流平台,持续吸引来自国家、自治区、各省、市、各院校的考察、交流、学习,既传承和弘扬了民族文化,促进了少数民族地区的发展,又发挥了生态旅游对当地发展的辐射带动作用,可谓一举多得。龙虎渠村和乌兰木伦村获评"中国美丽休闲乡村",伊旗农牧生产系统被认定为"中国重要农牧业文化遗产",同时被确定为市级田园综合体建设试点,获评国家级"休闲农牧业与乡村旅游示范旗"。

现代服务业加快发展。蒙古源流文化产业园元大都、哈喇和林主体完工,获评"全国版权示范园区",哈沙图村被评为全区首个"中国乡村旅游创客示范基地""伊金霍洛马属动物无疫区"获农业农村部批复,成为全国第二个获批的无疫区项目。

四、生态产品价值凸显

伊旗在生态建设过程中,积极探索如何将生态优势转化为经济优势与产品价值,大力发展绿色产业和林业经济,不断激发新活力,让"青山成金山"。

在延伸产业链条、促进转化增值上精准发力。沙柳是荒漠化治理的首选树种之一,也是沙生灌木开发利用中用量最大的树种。因其具有种源丰富、造林技术简单、成活率高、成本低和防护效益高等优势,长期

以来在鄂尔多斯市范围内大面积推广种植。以往由于沙柳平茬剩余物
没有很好地被利用,大部分用作薪材,少部分用于生产中密度纤维板、
刨花板,经济价值不高,也造成了极大的资源浪费。内蒙古清研沙柳产
业工程技术中心有限公司应用沙柳木的发明专利技术,生产大规格的
沙柳木绿色建材,同时引进德国梁柱式木结构加工设备,以沙柳木绿色
建材为原料,设计生产装配化木结构节能住宅,该项目成功地填补了国
际沙柳木绿色建材领域的一项空白。

另外,清研沙柳产业工程技术中心有限公司以沙柳枝条为原料,运
用专利技术和特殊加工工艺,压制出防水、防腐的绿色环保沙柳木型
材,部分剩余物用于生物质发电,作为颗粒燃料供暖,实现了环保经济。
实行沙柳与优良牧草套种的科学种植模式,采用"公司+合作社+农户"
的经营模式,带动当地农牧民积极种植沙柳,从而实现农民增收致富。
通过引导广大农牧民科学种植沙柳,不仅有效改良土壤,还能促进农村
牧区剩余劳动力就业,实现农牧民增收。

五、人居环境愈益美好

伊旗全力构建全域公园体系,高品质建设生态宜居公园城市,塑造
以人为本、功能复合、宜居舒适的城市新形态,凸显"人城境业"和谐统
一。深入践行"绿水青山就是金山银山"的理念,秉持"园中建城、城中
有园、城园相融、人城和谐"的规划思路,在生态文明视野下重塑风景园
林,布局高品质绿色空间体系,依据客观实际,因地制宜,因林施策,合
理搭配乡土树种和外调品种,将适应性广泛、抗逆性强、季相变化丰富
多彩、特色景观十分明显的植物作为城市绿化的主基调和骨干树种。
有效合理利用原有的文化街区、公园街道、历史建筑、古树名木等各种
自然资源,将城市历史传承与生态文明建设有效融合,使园林不仅仅具
有观赏价值,同时可以改善居民的生活环境,提升市民生活质量,体现
城市魅力,确保城市和生态的可持续发展。

母亲公园

　　打造"一园一主题、一园一风格、园园有故事"的公园景观,将"城市中的公园"升级为"公园中的城市"。加强城市水生态治理,提升城市水体自净能力,形成"五横、六纵、两支流"13条环城生态水系,大力推进水系进小区、进广场、进校园,中心城区水域面积达到17.8平方公里,占建成区面积1/3,营造了"水在城中、城在绿中、人在景中"的生态宜居环境。

　　全域增绿提质,科学规划完善街头绿地、疏林草地和慢行绿道系统,构筑城市绿环绿道,建设城市慢行步道绿道71.7公里,推进公园绿地和城市绿道连点成线、连线成片,实现园中建城、城中有园、城园相融,中心城区人均公园绿地面积达到84.8平方米,绿化覆盖率达到48.4%,成为城市的"生态绿肺"和"天然氧吧"。截至2022年,建成各类公园广场绿地32处,道路绿化96条,绿道及慢行步道51.88公里,绿化管护面积达6800万平方米,中心城区绿化覆盖率达48.2%,绿地率达46.8%,人均公园绿地面积达52.61平方米,基本实现居民步行300米见绿、500米见园,2016年荣获自治区首批"国家园林县城"称号。

　　六、保障体系趋于完善

　　党的十八大以来,伊旗积极完善各项生态建设相关保障体系,建立

77

完善的配套制度。具体表现在以下几方面：建立了集体林权数据库。截至2022年，全旗集体林地的确权工作已全部完成，确权率达100%，林权证发证到位率超过92%。严格执行森林资源保护制度、破坏森林资源责任追究制度和全年禁牧政策，不断加大植被恢复和保护力度。林业有害生物防控能力明显增强，全旗林业有害生物每年成灾率控制在7‰以下，林业有害生物防治率95%以上。森林火灾受害率一直控制在1‰以下，无重大特大森林草原火灾和人员伤亡事故发生。伊旗划定了自然保护区与森林公园为生态红线区，并分为生物多样性维护功能区与防风固沙功能区两个类型。

伊旗建立了旗、镇、村三级农村土地承包经营流转服务体系，在规范农村土地流转程序，依法推动农村土地规范化流转的基础上，积极引导各种经营主体发展特色优势产业和现代农业流转土地，提高了土地规模化经营。建立目标责任制，加大公共财政投入，拓宽生态建设投融资渠道。加强机构队伍建设，提升管理服务水平。根据加快生态保护与建设的需要，强化行政管理体系、加强行政机构建设。

"十三五"以来，伊旗成立了由旗委书记任主任的生态绿化建设委员会，全面完成了基本草原划定、造林绿化空间规划工作，因地制宜，有效实施退化草原修复、库布齐—毛乌素沙地沙化地综合防治、退耕还草、京津风沙源治理等草原生态修复项目。与此同时，扎实开展草原生态监测，严格执行草原禁牧和草畜平衡制度，开展草原有害生物防治，进一步强化火源管控，坚决防范森林草原火灾事故发生，使草原得到了休养生息和有效的保护管理。在此基础上，全面建成旗、镇、村三级林长体系，形成森林草原资源源头管理和网格化管理体系。从生态严峻的"沙进人退"到"绿进沙退"，再到"生态宜居"，伊旗在推动林长制由"全面建立"向"全面见效"转变的过程中，全方位实现系统化"护绿"、科学化"增绿"、制度化"管绿"，推动全旗生态环境发生了质的变化。

第四节 优势条件

一、区位优势

伊旗属内蒙古自治区鄂尔多斯市,位于陕西省与内蒙古自治区交界处,地处呼包鄂"金三角"腹地,系鄂尔多斯市"一市三区"城镇框架核心区之一。伊旗交通便捷,现有三条国道、六条铁路线贯通南北、连接东西,鄂尔多斯国际机场坐落于距离旗府所在地12公里处。距离呼和浩特180公里,距离包头130公里,与鄂尔多斯市政府所在地康巴什区、东胜区毗邻。按照全国性国土空间开发规划的功能定位,伊旗位于18个国家重点开发区域之一的呼包鄂榆地区。按照我国国土生态安全的战略格局,地处我国两屏三带的"北方防沙带"。此外,伊旗属于京津冀、环渤海、"一带一路"三大国家发展的政策叠加区。优越的地理区位使伊旗在承接周边地区产业转移、生产要素、人员流动等辐射方面独具优势。

二、经济优势

伊旗抢抓国家西部大开发、能源战略西移和自治区建设能源重化工基地等战略机遇,坚定不移贯彻落实市委"结构转型、创新强市""城乡统筹、集约发展"两大战略,着力推进转型发展、统筹发展、和谐发展,统筹做好保增长、保民生、保稳定各项工作,全旗各项经济指标均处于高位发展态势,实现了高基数上的高增长。

2022年,伊旗地区生产总值达到1219亿元,跻身"千亿县俱乐部",

对鄂尔多斯市经济增长贡献率24%,排名第一,财政总收入561亿元,一般公共预算收入134亿元,被《小康》杂志社评为"县域高质量发展经典案例",位列"2022年度县市高质量发展百佳典范"第6名,被新华社《瞭望东方周刊》授予"中国最具幸福感城市"称号,成为全国首批被央视《走进县城看发展》节目聚焦报道的旗县。

三、资源优势

伊旗矿产资源丰富,主要有煤、天然气、油页岩、天然碱、泥炭、玻璃用石英砂、耐火黏土、砖瓦黏土等,煤炭储量大,品质好,素有"地下煤海"之称。气候温和,光热条件好,日照时间长,太阳能丰富,年日照时数为2875小时,年太阳总辐射量145千卡/平方厘米,十分有利于作物的生长发育;全年多风,风能资源丰富,开发潜力巨大。野生动物有遗鸥、白天鹅等,野生植物有416种,主要有甘草、麻黄、肉苁蓉、野大豆、百花蒿、半日花等。林草覆盖率高,草地资源丰富。旅游业发达,有世界级的旅游资源成吉思汗陵和神秘复杂、庄严厚重、气势宏大的成吉思汗祭祀文化,以及七旗会盟的苏泊罕草原。

四、产业优势

改革开放初期,伊旗三次产业结构为49.3:12.2:38.5,二、三产业发展严重滞后。伊旗依托资源优势,大力发展工业,特别是煤炭产业,全旗经济综合实力和经济结构在较短时间内发生了明显变化。到1996年,第二、三产业比重分别达31.3%和38.9%,首次同时超过第一产业。到2007年,第二产业比重达51.1%,超越第三产业成为全旗经济支柱产业。伊旗的经济发展与560亿吨的煤炭储量息息相关。但是,地方党委政府也深刻认识到,过度依靠矿产资源必然无法取得长期、稳定的发展,甚至会制约发展。

党的十八大以来,为实现经济社会的全面协调可持续发展,伊旗坚持把经济结构战略性调整作为加快转变经济发展方式的主攻方向,下大力气摆脱煤炭产业"一业独大"的状况,资源输出的粗放型经济增长方式转变为资源节约型、环境友好型的增长方式,三次产业结构由"二三一"向"三二一"迈进,第三产业成为推动全旗经济社会高质量发展的重要动力。

近年来,伊旗加强与中国矿大等高校和院士团队合作,挂牌成立鄂尔多斯现代能源经济研究院,推动无煤柱开采、冲击地压等六大课题攻关及创新技术示范应用。围绕推进"碳达峰、碳中和",探索推广"风光储同场""源网荷储一体化",布局培育"风光氢储"百亿级产业集群,努力将鄂尔多斯江苏工业园区建成"零碳"示范园区。规划建设"鄂尔多斯氢能产业园",培育以"绿氢"为引领的氢能产业集群。加快"远景现代能源装备产业园"建设,推动600万千瓦时储能及动力电池项目、20万千瓦"风光同场"基地和3万千瓦"风光农牧"清洁取暖项目全面开工建设,实现绿色新能源产业集中集聚发展。

五、人才优势

党的十八大以来,伊旗深入贯彻习近平总书记关于人才工作的重要论述,全面落实自治区党委"一心多点"和市委"人才鄂尔多斯"战略部署,深入贯彻鄂尔多斯"人才新政30条",修订完善《深化人才体制改革若干政策》《"人才+"工程实施意见》等政策,深入实施"人才强旗"工程,加大力度培养引进新能源、新材料、装备制造等重点领域人才,全面推动人才链与产业链、创新链深度融合,为经济社会高质量发展提供了坚强的人才保障。

立足产业发展实际,制定出台《伊金霍洛旗支持绿色低碳产业发展若干政策》《"链长制"招商工作方案》,重点围绕"风电、光伏、氢能、储能、新能源汽车"等新兴产业集群开展招才引智,引进燕希强博士氢能创新团队等9个创新团队32位专家人才,为全旗生态建设与绿色产业发展注入人才动力。立足于零碳产业园,积极对接远景、协鑫、上汽红岩等中国500强企业,引进培育高级管理人才30余人,高级技术、技能人才2100余人,全旗人才总量达到3万人。

依托国家级众创空间、科技企业孵化器天骄众创园,组建627人的"双创"人才智库和69人的"双创"导师团队,累计孵化企业529家,申报商标专利371项,为入园企业、创客提供政策支持、审批代办、人才招聘、法律咨询等各类服务200余场次。

与四川希望教育集团合作建设鄂尔多斯希望能源职业技术学校,设立光伏工程技术与运用、新能源汽车制造与维修、智能设备运行与维护等五大专业,首期招录学生505名,切实把人才培育与推进产业转型发展相结合,助力人才优势转换为发展优势。

六、科技优势

大力推广切合实际的先进实用技术,为生态建设提供科技支撑。成功突破毛乌素沙地樟子松造林技术,探索总结出自己特有的模式,如新街治沙站的"先治洼、后治坡""前挡后拉、中间风刮""前挡后不拉,沙跑树底下"的治沙造林技术在全国科学大会上荣获"科学技术成果奖"。

在绿色能源+产业集成先进模式的支撑下,代表着当前国内新能源最先进技术的头部企业纷纷落地,园区"风光氢储车"五大领域带动作用显著增强,风电、光伏、氢能互补优势得到充分显现,走出了一条以生态优先、绿色发展为导向的资源型地区高质量发展新路子。在聚焦"双碳"目标、打造千亿产业集群的大背景下,零碳产业园利用智能物联网、大数据等先进技术,包括风电、光伏和智慧储能在内的零碳供能系统建设的顺利推进,架构起多能互补、多业并进、多点支撑、多元发展的新能源产业发展新格局。

积极探索通过煤制油、煤制气、煤制烯烃、煤制甲醇等提升煤炭价值链、延伸产业链,促进煤化工产业高端化、多元化、低碳化发展,神华煤制油、汇能煤制气等项目异军突起。

另外,以科技提升促进乡村振兴方面也尽显优势,如苏布尔嘎镇的

"高标准农田示范区"建设面积1200亩,采用高标准农田数字化管控平台,实现水肥精准管理、田间监测预警、农机智能作业、耕地质量监测提升、农产品溯源流通五大功能,以"绿色、数字、智慧"为宗旨,运用物联网和云计算技术,构建起农田物联网综合服务大平台,尽显科技范儿。正在建设中的乌兰现代农牧科创园配备风、光、暖智能化供给系统;实现固定式挤奶到牛舍内自愿挤奶的转变;围绕养殖两万头奶牛、肉牛建设,打造"双万头"现代农牧科创园;即将建成畜牧生态循环产业园和农畜产品深加工产业园。

七、组织保障优势

为践行习近平生态文明思想,建设美好绿色家园,旗委、旗政府高度重视全旗生态保护工作,特别成立由旗委主要领导牵头,人大、政府分管领导具体负责,各相关部门具体落实的生态绿化建设委员会,统筹负责全旗生态保护和建设工作和全旗山水林田湖草系统治理。在林长制开展过程中,一是压实各级责任。继续推进并完善林长制责任体系和工作制度。完善考核办法,严格工作考核,充分发挥考核"指挥棒"作用,确保"一长两员"履职到位。及时更新"一长两员"职责及责任区域等,广泛接受社会监督。二是推行"林长+检察长"工作协作机制,运用法治思维和法治方法着力解决林业生态资源领域突出问题,促进全面依法行政、有力打击涉林违法犯罪行为,为林长制实施提供坚强法治保障。三是聚焦"增绿、护绿、管绿、用绿、活绿"五个目标做深做实林长制。依托天然林保护、森林质量精准提升、草原生态修复建设任务,加大国土绿化力度。严格执行林草审批制度,依法打击破坏野生动植物、乱砍滥伐林木、乱占林地草地等破坏林草资源的违法犯罪行为;严防森林草原火灾,保护生态资源和人民群众人身、财产安全;加强有害生物危害监测预警和防治减灾工作,有效防止病虫害的传播;加大特色经济林发展力度,大力发展以林药、林牧等种植和林下养殖为主的林下经济产业。

第三章
伊金霍洛绿色考卷

　　"伊金霍洛"汉意为"圣主的院落",历史上这里是一块水草丰美的好地方,曾被成吉思汗誉为"梅花幼鹿栖息之所,戴胜鸟儿育雏之乡,衰落王朝复兴之地,白发老翁享乐之邦"。由于干旱少雨、风大沙多等自然条件变迁和放牧复垦等人为破坏因素影响,成为"三北"地区受风蚀和水蚀双重危害的旗县之一。从中华人民共和国成立初期森林覆盖率不足3%、近一半土地面积沙化,截至2022年,全旗森林面积达到306.63万亩,森林覆盖率达到37%,植被覆盖率达到88%,伊旗的生态环境变化不能不说是个奇迹!

第一节　荒漠化基本得到遏制，防治任务依然艰巨

　　伊旗曾是水草丰盛、森林繁茂的沃土，但随着后来过度农垦、军垦、采樵、放牧等活动，到了1949年中华人民共和国成立前夕，伊旗沙化面积达到3000平方公里，出现了沙进人退的严峻形势，部分农牧民被迫背井离乡，离开祖辈生息繁衍的地方。面对生态系统退化的严峻形势，伊旗上下凝聚共识，牢固树立尊重自然、顺应自然、保护自然的生态文明理念，坚持走恢复生态的可持续发展道路。

　　中华人民共和国成立后，伊旗经历几代人，几十年埋头苦干，锁住漫漫黄沙，植绿荒原丘陵，在840万亩沙地上造出近300万亩人工林海，创造出当之无愧的生态文明建设绿色奇迹。但是，土地发生荒漠化的潜在因素及生态环境的脆弱性依然存在，天然草场的"三化"风险很高。

一、土地发生荒漠化的潜在因素依然存在

　　伊旗现有荒漠化土地总面积659.81万亩，占全旗土地面积的78.5%。其中，以风蚀荒漠化土地最多，为550.57万亩，占荒漠化土地总面积的83%，伊旗均有分布。水蚀荒漠化土地为89.11万亩，占荒漠化土地总面积的14%，主要分布在阿勒腾席热镇、乌兰木伦镇和纳林陶亥镇；20.12万亩，占荒漠化土地总面积的3%，主要分布在伊金霍洛镇、红庆河镇和苏布尔嘎镇。根据伊旗的自然地理地貌，土壤侵蚀状况把伊旗分为丘陵沟壑区和风沙区两大区。

伊旗东部区为丘陵沟壑区,地形坡度起伏变化较大,农地多分布在10°以下的坡耕地上。支毛沟网密布、沟网密度3—4公里/平方公里,沟道面积占30%,沟底大部切入基岩,干沟宽浅呈"U"形,土层厚薄不均,母质多为砂岩砾岩,第三纪红土和侏罗纪、白垩纪泥质砂岩风化物,质地松散,易风化、水蚀。沟道及梁顶基岩裸露,面积为372.15万亩。

伊旗西部区为丘陵风沙区,受毛乌素沙地和库布齐沙漠影响,地貌为风沙区类型。土地沙化,地形波状起伏,梁平坡缓,地面切割较浅,地表多被风沙土及浮沙覆盖,土壤质地疏松,富透水性,地表径流较少,水蚀轻,风蚀严重,面积为450.9万亩。

二、风沙灾害发生的外部因素依然存在

伊旗地处毛乌素沙地的东北边缘,全境处于干旱草原向荒漠草原过渡地带,地表物质疏松,植被覆盖度低,风蚀沙化、水土流失过程强烈,曾经是我国荒漠化最为严重的地区之一。截至2022年,伊旗397.2万亩沙化土地中95%为固定沙丘,流动沙丘、半固定沙丘、露沙地以及沙化耕地面积较少。按沙化程度划分,伊旗沙化土地以轻度沙化和中度沙化为主,分别占沙化土地总面积的66%和28%,重度和极重度沙化土地占6%。

伊旗气候干旱,大风天气频繁,沙化土地占比大,风沙潜在危害十分严重。伊旗年降水量343.2毫米,年蒸发量2351.2毫米,约为降水量的七倍。年平均风速3.4米/秒,最大风速可达28.5米/秒,大风日数最多可达56天。固定和半固定沙丘的面积较大,虽然经过植树造林和防风固沙治理后已取得显著成效,但导致风沙灾害发生的外部因素,如风大、干旱等气候条件依然存在。伊旗分布的土壤多为风沙土、栗钙土以及粗骨土,土壤颗粒粗、结构疏松,风蚀搬运强烈,风蚀洼地与各种沙丘广泛分布,为本区沙地的直接或间接沙源。加之旱风同期的气候条件,土地具有发生沙漠化的内在潜因,一旦过度利用,极易引起沙化。此外,伊旗仍存在大量不同退化程度的天然草场,并且部分地区已出现沙化趋势,潜在荒漠化风险高。

三、天然草场潜在荒漠化风险高

伊旗草场资源丰富,天然草原是伊旗草原资源的主要部分,占草原总面积的80%以上,在天然草原中,南部以沙地草原为主;东部、北部以侵蚀丘陵草原为主;西部、中部则为高平原和滩地草原相间分布,草原类型以高平原干草原较多,其次是丘陵干草原,湖盆低地河滩地盐生草甸草原数较少。

"十二五"以来,随着禁牧工作的逐年深入和国家草原建设项目的不断扩大,使伊旗草原"三化"得到了有效缓解,然而,由于曾经超载放牧等原因,导致伊旗天然草场退化严重,主要表现为株体矮化、优良牧草占比偏低等。如在苏泊罕草原、成吉思汗陵周边草场质量差,草群中仅油蒿就高达60%以上,苜蓿、草木樨等适合伊旗生态环境的优良豆科、禾本科牧草占比较低,防风固沙能力降低,天然草地退化问题亟待治理,由于草原生态的脆弱性,导致破坏容易恢复难,恢复周期长,保护建设任重道远,绿色考卷还需付诸日复一日之力、年复一年之功去解答。

第二节　矿区废弃地面积大，
生态恢复亟须加强

矿区废弃地是一种极端裸地，植被稀少，水土流失严重，可造成矿区水体、土壤和大气的严重污染，引发一系列经济、生态、社会等方面的问题。矿区废弃地治理已经成为制约矿区经济发展的关键因素，而矿区废弃地生态恢复是促进采矿业与农业的持续协调发展的主要手段和保护矿区社会稳定的重要措施，同时也是保护环境、改善生态环境的必要条件。

一、矿区废弃地亟须进行生态恢复

伊旗煤炭资源丰富，大部分煤田地质构造简单，煤层稳定，厚度大，埋藏浅，水文地质条件较为简单，开采成本较低。矿区采煤历史悠久，截至2022年，有少量遗留的采空区、采煤沉陷区、露天采场、大型排土场、煤矸石山等不同类型的矿区废弃地。伊旗已探明煤炭资源储量约560亿吨，现有现代化煤矿72座，全旗煤炭产量稳定在2亿吨左右，是全国第三大产煤县。经过近30年规模化开采，伊旗现已形成井工煤矿采煤沉陷区58块，面积约332平方公里；露天煤矿复垦区面积约60平方公里。随着煤炭资源持续开采，煤矿采煤沉陷区和复垦区仍以每年约20平方公里的面积持续扩展。全旗矿山地质环境治理、土地复垦工作越来越成为生态环境保护的重点和难点，严重影响着矿山生态环境和矿山可持续发展。

同时,煤炭及煤化工业快速发展,也给伊旗环境造成极大压力,随着采空区逐年扩大,因地表沉陷及耕地和草牧场水位下降,给矿区农牧民生产、生活造成影响,常常产生煤矿与农牧民之间的纠纷。

二、煤矸石利用率低,煤矸石山生态治理工作进展缓慢

煤矸石产量高,但利用率低,资源浪费较为严重,煤矸石山生态治理工作进展缓慢,极易造成环境污染。同时,煤炭在开采的过程中产生大量的矿坑疏干水,部分疏干水水质差,外排造成水资源浪费,且对环境污染风险大。采煤及其洗选、运输等其相关产业对矿区周边环境影响非常大。总的来看,矿区总体绿化存在绿化不成系统,分布不均,绿地面积严重匮乏的问题。煤矸石对矿区周边大气、土壤、水域等环境污染严重,如:煤矸石堆场一般多位于井口附近,大多紧邻居民区,煤矸石的大量堆放一方面占用大量的土地面积,另一方面还在影响着比堆放面积更大的土地资源,使得周围的耕地变得贫瘠,不能被利用。在地面堆放的煤矸石受到长时间的日晒雨淋后,会风化粉碎产生大量扬尘。煤矸石吸水后会崩解,从而很容易产生粉尘。在风力的作用下,将会恶化矿区大气的质量。此外,煤矸石中含有残煤、碳质泥岩和废木材等可燃物,其中碳、硫可构成煤矸石自燃的物质基础。煤矸石野外露天堆放,日积月累,矸石山内部的热量逐渐积累。当温度达到可燃物的燃烧点时,矸石堆中的残煤便可自燃。自燃时,矸石山内部温度为800—1000℃,使矸石融结并放出大量的一氧化碳、二氧化碳、二氧化硫、硫化氢、氮氧化物等有害气体,其中以二氧化硫为主。一座矸石山自燃可长达十余年至几十年。这些有害气体的排放,不仅降低矸石山周围的环境空气质量,影响矿区居民的身体健康,还常常影响周围的生态环境,使树木生长缓慢、病虫害增多,农作物减产,甚至死亡。煤矸石除含有粉尘二氧化硅、氧化铝以及铁、锰等常量元素外,还有其他微量重金属元素铅、锡、砷、铬等,这些元素为有毒重金属元素。当露天堆放的煤矸石山经雨水淋蚀后,产生酸性水,污染周围的土地和水体。当矸石堆场的矸石堆放不合理时,矸石堆易发生边坡失稳,从而导致矸石堆的崩塌、滑移,特别在暴雨季节,这种现象在山区尤为常见,易发生泥石流,从而殃及下游的农田、河流及人员安全。

三、矿坑疏干水外排造成水资源浪费,对环境污染风险大

伊旗煤炭资源丰富,煤炭在开采的过程中产生大量的矿坑疏干水,矿井疏干水量大小不一,外排的疏干水携带煤尘流入河道,污染河水,对环境带来风险,在水资源异常匮乏的伊旗,矿井疏干水被大量蒸发耗散,造成了水资源浪费。经调查统计梳理后,可进行疏干水综合利用的煤矿主要集中在三个地区:东部矿区、西部矿区和乌兰木伦河沿岸神东矿区,共39座煤矿。伊旗疏干水总量约为9818.42万立方米,已配置利用量为3345.42万立方米,富余疏干水量约6473万立方米。

四、矿区总体绿化情况差,绿地面积匮乏

工矿企业在其生产过程中往往排放出各种有害人体健康、有损植物生长的气体、粉尘、烟尘等,使空气、水、土壤受到不同程度的污染。另外在其基本建设和生产过程中材料的堆放、废物的排放,使场地及其附近土壤的结构、化学性能改变,肥力变差,使植物难以生长发育。

伊旗煤炭资源丰富,经国家规划的矿区面积达4850平方公里,占伊旗总面积的87%。矿区存在诸多问题,一是截至2022年有少量遗留的采煤沉陷区,成为矿区废弃地主要类型之一,存在安全隐患;二是造成大量土地资源闲置;三是这些矿区环境被污染,地表沉陷,植被破坏及生物多样性减少等。这些问题严重制约了社会经济环境的可持续发展,成为伊旗煤炭工业面临的一个亟待解决的问题。据统计,现采煤沉陷区治理率仅31%。因此,需要对采煤沉陷区通过土地整理、恢复植被等措施进行生态治理,防止地质灾害的发生,恢复地形地貌景观。

第三节　水资源先天不足，
影响可持续发展

伊旗全年平均降水量343.2毫米，由东南向西北逐渐递减。其中，6—9月平均降水264.1毫米，占全年降水的73.4%。降水量年际变化较大，最大降水量出现在1967年，降水量为624.5毫米；最小降水量出现在1962年，降水量为100.8毫米。

伊旗多年平均蒸发量为2351.2毫米，年最大蒸发2987.2毫米，最小蒸发量1876.7毫米；伊旗境内年蒸发量由东向西递增，东部最小，年平均蒸发量小于2200毫米，西部最大，年平均蒸发量大于2500毫米。

境内河流除少数常年有水外，大多为季节性河流，旱季无水，汛期则峰高水急，含沙量高。境内河流分属外流河（黄河）水系和内陆河水系。

一、水资源时空分布不均

伊旗东西部河流特征相差悬殊，河网密度相差较大。东部外流河河网密度约为0.39公里/平方公里，西部内流河河密度约为0.10公里/平方公里。

东部地区河流，干流河道长，流域面积大，总径流量大（为19290万立方米，占伊旗总径流的80.88%），河道比降也较大。水流造床作用明显，河深岸陡，河谷多呈U字形，为深切割宽平低谷，一二级支流多呈V字形。谷深一般都在10米以上，最深可达几十米。河道宽度在缓慢延伸，特别是一二级支流河道宽度和河道长度延伸较明显。

西部内陆河河流较短,流域面积小,总径流量也小(为4560万立方米,占伊旗总径流量的19.12%),各河径流系数在0.044左右。这些河流沟浅岸缓,无明显河道,均属季节性河流,降水有水流,大雨大流,小雨小流,无雨断流。

二、构建水资源保障格局难度大

伊旗境内河流除少数常年有水外,大多为季节性河流,旱季无水,汛期则峰高水急,含沙量高。境内河流分属外流河(黄河)伊旗水系和内陆河水系。伊旗外流河水系分布在东部丘陵区,属于黄河流域窟野河的支流,主要有乌兰木伦河和牸牛川两大河流,流域面积2562.11平方公里,约占全旗面积的45.87%;内流河分布于西部波状高原,河流较短,流域面积小,河浅岸缓,无明显河道,均属季节性河流。这些河流都注入湖泊,构成独立的水系。较大的河流有艾勒盖沟、札萨克河、通格朗河、特井庙沟等。内陆河流域面积2924.69平方公里。

分布于伊旗境内的湖淖,除西红海子外,各湖淖的pH值、总硬度、溶解性总固体、硫酸盐、氯化物、氟化物等均超出饮用水标准,不适宜人畜饮用;灌溉系数小于1,不适宜直接作为灌溉水源。

伊旗境内地表水大多为软硬垢半起泡、不起泡的非腐蚀性水,经过适当的处理后可以作为一般工业用水水源;西部湖淖为硬垢、起泡的腐蚀性水,不能作为冷却用水,否则对混凝土有侵蚀性。

三、水资源综合利用效率不高

伊旗土地沙化严重,水源工程不足,部分沙荒地利用率不高,水土资源不能得到充分合理利用,节水工程不足,水资源利用率不高。伊旗地表水资源可利用量少,随着经济社会的快速发展,工业和城市生活需水量仍在进一步增加。特别是伊旗资源的开发,能源基地的建设,水资源的供给难以满足经济社会发展的需水要求。水资源形势严峻,供需矛盾突出。

　　地下水资源是伊旗主要供水水源,地下水供水比例占71.08%。该地区可能发生地下水超采问题。同时,伊旗煤炭资源开发利用稳步推进,随之产生的疏干水也将急剧增加,而疏干水主要来源于地下水。伊旗生产用水占总用水量的97.04%,其中,有70.63%来源于地下水,有66.88%用于灌溉。灌溉是伊旗的用水大户,地下水资源是其主要供水水源。应逐步采用滴灌等节水措施,摆脱农业对地下水的依赖。伊旗居民生活用水占该地区用水总量的2.64%,主要来源是地下水,其所占比例高达84.22%。

第四节　湿地生态功能持续退化，
保护形势异常严峻

　　伊旗湿地较多，不仅有红碱淖尔、阿拉善湾、转龙湾、柴盖淖尔等湖泊湿地和独具特色的沙水林田等自然景观，而且有红海子湿地、乌兰木伦湖、柳沟河等环绕城市的湿地带。境内有湖泊29个，较大的湖泊有红碱淖、其和淖尔、哈达图淖尔（南）、奎生淖、乌兰淖、查干淖、伊和日淖尔、哈达图淖（北）、姚力庙海子等。由于天然来水量的减少和水资源开发利用量的增加，伊旗湿地生态系统较脆弱，河流生态廊道干扰明显。

　　一、湖淖面积不断缩小，湿地系统逐步退化风险大

　　伊旗由于属于内流水系，且蒸发量大，地表水与地下水径流均不畅通，部分湖水盐分浓缩，矿化度增高。在一般情况下矿化度均在1克/升以上，pH值均大于9，不宜人畜饮用及农田灌溉，但都是发展渔业的极好场所。经处理后，也是工业用水的较好水源。由于天然来水量减少和水资源开发利用量的增加，湖淖面积不断缩小，有的甚至干涸。

　　分布于伊旗境内的湖淖，除西红海子外，各湖淖的pH值、总硬度、溶解性总固体、硫酸盐、氯化物、氟化物等均超出饮用水标准，不适宜人畜饮用；灌溉系数小于1，不适宜直接作为灌溉水源。

　　二、湿地生态系统涵养水源及净化水质等功能逐步丧失

　　湿地土壤是湿地化学物质转化的介质，也是湿地植物营养物质的储存库。湿地土壤的有机质含量很高，有较高的离子交换能力，因此，土壤可通过离子交换转化一些污染物,并且可以通过提供能源和适宜的厌氧条件加强氮的转化。人类对于资源、环境的过度开发利用,天然湿地的数量在不断减少,质量在逐渐下降,湿地生态系统的功能和效益得不到有效发挥,抵御自然灾害的能力也明显降低。

伊旗湿地大小不一,较为突出的是红海子湿地、乌兰木伦湖、柳沟河环绕城市的湿地带,很大程度属于人工湿地,这种人工系统难以充分利用生长在填料表面的生物膜和生长丰富的植物根系对污染物的降解作用,所以其处理能力较低。与自然湿地相比,人工湿地作为一种人工改造的湿地资源,它的生态系统很脆弱,如果离开人的干预,将不能实现其处理污水的生态功能。人工湿地受环境条件,特别是区域地理和气候条件的限制比常规污水处理厂要大得多,夏季暴雨和冬季干冷都有可能对湿地造成致命破坏。另外,湿地系统的寿命可能要比传统的污水处理厂短很多, 因为湿地积累的悬浮固体往往使填料堵塞,从而逐步减少其处理能力,缩短了湿地的使用寿命。

第五节 林分结构不合理，
林地综合防护效益不高

伊旗林分结构不尽合理，森林质量整体情况欠佳，抵御有害生物的能力较差。草原质量受到人为因素影响极大，违法违规占用林地造成原有植被或林业种植条件严重毁坏或严重污染，林草疑似图斑还需进一步推进整改，依法打击破坏林地违法犯罪行为依然严峻。

一、造林树种单一，物种丰富度相对较低

伊旗现有林业用地面积306.63万亩，然而在绿化造林建设及毛乌素沙地治理中，多采用纯林模式进行造林，造林树种过于单一，现有乔木林物种丰富度相对较低，林分结构不合理，多为20世纪六七十年代栽植的杨柳树，绝大多数已达到过熟林标准。不仅存在潜在的病虫害风险，而且由于大面积的高密度纯林导致地下水的下降，林下植被缺乏，林分生态系统结构不完善，生态系统不稳定，林地蓄积量低下，严重影响了森林生态系统服务功能的发挥。

同时，树种单一降低了多种植物间的相辅和相克作用，植物生态的多样性降低，容易造成病虫害的发生，降低森林的生态作用。林木有乔木、灌木、草本之分，不同立地和气候条件需要选择不同的树草，只有适地适树，乔灌木搭配，才能最大限度地发挥林木生态作用，从而带来更大的经济效益和社会效益。树种单一，生长期一致，采伐期相同，大面积统一采伐，必然会带来生态环境的破坏，加重自然灾害的发生。因此,林草单一,物种的丰富程度,直接影响了生态系统的服务功能。

二、林地综合防护效益不高,生态服务功能较低

伊旗受气候、水分条件的限制,伊旗防风固沙林主要以针叶林、灌木林为主,低产林多,由于管护不到位,许多灌木未及时进行平茬。此外,随着伊旗生态建设的发展,人工营造的各类防护林,已陆续进入成熟期、过熟期。从林龄分布看,伊旗现有林地资源以成熟林为主,面积、蓄积量分别占32.61%和49.57%,近熟林分别占13.18%和16.68%,过熟林分别占9.16%和19.06%,中龄林分别占12.45%和11.35%,幼龄林分别占32.60%和3.34%。林地生产能力低,易发生病虫害,林分单位面积平均蓄积量和年生长量不高,导致林地综合防护效益不高,生态服务功能较低。

第六节　农田碎片化问题突出，
阻碍产业化发展

伊旗是农牧交错带，其耕地58.71万亩，占伊旗土地总面积的6.08%，伊旗土地利用变化主要表现为草地和其他土地显著减少，建设用地大幅增加，耕地面积虽然整体下降不明显，但基本农田保护的压力也很严峻。耕地碎片化问题较突出。从2000年到2015年农田斑块聚集度有所下降，斑块破碎化程度增加，斑块的复杂程度增加，分散程度略微加强。聚集度下降，表明农田斑块之间联系性减少，孤立性增大。

农田生态系统的复杂化和孤立化不利于整个区域生态系统的能量流动和环境调节，不利于农业生产集约化，很难实现规模化、集约化高效经营。同时，肥料、农药、地膜等的大量使用，导致面源污染较为严重；灌溉措施落后，不仅造成水资源浪费，同时引起土壤盐渍化问题。此外，农田基础设施还比较薄弱，综合生产能力还很低；抵御自然灾害的能力不强，农民持续增收的后劲不足，因此，亟须对农田进行土地整治和面源污染防治。

一、基本农田保护压力大

根据第三次国土调查结果，截至2021年，全旗土地总面积823.18万亩，共有耕地面积58.71万亩。伊旗耕地土壤分6个土类、10个亚类、27个土属、52个土种。主要包括风沙土、栗钙土、潮土、粗骨土、沼泽土、盐土六大类。风沙土是伊旗的第一大类土壤，共20.35万亩，占伊旗总耕地面积的34.58%,遍布于各个镇,由东向西逐渐蔓延。主要集中在札萨克镇、苏布尔嘎镇和红庆河镇;栗钙土是伊旗的第二大类土壤,共15.95万亩,占伊旗总耕地面积的27.16%,是伊旗唯一的地带性土壤,在7个镇都有分布;潮土是伊旗第三大类土壤,共10.29万亩,占总耕地面积的17.53%,分布在伊金霍洛镇和札萨克镇;粗骨土是伊旗的第四大类土壤,有4.23万亩,占总耕地面积的7.20%,在7个镇都有分布;沼泽土的面积较小,共966亩,占总耕地面积的0.16%,零星出现在红庆河镇、苏布尔嘎镇和伊金霍洛镇;盐土在伊旗分布面积最小,共664.5亩,占总耕地面积的0.11%,零星分布在红庆河镇和纳林陶亥镇。

栗钙土所处的地形部位为高原丘陵地带,海拔在1200—1400米,母质多为发育在砂岩、砂砾岩、泥质砂岩风化产物上的残积、坡积物,东部地区也有极少量的红土母质和黄土母质,植被类型由多年的草本组成,主要建群种有针茅、羊草、冷蒿以及草原衍生类型百里香,灌木及半灌木主要有沙蒿、柠条,退化草场上还有狼毒、牛心卜子等。

潮土是在草甸植被下发育而成的半水成性土壤,分布于毛乌素沙区和丘陵沟壑区。成土母质为洪积物,地下水位较高,一般为3—5米。因此,植被生长茂盛,且大量根系集中在表层,为腐殖质层,常见的植被有芨芨草、寸草等。

粗骨土发育在坡梁上部侵蚀切割异常强烈的砂岩、砂砾岩及泥岩风化残积物上的一类年幼土壤。该土壤土层薄,有机质含量一般均低,水分条件差,植被组成以百里香及针茅为主。

沼泽土所处的地形部位为封闭式洼地,母质质地较重。自然植被有海乳草、水泽泻、水三棱、寸草等。地下水位高,小于1米。常年积水或季节性积水,土壤呈嫌气状态。植物残体分解困难,及有腐殖质积累过程或泥炭化过程。

盐土地形部位为淖尔畔滩地,母质为洪积物,主要植被有白刺、寸

草、芨芨草、蒲公英等,地表多为光板,农林牧业生产都无法利用。

二、农田生态系统的复杂化和孤立化日益严重

伊金霍洛处于干旱、半干旱地区,年平均降水量少。农作物生长期内的降水量基本无法满足作物生长发育的需要,自然条件下的农业生产普遍处于干旱的威胁之中。降水的季节分配极不均匀。春季降水偏少,加之气温迅速回升,大风日数增多,导致地面蒸发量加大,春旱极为普遍和严重。夏季降水高度集中,有时会形成洪水灾害,危害农业。干旱是危害农业最频繁、涉及范围最大和造成损失最多的灾害,其次是水灾。

红庆河镇、苏布尔嘎镇和伊金霍洛镇是伊旗的粮食主产区,该区域地势相对平坦,种植水平较高。各等级耕地在本区插花分布,土壤类型主要是潮土、风沙土和栗钙土,土层深厚,土体结构好,土壤肥沃,耕地的生产性能好,适宜建成高产高效的基本农田。存在的主要问题:一是耕地开垦耕作粗放;二是灌溉体系不科学,水资源利用率低;三是用养失调,土壤养分贫瘠;四是耕地漏水漏肥现象严重,易遭干旱霜冻等自然灾害的危害;五是耕地土壤风蚀沙化区域面积扩大,有机质含量较低。这些问题导致耕地综合生产能力不高。

乌兰木伦镇、阿勒腾席热镇和札萨克镇是伊旗经济比较发达的地区,地势多为沟壑丘陵和波状高原区,土壤瘠薄,侵蚀严重,天然植被低稀,旱作农业多集中于本区,产量低而不稳,土壤类型主要是栗钙土、风沙土。存在的主要问题:耕地土壤坡度大,自然植被稀疏,侵蚀严重;干旱少雨,耕地瘠薄,耕地水资源匮乏;掠夺式经营,耕作粗放,造成土壤肥力下降;盲目垦种,自然植被被破坏,耕地水土流失比较严重。

耕地主要分布于栗钙土和固定风沙上,但其变化主要集中在流动风沙土和粗骨土上,这可能与盲目开荒有关,同时说明肥力、结构均较差的土壤类型不适宜耕种,盲目开荒必然导致进一步的沙化和弃耕。

三、农田基础设施较为薄弱，综合生产能力低

伊旗现有节水灌溉工程大部分是在20世纪六七十年代修建，工程建设标准和规模已不能满足现在生产需要。经过多年生产运行，工程老化失修、渠道渗漏严重、抗旱能力明显不足，使得灌溉水利用率低，灌溉保证率达不到设计水平，灌溉面积逐年减少。

牧区多以牧户为单元承包草场，牧户承包的草场总面积较大，却比较分散，并且牧区劳动力的限制和社会经济条件的制约，致使饲草地种植规模偏小，且主要以人工种植为主。此外，偏远地区建设节水灌溉工程涉及材料采购、运输、劳动力、技术、设备等诸多问题，使得边远地区节水灌溉工程建设实施难度较大。

伊旗的土地承包经营主要以家庭模式为主。牧户承包的土地虽然总面积较大，但是，地块分散、牧区劳动力的匮乏和经济社会条件的限制，其节水灌溉工程建设规模一般在9.9～99.9亩，建设规模偏低，存在资源浪费的现象。

四、耕地资源开发利用和农业生产的诸多问题

伊旗耕地质量总体状况良好，但是在耕地资源的开发利用和农业生产方面存在许多问题：一是不合理垦殖，掠夺式经营，用养失调，导致耕地土壤肥力和抗逆能力下降，耕地生产力水平降低；二是部分耕地的灌排系统不合适，漏水漏肥现象比较普遍；三是山区土壤的水土流失和平原区的风蚀沙化问题；四是灾害性天气发生频繁，如旱涝、冰雹等，此外风灾、霜冻、干热风对农业生产也有一定的影响。上述几方面的原因，导致伊旗部分耕地地力下降，中、低产田面积不断扩大，严重制约了农业生产的可持续发展。

第七节　产业结构转型较慢，
亟须发展绿色生态产业

　　伊旗作为典型的资源型城市,煤炭资源储量相对丰富。对煤炭资源大规模开发利用的同时,如果不能及时建立替代产业,随着资源的枯竭,城市将逐步衰退甚至消亡。反之,如果能适时成功实现产业转型,城市就能继续保持繁荣和发展,并逐步发展为综合性城市。

一、第一产业需稳定发展

　　伊旗主要粮食作物为玉米和马铃薯,其中玉米为伊旗第一大粮食作物,在伊旗种植面积达30多万亩,主要分布在伊旗红庆河镇、札萨克镇、苏布尔嘎镇、伊金霍洛镇等西部镇区,东部的纳林陶亥镇、乌兰木伦镇也有种植,但是种植面积较小,不构成规模。

　　马铃薯作为伊旗的第二大粮食作物,在伊旗种植面积约有3.6万亩,主要分布在伊旗红庆河镇、札萨克镇、苏布尔嘎镇、伊金霍洛镇。

　　其他粮食作物还有糜子、荞麦、黍子等,但是种植面积普遍较小,没有成规模,只是农户自给自足。

　　种植的蔬菜主要有露天蔬菜,包括白菜、豆角、萝卜、芋头、马铃薯等,保护地蔬菜,包括小白菜、青椒、西红柿、茄子、豆角、生菜、苦菜、芹菜、菠菜、水萝卜等。露天蔬菜种植以白菜为主,面积在2400亩,产量在4000—5000千克,其他露天蔬菜在农户的房前屋后种植0.1—0.4亩。保护地蔬菜从2006年开始,随着投入的增加、政策的倾斜发展迅速,截

104

至2022年,建成面积已达1.6万亩。但现在的种植面积不足0.1万亩,大部分弃耕。

果树生产从1990—1995年实施"3153"工程以来,种植面积一度达到3.2万亩,品种主要是苹果梨和小苹果。后来由于产果率不高,难以越冬等条件的影响,面积直线下降。但是从2009年开始,国家扩大内需的投入,地方收储土地及工矿企业征地的增加,果树的种植面积进一步加大,据统计现在已达4万多亩。

二、第二产业需调整优化

伊旗资源得天独厚,比较优势明显,但以煤为主的资源型产业所占比重过大。这种"一业独大"的产业结构极具风险,一旦市场波动,极易形成经济大起大落。同时,伊旗现有产业链条短、科技含量低、终端产品少,总体上处于原料输出型的"原字号"工业阶段。

需不断推进伊旗区域品牌与种养紧密结合,凸显伊旗品牌绿色、优质、安全特性和产品的旅游商品属性。针对耐储运农产品,加强清洗、分选、烘干、仓储、物流、冷链等基础设施建设,提高流通效率,实现农产品减损、提质、增效。针对冷凉蔬菜等鲜活农产品,支持建设预冷设施、整理分级车间,购置清选、分级、包装等商品化处理设备,提高产品附加值。对接旅行社、景区景点、酒店的不同需求,推广农旅等形式的产销对接,采用移动互联网将景区景点发展为农产品营销点。

三、第三产业需加快发展

伊旗第三产业内部各行业中,商业饮食、交通运输等传统行业稳步发展,在第三产业中所占比重也较大,而新兴产业发展比较滞后,仍处于分散、规模小、单打独斗的局面,导致市场结构不尽合理。比如,具有现代产业结构特征的金融保险、科研、信息咨询等新兴行业所占比重低,制约了一、二产业的协调发展和第三产业的壮大。从事第三产业的企业大多层次低、规模小,经营实力较弱,竞争能力不强,即使是新办企业也经营单一,缺乏规模化、品牌化、专业化的经营,缺少竞争力较强的服务类企业。

伊旗第三产业还表现出发展后劲不足,农业基础薄弱,农业现代化、工业化水平偏低,农业人口比重大,农村消费总量较小;工业整体效益虽然较高,但很难推动三产发展。相应的第三产业并未因工业的提速而得到迅猛发展,既很少反哺农业,又不足以支撑第三产业兴起。第三产业缺少城市载体。截至2022年,伊旗常住人口城镇化率达到76.8%,城镇总体规模相对偏小,人流、物流、资金流较少,制约了商贸的快速流通,同时城内基础设施功能还不健全,相对的市场规模扩张缓慢,其经济集聚和对外吸引的效应较弱,极大地制约了第三产业的发展。

极具人文优势的成吉思汗陵园没有摆脱门票经济的困扰,配套旅游资源开发滞后,使旅游产业没能很好地支撑地方经济社会进一步发展,旅游资源挖掘乏力。现代物流业发展滞后。现在已形成集航空、铁路、公路于一体的立体交通枢纽,优越的地理位置为伊旗第三产业的发展,特别是物流业的发展带来了极好的机遇,但由于体制不畅,人才资源整合不到位,导致与大物流的目标还有很大差距。

四、三次产业需融合发展

伊旗积极布局新兴产业,优化产业结构,推进三次产业集中集约集群发展,构建良性循环的绿色经济体系为首要目标。改造提升传统农牧业方面,通过引进推广先进农业技术,发展壮大沙柳制板、沙棘饮品等绿色林沙产业,实现了农牧业生产由分散粗放向集约高效发展转变,以产业发展规模效应带动了农牧民增收致富。

根据伊旗水土资源、环境承载和人口布局等情况,坚持"生态优先、跨界融合、绿色高端"发展理念,围绕"一心引领、两核带动、三轴联动、四区齐飞、六星拱月"总体布局,发展全域生态旅游。

综合考虑旗内外旅游资源的空间分布特征,以旗内外路网结构为主干,借助呼包鄂榆旅游黄金线,依托富集的旅游资源及区位优势,打造具有鲜明特色的精品旅游线路。旗内重点打造生态文明科普教育游线、成吉思汗和民族文化风情游线、生态自然观光游线、森林康养休闲度假游线、乡村体验游线等线路,旗外重点打造呼包鄂榆生态旅游带、京津冀蒙国际休闲旅游带、草原风情旅游带和森林草原自然风光休闲旅游带。

分区域发展农牧业,形成各区域分工分业、竞相发展的局面,着力建设城郊都市型精品农牧业聚集区、旅游观光休闲型农牧业示范区、临空型现代农牧业实验区、矿区生态型农牧业样板区。

城郊都市型精品农牧业聚集区围绕"都市田园、田间超市"定位,依托中心城区、矿区等就近就地农畜产品消费市场,采取"农牧户+合作社+企业+互联网"等模式,主要在红庆河镇、苏布尔嘎镇、札萨克镇、伊金霍洛镇等优势地区布局设施农业、瓜果蔬菜、禽蛋肉奶以及具有本地特色的杂粮副食、食用菌等与城镇居民日常生活息息相关的城郊都市现代农牧业,将本区域打造成辐射中心城区和周边工矿区的绿色农畜产品生产加工供应基地。旅游观光休闲型农牧业示范区着力促进乡村旅游与农牧业深度融合,用足用好全国休闲农牧业和乡村旅游示范旗政策红利,依托成吉思汗陵、苏泊罕草原等知名景区和中国美丽休闲乡村龙虎渠、乌兰木伦、查干柴达木等旅游景点,采取"农牧业+旅游"等模式,重点在伊金霍洛镇、阿勒腾席热镇、札萨克镇等旅游景点景区集聚区域,布局集种植养殖、产品加工、采摘体验、休闲观光、研学旅行于一体的旅游观光休闲型农牧业,全面带动区域内餐饮、住宿、交通、商贸等消费业态发展。临空型现代农牧业实验区依托空港物流园区、鄂尔多斯伊金霍洛国际机场和鄂尔多斯火车站,采取"互联网+空港+农牧业"的发展思路,在重点种养殖区域、农牧业产业园区、地产食品加工园区,鼓励地方企业转型升级或拓宽业务,加快发展农畜产品包装加工、仓储物流、冷链配送、电子商务等配套服务,建设原产地现代农牧业加工、物流中心,形成西部地区独具特色的临空型现代农牧业集聚发展区。矿区生态型农牧业样板区。牢固树立绿水青山就是金山银山的理念,按照"科学规划、规模开发、综合治理"的原则,采取"农牧业+矿区+企业"等模式,统筹考虑工矿区农牧民搬迁转移和村庄规划调整,重点在乌兰木伦镇、纳林陶亥镇、札萨克镇等工业重镇布局发展矿区生态型农牧业。制定专项激励政策,探索创新工矿企业与农牧民利益联结机制,鼓励各类市场主体和农牧民群众专业从事生态修复治理,支持矿区生态修复区农牧业发展,将生态修复区、复垦区改造为高标准良田、优质草牧场,探索走出一条"反弹琵琶、逆向拉动"生态建设的高质量发展之路,建设新时代美丽矿区、和谐矿区、幸福矿区。

不断稳定发展第一产业,提高农产品生产效率,加强名优农产品建设。调整优化第二产业,淘汰落后产能,提升支柱产业,打造近零碳排放煤矿、木材加工及饮料生产等示范区。加快发展第三产业,将其融入区域发展总体战略,实现发展提速、比重提升、结构优化。

第八节　人民对优美环境的需求十分迫切

　　中国共产党人的初心和使命,就是为人民谋幸福。随着人民群众物质文化生活水平不断提高,人民群众对生态产品的需求越来越迫切,对生态环境的要求越来越高,既要生存又要生态,既要温饱又要环保,既要小康又要健康,生态环境的质量已经成为影响人们生活幸福的重要指标。可以说,新时代新征程做好民生工作,不仅要创造更多物质财富和精神财富以满足人民日益增长的美好生活需要,也要提供更多优质生态产品以满足人民日益增长的优美生态环境需要。

一、生态文明理念深入人心

　　文明,是城市的内在气质,赋予了城市发展生生不息的力量,文明创建让城市更加亮丽,创建全国文明城市是推动伊旗高质量发展的题中之义,承载着伊旗24万余人民群众的期盼,是增强伊旗城市综合竞争力的重要体现,是满足人民群众对美好生活向往的有效途径。

　　党的十八大以来,生态文明建设取得显著成效,"绿水青山就是金山银山"理念深入人心,碳达峰碳中和推动经济社会全面转型。绿色生活方式是践行新发展理念、推动高质量发展的必然要求,事关生态文明建设这一中华民族永续发展的根本大计。推行绿色低碳生活方式,既是对中华民族勤俭节约传统美德的传承发扬,也是建设美丽中国、助力实现"双碳"目标的现实需要。低碳选择已经在企业和公众中形成正反馈循环,健康、可持续的生活方式正在引领经济社会发展方向。作为个体,每个人都是生态环境的保护者、建设者、受益者,对优美环境的需要有着更多的要求。

二、优美生态提升生活品质

步入新时代,人们对生活品质的期待值越来越高,对优美生态环境的期待越来越迫切。优美生态承载着人民群众对美好生活的向往,是解决当前社会主要矛盾必须要重视的问题。必须牢固树立"生态优先、绿色发展"理念,努力提供更多优质生态产品,让天更蓝、山更绿、水更清、环境更优美,才能以良好环境、优美生态提升人民群众的生活品质,让人民群众在优美生态中拥有更多获得感。

立足新发展阶段,融入新发展格局,伊旗全面贯彻新发展理念,加快推动高质量发展,提升城市竞争力,创造良好发展环境,推进"五个率先"、打造"三个样板",对内增强凝聚力,对外增强竞争力。按照"产业兴旺、生态宜居、乡风文明、治理有效、生活富裕"的总要求,建立健全城乡一体化的融合发展体系,加快推进农牧区现代化,持续深入开展"美丽伊旗"建设,把伊旗建设成生活舒适的乐园、道德示范的家园、生态良好的田园、乡愁记忆的故园。创新人居环境治理新模式,推进生产、生活、生态的"三生同步",突出个性化营造,充分体现乡土气息和地域民族风情,不断提高生态环境承载力,增强民众的获得感、幸福感和安全感,构筑完善的人居环境保障体系势在必行。

第四章
伊金霍洛绿色答卷

第一节　中华人民共和国成立前
生态状况及政策举措

　　伊旗生态环境演变为草原环境以来,虽然随着干旱加剧和战乱破坏,沙漠和沙化土地不断扩展,但因有大片的森林护卫和丰沛的河流润泽,加上人口较少,生态的自然修复能力较强,总体上水草丰美。成吉思汗率领蒙古大军西征时来到伊旗一带,看到这里满目青翠、鸟语花香,即兴赋诗一首:"花角金鹿栖息之所,戴胜鸟儿育雏之乡,衰落王朝振兴之地,白发老翁享乐之邦。"《新庙历史沿革》载:"百年以前的新庙,是个水草繁茂,森林密集,山清水秀的好地方。……草地上分布柠条、沙地柏和沙蒿等天然灌木,草地丛生,高有数尺。……没有明沙的影子。"

　　近代以来,伊旗草原沙化扩张。为增加朝廷收入,清廷逐渐放松了"蒙禁"政策,通过放垦蒙地收取地租,一些蒙古王公贵族也趁机开放旗私地,滥垦滥伐现象加剧。清朝末年,内困外交的清廷在内蒙古全面推行放垦蒙地政策,伊金霍洛草原遭到一场浩劫。草场被严重破坏后,沙漠沙地迅速扩展。民国以来伊旗生态持续恶化。在近现代史上,"一阵黄风,不分昏与昼""风刮黄沙难睁眼,庄稼苗苗出不全。房屋埋压人移走,看见黄沙就摇头",这曾是很多伊旗人的真实生活写照。

　　据1951年伊克昭盟《林业资料》载,1949年,全旗仅有乔木1万余株,主要分布在召庙周边,人工林面积为23亩,天然林1190亩,森林覆盖率仅为0.21%。

第二节　中华人民共和国成立后
生态状况及政策举措

　　面对持续恶化的自然环境,伊旗深入实施生态强旗战略,历届党委、政府和几代人把生态建设作为最大的基础工程来抓,精心组织实施了"三北防护林""京津风沙源治理"等一系列重点生态建设项目。历经70多年的治沙造林探索和艰苦奋斗,全旗地理图版由"黄"变"绿",实现了从"沙进人退"到"绿进沙退"的历史巨变。

一、集体造林

　　1952—1954年,伊旗以互助组的形式进行集体合作造林。当时郡王旗第一区李厚则于1952年春组织150多人,用5天时间完成集体造林7.3万余株,第六区六村宋四来带领全村群众一次集体造林16万余株。李、宋两人都被评为"全区林业劳模",四区倪驼羔、高鸡换于1952年分别从神木等地买回杨柳树苗,组织全村群众栽树,激发了群众植树造林的积极性。1953年,郡王旗新庙喇嘛贡格尔乌字尔,札萨克旗巴格尔巴代、王栓栓、高铁牛、石有成、马红世,以互助合作形式造林成绩显著,分别被评为"全旗林业劳模"。

　　1954年,部分地方成立初级生产合作社,开始以合作社为单位造林,主要营造农田防护林。

　　1955年,全旗实现农业合作化,将互助组集体林均作价入社。1958年由农业社过渡到人民公社。生产关系变更后集体造林规模更大,大体分为三种形式,即分别以社、大队、生产队组织营造社有林、大队林和生产队林。

全旗实现合作化后,在集体植树造林中涌现出很多模范,他们带领群众植树造林,治理沙漠,起到了示范引路的作用。毛乌聂盖农业社社长倪驼羔(后任大队党支部书记)于1955年开始组织带领男女老幼营造集体防护林带和杨、柳、榆等用材林。1959年毛乌聂盖大队兴办了集体林场,引进42种树种,如桑、皂角、槭树、河南大白杨等树种都试种成功。截至1963年底,全大队营造农田防护林带85条,林带面积337亩,每户平均防护林带11亩,营造用材林830亩,薪炭林102亩,经济林16亩,国社合营林场262亩,社员零星植树321亩,封育沙蒿1.98万亩。使毛乌聂盖大队基本实现绿化。

二、国营造林

中华人民共和国成立初期,为了解决种苗和引进良种,原郡王旗和札萨克旗分别建立了国营苗圃。1952年7月,郡王旗建立了昌汉庙国营苗圃,札萨克旗在新街建立了国营札萨克苗圃。苗圃成立后,自己培育苗条,引进外地优良树种,组织职工抓住春、秋两季植树造林,为伊旗后来大规模植树造林奠定了良好的基础。郡、札两旗合并后,为适应大面积植树造林的要求,在扩建原有国营苗圃的基础上,又新建2个国营苗圃,这些苗圃先后都属于国有林场或治沙站。

伊旗的国有林场和治沙站不仅为全旗培育了大量树种,而且在群众性的植树造林运动中充分发挥了引导和示范作用。

(一)新街治沙站

新街治沙站站部设在新街镇,距阿勒腾席热镇40公里,地跨新街、台格、红庆河3个乡、苏木、镇,下设新街、红旗、黄陶勒盖、架子梁、独瓜梁、阿鲁图、台格庙、老赖圪旦、门格庆等9个作业区。新街治沙站的前身是札萨克苗圃。该苗圃于1952年在新街镇建立,占地面积1204亩,当时有职工和技术员 5 人。1960 年札萨克苗圃扩建为札萨克治沙站,1972年站址迁往新街镇并更名为新街治沙站。

新街治沙站总治理面积为 24.28 万亩,其中宜林荒沙地为 18.25 万亩。其生产方针为"以治沙造林为主,综合治理,适当发展多种经营"。新街治沙站历年来在引进和培育优良树种,造林治沙实验与科研方面取得了成功经验,获得了丰硕成果。该站先后引育杨树品种 100 多种,针叶树 10 余种。有北京杨 800 号、新疆杨、加拿大杨、美杨、青杨、樟子松、云杉、侧柏、华北落叶松,引种试验都获得了成功。此外,开展了沙梁植松实验、速生丰产林研究、灌木种子林基地建设研究等科研项目。新街治沙站在治理流沙过程中,逐渐总结出治理流动沙丘技术:一是"先治洼、后治坡",即先在较大丘间地低洼处造林,沙丘暂时不造,待沙丘逐年削平后再行治理;二是"前挡后拉,中间让风刮",即在较小的丘间低地营造乔木林,迎风坡中下部栽种灌草,使沙丘顶部迅速拉平后再造林;三是"前挡后不拉,沙跑树底下",即在沙丘密度较小的单个沙丘,先在沙丘背风坡丘间洼地营造乔木林,沙丘迎风坡暂不固定,使沙丘向前移动,拉平沙丘后再造林固定。新街治沙站加快了全旗治沙造林的步伐,曾多次出席全区、全国林业先代会,并获得奖励,成为鄂尔多斯高原治沙造林的一面旗帜。1989 年 8 月,国务委员陈俊生亲临新街治沙站视察,对该站 30 多年来治沙造林的成绩给予高度评价,并为已故新街治沙站党支部书记王玉珊题词"功在社会,利在子孙,造福人类"。伊旗人民政府为王玉珊建了墓碑,将陈俊生的题词镌刻在碑上。

(二)霍洛林场

霍洛林场场部设在伊金霍洛镇成吉思汗陵园所在地,距阿勒腾席热镇 25 公里。该场属于沙丘起伏的丘陵地带,地跨 8 个乡、苏木,21 个村。

霍洛林场于 1958 年 6 月建立。1961 年国营昌汉庙苗圃并入霍洛林场。1970 年冬,国营霍洛牧场也并入霍洛林场,改称"五七"林场,后更名为霍洛林场。该场下设霍洛、小霍洛、牧场、桃林、阿勒腾席热镇、昌汉庙、石圪台、哈拉沙8个作业区,以营造用材林为主。造林树种主要有榆树、小叶杨、旱柳、水柳、柠条、文冠果等。历年出圃苗木10766万株,其中为群众提供苗木419.2万株。林场于1971年进行樟子松、油松、侧柏、落叶松、云杉、杜松、小美旱杨等品种引进试种,其中油松、樟子松和小美旱杨引种获得成功。

进入七八十年代,霍洛林场以其优异成绩受到嘉奖,1974—1977年,连续三年被自治区林业厅评为"先进国有林场",1980年荣获自治区人民政府奖金500元。

(三)公尼召林场(桃林林场)

公尼召林场前身为毛乌聂盖国营苗圃。1960年扩建为公尼召林场,场部设在公尼召乡所在地。1976年场部迁往苏布尔苏木敖包圪台村,距阿勒腾席热镇35公里,下设毛乌聂盖、昌汉勒盖召、赛乌聂盖、公尼召、合同庙、苏布尔嘎、阿彦补鲁、敖包圪台7个作业区,总经营面积6.3万亩。境内地形分为硬梁、沙丘、滩地三种类型。

公尼召林场执行"以营造用材林为主,适当营造沙柳灌木林和经济林"的方针,在丘陵低地、固定沙地营造杨树用材林,硬梁营造榆树用材林,适当营造油松用材林,西北部的沙丘实行乔灌结合,综合治理,经济林以文冠果、果树为主。

(四)纳林希里治沙站

纳林希里治沙站的前身是庙沟国营苗圃,1970年12月22日,由庙沟国营苗圃扩建为纳林希里治沙站,站址设在黑炭淖村,距阿勒腾席热镇55公里。

该站地处毛乌素沙地东缘,下设公素壕、大乌兰敖包、庙沟、哈达乌苏、黑炭淖5个作业区。地形呈硬梁、沙滩、沙丘,属流动沙地和半固定沙地,总经营面积为63637亩。纳林希里治沙站引育油松、侧柏、樟子松等树种获得成功,推广种植了大量的新疆杨、斯大林杨、神木杂交杨。1978年10月采获第一批树种,经当地育苗,造林试验获得成功。纳林希里治沙站与1985年荣获伊盟公署"全盟种柠条先进单位"的奖励。

中华人民共和国成立以来,历届旗委、旗政府领导高度重视林业建设,一任接着一任干,一届比着一届干,形成了以群众性植树为基础,专业林场站为骨干,义务植树、社会造林为补充的持之以恒的生态建设格局。在各族人民几代人的努力下,伊旗生态环境恶化的趋势得到控制,生态环境明显好转。伊旗生态建设的成功实践,是在克服一个个困难的基础上取得的;那些覆盖伊旗大地的成百上千乃至成万亩的乔灌结合、针阔混交等模式的人工林海,是在攻克一道道繁育、栽植技术难关、经受住一次次风沙侵蚀干旱考验模式中生长起来的;伊旗的生态修复,是用脚踏实地、埋头苦干换来的;伊旗生态建设的成功推动,是伊旗在实践中不断探索完善机制的成果。

第三节　改革开放新篇章，
生态文明再启航

　　党的十一届三中全会后,随着家庭联产承包责任制、草畜双承包和"三北"防护林体系建设,全旗治沙造林事业走上稳步快速发展道路,旗委、旗政府作出了"植被建设是伊旗最大的基本建设"的决策,落实林业"三定"工作(稳定林权、划定造林用地、确定林业生产责任制),将原有154.6万亩集体林全部划归个人所有,确立了"个体、集体、国家造林一齐上,以个体造林为主"的治沙造林方针,推行"五荒(荒山、荒滩、荒沟、荒坡、荒沙)"治理,极大调动了群众"三种(种树、种草、种柠条)"的积极性。全旗创办了13个社办治沙站,136个社办林场。

　　1978年,伊旗列入"三北"防护林体系建设重点旗县,实施了"三北"一、二、三期工程,累计完成人工造林297.13万亩,飞播造林36.12万亩,封沙育林7.53万亩,被评为三北防护林一期、二期工程先进单位。

　　2001—2011年,旗委、旗政府紧紧围绕"建设绿色大旗"的发展新思路,按照"两区二河三圈四线"(从整体上把全旗划分为西部风沙区、东部丘陵沟壑区两大区域,分区治理,重点突破,整体推进;乌兰木伦河、牻牛川河两条水系流域治理;青春山经济技术开发区、矿区、成吉思汗陵旅游开发区"三圈"绿化;210国道、阿四线、阿松线、包府公路四条交通线路生态环境保护和建设)生态建设总体构思,出台了禁牧、休牧政策,组织实施天然林保护工程、退耕还林、"三北"四期工程、日元贷款项

目等国家林业重点工程和"四区十线一新村"、碳汇林等地方林业工程，全旗争取到国家投资4.93亿元，地方财政投入23.6亿元，累计完成人工造林100.6万亩，飞播造林32.8万亩，封山育林24.5万亩。森林覆盖率由2000年的27.3%提高到2011年的35.2%。

"十二五"期间，围绕建设"绿色大市"的"鄂尔多斯战略"，伊旗深入实施生态强旗战略，积极践行生态文明理念。一方面，作为产煤大旗，在产业上率先布局清洁能源产业、现代能源产业和非煤产业，实现环境保护生态化、资源利用集约化、生产过程低碳化、产出回报最大化，人与自然和谐共生。另一方面，构建起全民植绿、护绿、爱绿的生态文明格局，率先建设"互联网+"义务植树示范点，推动"绿色家园"建设从线下走到线上。

一、防沙治沙

20世纪70年代后期至80年代初，正是伊旗沙漠化最为严重的时

伊旗"三北"防护林建设

期,全旗干部职工、农牧民群众大力开展植树造林,把植树造林、防风固沙、改变全旗贫困落后面貌作为伊旗的首要任务。伊旗被列入"三北"防护林体系建设重点旗县后,伊旗旗委、旗政府带领伊旗各族人民开展了大规模治沙造林活动,累计完成人工造林156.2万亩,飞播28.3万亩,使得全旗生态状况实现了由严重恶化到整体遏制逐步好转的历史性转变,自然生态开始向有利于伊旗人民生产、生存的良性循环方向发展。1977年,飞播治沙造林技术在伊旗毛乌素沙区初试成功,后来中间试验,直至全盟推广,被国家、自治区有关单位鉴定为重大科研成果,在全国类似地区大面积推广辐射。新街治沙站通过多年实践总结出的治沙技术,如"先治洼、后治坡""前挡后拉""穿靴戴帽""前挡后不拉"的治沙经验和技术,对流沙、固定沙丘、丘陵沟壑等沙化区域治理提供了技术支撑,为毛乌素沙地基础研究起到了科技支撑作用。

在治理方式上,以沙地农牧户为基本治理单元,围绕居住地,在周围通过封沙封滩育林,育林育草育灌,育灌种草养畜,形成防沙治沙生物圈。在农业生产上,采取渠道防渗、低压管道输水、喷灌微灌等田间节水技术措施,发展节水灌溉农业。在土地改造与种植上,采用引水拉沙造田、盐碱化土地改良、标准化改造以及日光温室栽培、地膜覆盖栽培等技术。在牧业生产上,严格落实《内蒙古自治区草畜平衡和禁牧休牧条例》和《退耕还林条例》,让林地草原"带薪休假",推广禁牧轮牧、以草定畜、草场改良、舍饲养殖、配方育肥等综合技术。这些措施的实施,不仅使农牧户的基础设施得到加强,生产方式得以转变,还促进林地草原生态自然修复,加快了植被恢复,支撑干旱沙区农牧民脱贫致富,促进了地方经济可持续发展。

在"打造祖国北疆亮丽风景线"和鄂尔多斯市建设"绿化大市"、创建"国家森林城市"的总体布局下,伊旗实施生态强旗战略,累计投入资金56.65亿元,完成生态建设任务142万亩,治理水土流失面积114.5万亩。全民义务植树168万株,参加人员达到46.5万人次。在深入调查研究的基础上,根据党中央领导视察鄂尔多斯市时的指示精神,伊旗林业局制定了"个体、集体、国家一齐上,以个体为主,谁造谁有"的植树造林方针,同时制定落实了"四到户"的机制,即集体林木直接作价到户、宜林"五荒"直接划拨到户、林权直接落实到户,造林任务直接分配到户,这大大激发了群众植树的热情。从此,全旗有林面积达到216万亩,森林覆盖率达到24%,一跃成为全盟乃至全国治沙造林"三北"防护林建设先进单位,通过政府引领、场站先行、全民参与,全旗进入防沙治沙、全面植绿护绿新阶段。

伊旗先后组织召开了两次全盟国有林场改革会议,制定出台了《全盟国有林场、治沙站、苗圃改革的十条规定》,提出了国有林场、站、苗圃在坚持全民所有制为基础的前提下,允许全民、集体、个体三种所有制和多种经营方式并存,推行家庭承包经营责任制,发展家庭专业户和重点户。重新确立了国有林场"以林为主、林木结合、综合利用、全面发展"的经营方针。调整了产业结构,使国有林场从单一造林治沙转变为以林为主,多种经营生产;从单纯营造防护林转变为营造防护林、经济林;从只注重生态效益、社会效益转变为生态效益、社会效益、经济效益并重。

"坚持人与自然和谐共生,人类必须尊重自然、顺应自然、保护自然",伊旗的生态建设历程半步没有离开这条规律。随着生态建设实践的发展,认识不断提升,由单纯的植绿到产业增绿再到心中播绿。保护环境就是保护生产力,改善环境就是发展生产力,伊金霍洛人算清了开发与保护这本账,煤海绿洲的名片生动地说明保护与发展的统一性。伊旗将荒地丘陵沟壑沙地变为绿水青山,将项目带动、产业支撑转化为金山银山的实践。

伊旗沙地恢复效果

二、小流域治理

在水利水保建设上，以沙系、小流域为治理单位，生态与改善农牧民生产条件相结合，生物、农艺与工程措施相结合，坡面治理与沟头防护、沟道防护相结合。1995—2003年，实施内蒙古黄土高原水土保持与荒漠化防治世行贷款二期项目，治理小流域。

三、草牧场"三化"防治

过去，由于气候持续干旱、过度放牧和人为活动的影响，伊旗草场退化、沙化面积曾一度达247.3万亩，其中轻度退化面积123.6万亩，中度退化面积为74.2万亩。产草量小，植被稀疏，优良牧草少，杂草、毒草比重大。由于草原生态环境的破坏，鼠虫害、沙尘暴等自然灾害频繁发生，已经成为制约伊旗畜牧业发展和农牧民增收致富的主要因素，也对京津冀地区的生态安全和本旗农牧民生活构成了直接威胁。伊旗生态建设在旗委、旗政府的正确领导下，在上级业务部门的支持下，在国家

及地方生态项目的带动下,取得了巨大的成就。

2001—2002年,在播区群众的大力支持下,对沙化严重的红庆河、新街、台格等地的部分流动、半固定沙丘进行了牧草飞播作业,飞播面积3万亩,播前植被覆盖率由5%—10%上升到播后植被覆盖率42%,同时根据播区8月底雨季观察,泥土冲刷量和洪水径流量减少40%。优势草种由飞播前油蒿、沙米、沙竹、牛心朴子,转变为杨柴、大白柠条、紫花苜蓿、草木樨、沙打旺、籽蒿等优良牧草。项目区飞播种草取得显著成效,沙化草原得到有效防治。

伊旗退牧还草工程按照自治区退牧还草工程的统一安排,从2003年开始编制实施,连续实施了9年,取得了较好的生态效益、社会效益和经济效益,极大地推动了新牧区新农村的建设。

2003—2011年,全旗天然草原退牧还草工程建设总规模达到393万亩(其中禁牧260万亩,休牧118万亩,划区轮牧15万亩),涉及伊旗7个镇,98个村。补播草地105万亩,改良草地11.233万亩,饲草料基地建设0.39万亩,棚圈建设2.43万平方米,青储窖建设1万立方米,购置机械加工设备223台套。项目总投资8834.5万元,其中国家投资6854万元,地方配套1980.5万元。

退牧还草项目实施后,经检测,伊旗退牧还草工程区天然草地植被平均盖度提高了30个百分点以上,平均地上生物量提高了10%—20%。草原退化趋势得到了明显的遏制,草原植被开始恢复,草原生物多样性好转,有力促进了草原畜牧业的可持续发展。

退牧还草工程还带动了农牧民增收。伊旗以实施退牧还草工程为契机,积极开展人工草地建设,推进草原畜牧业生产方式转变,调整畜群结构,改良牲畜品种,加快出栏周转,畜牧业生产效益明显提高,促进农牧民增收,取得了良好的经济效益。2010年,伊旗农牧民人均收入达到6800元,工程区新增干草5.1万吨,年增产值3060万元以上。退牧还草实施区17611户农牧民得到了国家饲料粮现金补贴,直接增加了工程区农牧民的经济收入,农牧民建设草原的积极性明显增加。

伊旗草牧场"三化"防治

四、矿区生态修复

伊旗作为全国第三大产煤县和国家重要的能源战略基地,将绿色矿山建设与生态产业相融合,利用煤矿大量的沉陷区和复垦区以及矿井水资源,因地制宜做好矿业绿色升级发展、高质量发展,在"绿水青山"和"金山银山"之间架设一座实践的桥梁,探索出了一条以生态优先、绿色发展为导向的资源型地区高质量发展新路子,打造出了永续发展的真正的"金山银山"。

作为全国第三大产煤县、国家重要的能源战略基地和内蒙古重要的清洁能源输出基地,伊旗现有85户矿山企业,其中74家是煤炭企业。然而近几年来,越来越多的人却这样评价伊旗:"矿区不像个矿区了。"

改变来源于率先创新植树造林管理机制以及高标准构建绿色矿山的做法。从生态严峻的"沙进人退"到"绿进沙退",再到"生态宜居",伊旗在推动林长制由"全面建立"向"全面见效"转变的过程中,全方位实现系统化"护绿"、科学化"增绿"、制度化"管绿",生态环境发生了质的嬗变。截至2022年,伊旗森林覆盖率达到37%,空气优良率达到92%。城乡绿地养护模式得到彻底改变,绿色已经成为当地的亮丽底色。

伊旗在全区率先推行矿山地质环境恢复治理基金计提政策,推进黄河流域生态保护治理,打造矿区生态修复治理全国样板工程。在乌兰木伦镇巴图塔采煤沉陷区天骄绿能50万千瓦煤矿生态综合治理光伏发电示范项目区,通过引导大型煤炭企业介入,以及对巴图塔村5个社共4.2万亩采煤沉陷区土地进行流转租赁,在生态修复完成后实施"光伏+"项目,配套发展农业观光、特色果蔬等旅游产业,伊旗率先探索走出一条生态系统修复、绿色低碳产业发展和矿区周边乡村振兴融合推进的采煤沉陷区生态治理之路。通过鼓励当地农民通过土地流转等方式与光伏项目区建立利益联结,在项目区发展板下经济,建立板下饲草、养殖基地,农民变成了股民,荒山荒地成为致富的"金山银山"。经专家初步测算,该项目全部建成后,可为巴图塔村5个社、450余户、1200名农牧民每人每年增收约1000元。

第四节　新时代新篇章，
生态蝶变美名扬

一、生态优先——高水平保护促进高质量发展

（一）山水林田湖草沙生态保护与修复

为统筹全旗山水林田湖草系统治理，进一步做好伊旗生态保护与建设工作，2018年，伊旗率先成立了由旗委主要领导牵头，人大、政府分管领导具体负责，各相关部门具体落实的生态绿化建设委员会，统筹负责全旗生态保护和建设工作。同时，邀请国家、自治区相关领域专家及本土专家成立了生态绿化建设专家委员会，从组织、资金、人才等方面保障全旗生态保护和建设工作顺利开展。

1. 生态优先，绿色发展

坚持生态优先、绿色发展的战略定位不动摇，尊重自然，以"共抓大保护，不搞大开发"为根本遵循，以《伊旗山（沙）水林田湖草系统治理与绿色发展建设项目（2019—2021年）实施方案》为行动计划，把实施重大生态修复工程作为推动伊旗建设的优先选项，大力实施林草生态工程、荒漠化防治工程、矿区生态修复工程、水资源保护与综合利用工程、绿色产业发展等重点工程，工程总投资约66.85亿元，其中申请中央和省级投资7.19亿元，地方政府投资20.43亿元，政策性银行贷款9.39亿元，企业自筹29.84亿元。全力推动绿色循环低碳发展，形成节约能源资源和保护生态环境的产业结构、增长方式、消费模式。

2. 规划引领,全面提升

山(沙)水林田湖草综合治理是践行新发展理念,落实国家战略总体布局的重要体现。伊旗高度重视规划的引领作用,2018年3月组织编制了《伊金霍洛山(沙)水林田湖草综合治理与绿色发展规划(2019—2035年)》,规划分近期目标、中期目标和远期目标三个阶段,到2035年,山(沙)水林田湖草生态安全格局逐渐稳定,绿色产业链全面形成,建设成"水韵林海,绿野田园"、人与自然和谐发展的美丽伊旗。

经初步估算,伊旗山(沙)水林田湖草综合治理与绿色发展规划各项工程建设总投资为310.44亿元,其中工程费用275.03亿元,占总投资的88.59%。规划经专家评审后,为将规划具体落地实施,伊旗组织编写了《伊旗山(沙)水林田湖草综合治理与绿色发展建设项目(2019—2021年)实施方案》,将伊旗急需实施且具备实施条件的项目纳入实施方案项目库,梳理出7大工程19个类型52个子项目,总投资约57.34亿元。

3. 因地制宜,科学施策

伊旗地处我国北方干旱半干旱区,自然生态资源相对脆弱,水资源尤为匮缺,且时空分布不均。伊旗重视自然生态资源的保护性开发,优化生态系统空间布局,因地制宜,合理选择生产生活方式,构建资源友好型、环境生态型的绿色发展模式,促进自然资源合理利用和人文资源的协调发展。按照行业特点,委托具有较高水准的科学研究院和行业领军咨询企业,编写了《伊旗水资源利用及水生态保护规划》及《伊旗绿色矿山建设生态环境保护规划》,科学规划,分类实施。

4. 整体保护,分区推进

将全旗作为一个整体,全面践行以人为本、人与自然和谐为核心的生态理念和以绿色为导向的生态发展观,实行整体保护为主,并依据不同地区生态环境结构、状态和功能上的差异进行分区,根据不同分区的特点和绿色发展的总体需求,有序推进,优化资源配置与生产力空间布局,在发展经济的同时切实保护生态环境。全旗围绕"三核、三区、五横、十纵、多点"的生态安全格局,统筹山水林田湖草沙生态保护与修复,大力实施荒漠生态系统保护和修复、矿区生态综合治理与恢复、水资源利用与水生态环境综合治理、林草生态系统保护与修复、农田土地整治与面源污染防治等五大重点工程。一系列重点项目的实施,对伊旗打通"绿水青山"向"金山银山"转化通道、推动乡村振兴与生态扶贫、率先探索走出一条以生态优先、绿色发展为导向的资源型地区高质量发展新路子起到了积极作用。

(二)人水和谐

伊旗地处毛乌素沙地边缘,历史原因和地理因素曾经为伊旗的生态建设出了一道难题。为答好这道题,伊旗从水资源综合利用上寻找突破口。根据鄂尔多斯市生态环境局公布的伊旗,环境空气质量和水环境质量数据,在国家生态文明示范旗创建指标中,伊旗的生态生活指标和生态文化指标达标率均为百分之百。

1. 两个难题催生生态战略构想

伊旗地处毛乌素沙地边缘,属半干旱向干旱过渡区。基于自然条件,这里常年干旱少雨、风大沙多、日照强烈,年内大风天数平均26天,年平均降水量343毫米,年平均蒸发量2351毫米,是典型的资源性、工程性和结构性缺水地区。

随着城市化进程加快,伊旗原有水域空间受到挤压。城市河湖连通性一度遭到破坏,致使掌岗图河、柳沟河、东西红海子等城市水体生态水量不足、水体流通不畅、湿地面积萎缩,造成生态功能退化、承载能力下降、人水关系分离等诸多问题。历史原因和地理因素曾经为伊旗的生态建设出了一道难题,只有从水资源综合利用上寻找突破口,才能答好这道难题。

煤炭是伊旗的主导产业,在为地区经济发展提供强劲支撑的同时,产业也带来了一系列衍生问题,其中以疏干水问题最为棘手。伊旗很多煤矿在实际开采过程中,疏干水涌水量大小不一,有超过40%的煤矿,疏干水涌水量超出煤矿自身综合利用量。城市缺水,矿区弃水,这是一对矛盾,却同时催生了伊旗建设城市生态水系的战略构想,这一战略构想,旨在将矿区疏干水变废为宝、引水入城,实现资源化利用,从而有效化解城市"水从哪里来"和矿区"水往哪里去"的两难问题。

2. 用好疏干水,算好生态账

2018年3月,伊旗城市生态水系建设正式拉开帷幕。全旗首先启动实施了"三河两湖"河湖连通水系工程,对掌岗图河、柳沟河原有河道进行了全面疏通清理,建成东西红海子连接线3公里、高层区到东红海子排涝沟1.2公里、东红海子到乌兰木伦河下游排洪沟4.468公里,建成蓄水湖8个,累计挖填土方288万立方米,基本形成了以"三河两湖"五大水体为轴心的环城水系框架。

旗委、旗政府与疏干水集中利用条件较好的11座煤矿进行了积极沟通协商,利用富余的疏干水作为水源补给,铺设输水主管网115.6公里,铺设煤矿至主管网输水管网19公里,建成2000立方米蓄水池9座、7000立方米蓄水池一座、加压泵站3座,打通了从煤矿至"三河两湖"的引水通道,经煤矿处理后达到排放标准的疏干水,通过输水管网输送到城市水体。矿区到城区的"水动脉"贯通后,一方面,通过疏干水的资源化利用,从根本上解决了煤矿企业疏干水无处排放的问题,使企业无后顾之忧;另一方面,明显改善了现有水域生态环境,有效提升城市防洪排涝能力,扭转过去"一下雨就看海,一放晴就干旱"的局面。

(三)生态环境系统治理

伊旗围绕"三核、三区、五横、十纵、多点"的生态安全格局,统筹山水林田湖草沙生态保护与修复,大力实施荒漠生态系统保护和修复、矿区生态综合治理与恢复、水资源利用与水生态环境综合治理、林草生态系统保护与修复、农田土地整治与面源污染防治等五大重点工程,党的十八大以来,完成沙化土地综合治理面积14万亩,新建水源工程32处;实施重点采煤沉陷区生态修复面积12.5万亩;完成森林质量精准提升面积14万亩,退化草原修复面积124万亩;完成高标准农田建设1.8万亩;铺设疏干水输水管道20公里,改扩建污水处理厂2处,恢复湿地面积251亩。在绿色产业发展方面,完成红色领航建设项目7个、乡村振兴建设项目11个、一二三产业融合建设项目1个。

(四)体制机制保障

1. 推深做实林长制

伊旗林长制工作在市委、市政府,旗委、旗政府的正确领导下,在市林业和草原局的指导下,坚持以习近平新时代中国特色社会主义思想为指导,认真贯彻落实习近平总书记考察内蒙古重要讲话精神,紧紧围绕乡村振兴等国家重大战略,聚焦"五绿"工作,以林草增绿增效为抓手,全面加强生态修复,加快国土绿化步伐,大力推进绿色富民产业,推深做实深化林长制。2021年,按照中央、自治区及全市关于推行林长制的要求,结合全旗实际,印发《伊旗全面推进林长制实施方案》并配套印发林长会议制度、林长制工作督察制度、林长制信息公开制度等五项制度,配齐"一长两员",全面建成旗、镇、村三级林长体系,形成森林草原资源源头管理网格化管理体系。从生态严峻的"沙进人退"到"绿进沙退",再到"生态宜居",伊旗在推动林长制由"全面建立"向"全面见效"转变的过程中,全方位实现系统化"护绿"、科学化"增绿"、制度化"管绿",生态环境发生了质的嬗变。

一是强化责任落实,促进履职尽责。旗委、旗政府高度重视林长制工作,全面配备"一长两员",形成森林草原资源源头管理网格化管理体系,共配备旗镇村三级林长291名,其中旗级林长9名,镇级林长121名,村级林长161名;护林员858人,草管员12人。同时,初步构建"林长+检察长"工作机制,逐步形成检察监督与行政履职同向发力的林业生态保护新格局。通过调研、现场办公、督察等方式推动了森林防火、破坏草原林地违规违法行为专项整治等重点工作。通过签发林长令,督促林长、护林员开展巡林,做好春节、清明等传统节日森林防火工作。印发林长巡林提示函,提醒林长开展巡林工作,全旗各级林长巡林2000余人次,实现林长巡林、护林员巡护全方位覆盖,形成齐抓共管、各司其职、各负其责的良好局面。

二是加强资金保障,扎实开展工作。通过为家庭林草场发放农机具,奖补扶持造林企业(大户)13户,进一步提高了"增绿""护绿"的积极性和全旗林草发展水平。建立投入保障制度,将林长办办公经费纳入财政预算。

三是加大宣传力度,营造舆论氛围。充分利用媒体平台、微信公众号等全方位宣传林长制实施的重要意义和改革创建成果,引导公众参与,形成舆论宣传与监督的强大合力。通过栽设林长宣传牌,全面公示林长、护林员信息,接受社会监督。结合森林草原防火、森林草原病虫害防治等工作,积极开展防火、防虫进校园、进社区等活动,全面提升林长制知晓率,进一步提升群众生态环境保护意识。累计栽设林长宣传牌146块。结合防火"五进"、森林病虫害防治、野生动植物保护活动,利用祭祀、农贸会、社区活动机会大力开展宣传教育工作,深入各乡镇、村宣传9次,发放宣传品、宣传资料5000余份,出动30余人次,宣传车辆15台次,在主要路段、路口挂宣传横幅50余条,彩旗1000面,现场解答过往群众咨询100余人次。并利用短信、电视宣传营造全民爱林、护林的浓厚社会氛围。

四是聚焦"五绿"目标,切实抓好生态建设工作。固本强基,全面涵养林业草原资源,依托天然林保护、森林质量精准提升、草原生态修复建设任务,加大国土绿化力度,分类治理退化、沙化的草原,形成以乔灌为主、牧草为辅的立体修复模式,截至2022年,全旗已完成重点区域绿化及义务植树8000亩。完成低质低效林改造、森林质量精准提升等项目7.7万亩。完成2021年京津风沙源治理二期工程草原生态保护建设项目青贮窖40户4000立方米。严格执行林草审批制度,依法打击破坏野生动植物、乱砍滥伐林木、乱占林地草地等破坏林草资源的违法犯罪行为,通过开展破坏草原林地违规违法行为专项整治、森林督察、林、草、湿地变耕地情况等林草领域突出问题整改,切实加大对违法破坏林草资源行为的发现、查处、整改和恢复力度,有效遏制违法破坏森林资源行为,提升森林资源保护管理水平,确保森林资源得到有效保护,不断开创新时代生态文明建设新局面。

2. 建立生态产品补偿机制

生态补偿制度是为了维护生态系统稳定性,以防止生态环境破坏为目的,以生态环境产生或可能产生影响的生产、经营、开发活动为对象,以生态环境恢复为主要内容,以经济调节为主要手段,以法律监督为保障条件的环境管理制度。生态补偿机制是生态文明建设的重要激励机制。

伊旗不断完善对矿产资源补偿费、土地复垦费、资源开发保证金和水土保持补偿费等一系列资源开发环境治理税费的征收管理制度,研究设立自愿性企业可持续发展准备金;建立排污权交易制度,开展排污交易试点工作,推动全旗各持有排污许可证的单位在相关政策法规的约束下有偿转让或变更大气、水污染物以及生产配额等排污指标;利用能源置换环境指标,按照用电量、清洁能源输入量进行置换。一是健全生态保护补偿机制,坚持谁受益、谁补偿原则,建立多渠道资金筹措机制,引导生态保护地区和受益地区,遵循成本共担、效益共享、合作共治的思路,建立跨区域的横向生态补偿机制,共同分担生态保护任务;二是建立生态产品交易市场,通过推行碳排放权交易制度,吸引社会资本,投入伊旗区域内的生态环境保护和综合治理,制定排污权交易制度

和交易规则,推行生态保护修复区环境污染第三方治理。

3. 建立生态产品价值实现机制

牢固树立绿水青山就是金山银山的理念,伊旗建立政府主导、企业和社会各界参与、市场化运作、可持续的城乡生态产品价值实现机制。开展生态产品价值核算,通过政府对公共生态产品采购、生产者对自然资源约束性有偿使用、消费者对生态环境附加值付费、供需双方在生态产品交易市场中的权益交易等方式,构建更多运用经济杠杆进行生态保护和环境治理的市场体系。完善自然资源资产产权制度,维护参与者权益。完善自然资源价格形成机制,建立自然资源政府公示价格体系,推进自然资源资产抵押融资,增强市场活力。

4. 区域生态共建共治机制

在习近平生态文明思想引领下,全旗在生态治理实践中,牢固树立绿色发展理念,尊重自然环境与经济社会关系发展规律,创造了一系列可持续、可复制、可推广的经验。核心经验是"四轮驱动":即旗委、旗政府政策性支持、企业产业化投资、农牧民市场化参与、技术持续化创新。旗委、政府是生态文明建设的主要倡导者和推动者,切实加强旗委、旗政府的领导是搞好生态文明建设的根本保证。企业作为推动生态发展的重要力量,在转变经济发展方式和建设生态建设过程中起着带头和示范作用。广大人民群众则是生态建设的参与者、受益者,又是最有力的监督者。科学技术是第一生产力,以科技为生态建设的有力支撑是破除生态阻力的最佳利器。

二、绿色发展——高质量发展推动高水平保护

(一)风光氢储车助力伊金霍洛转型升级

在习近平新时代中国特色社会主义思想指引下,深入贯彻落实习近平总书记关于"碳达峰、碳中和"工作的重要论述,始终牢记习近平总书记"要把现代能源经济这篇文章做好"的嘱托,超前谋划,全方位规划园区产业布局,率先构建鄂尔多斯零碳产业园,全力培育引进"风光氢储车"等新能源项目,形成能源产业转型集聚效应。

2021年3月,中国第一家零碳产业园在蒙苏经济开发区正式落地开工,规划总面积73平方公里。按照规划,到"十四五"末,园区将实现百亿度绿电供给消纳,年减排二氧化碳1亿吨,创造绿色高科技岗位10万个,产值可达到千亿元人民币。零碳产业园及带动的新工业体系将创造年产值3000亿元,实现地区增加值1500亿元。零碳产业园建设企业远景科技集团携手国际检验与认证集团共同发布了全球首个"国际零碳产业园标准"。

产业园集聚"风光氢储车"新能源产业,成为致力于打造清洁能源的一大亮点。在鼓励头部企业设立创新中心持续推进产品研发和科技创新的同时,实现能源智能物联网全域能耗和碳排放实时监控,通过构建"一轴双核两区""绿网渗透"城市化布局,塑造园、产、城、景共融的高品质产业新城和宜居宜业的幸福之城,进而形成"集聚效应+特色差异""多元科技+低碳生态""专享平台+便利生活"三大特征融合、多元发展的现代新能源新城。

零碳产业园构建的数字化基础设施也将发挥巨大的作用和效能。零碳产业园作为同特高压一样重要的基础设施,通过数字化基础设施支撑,能使电解铝、绿氢制钢、绿色化工等技术直接享用绿色电力。对标习近平总书记对内蒙古重要讲话和重要指示批示精神,伊旗委、政府以高度的政治站位,科学利用地上、地下丰富的资源优势,不断改进和缔造园区新能源转型模式,"风光氢储车"五大产业建设初见成效,千亿级新能源产业集群规模初现,已形成了围绕动力电池与储能、电动重卡、电池材料、绿色制氢等"风光氢储车"上下游集成产业链,可再生能源利用成效显著提升。

在绿色能源+产业集成先进模式的支撑下,代表着当前国内新能源最先进技术的头部企业纷纷落地,园区"风光氢储车"五大领域带动作用显著增强,风电、光伏、氢能互补优势得到充分显现,走出了一条以生态优先、绿色发展为导向的资源型地区高质量发展新路子。"风光氢储车"产业集群项目的集中开工,既是伊旗培育发展"风光氢储车"产业集群的重要举措,也是贯彻落实市第五次党代会"打造千亿产业、千亿投资、千亿旗区和千亿园区"重大决策部署的具体实践。

利用鄂尔多斯市每年煤化工产能1925万吨的优势,伊旗"煤制氢""绿氢"新能源产业基础得天独厚。园区以国鸿氢能、协鑫集团等项目为龙头的氢燃料电池电堆和绿氢制造产业链正在形成;以远景动力为龙头,华景锂电正极材料等项目为配套的100GWh储能产业链已全面开工建设。同时利用鄂尔多斯市33万辆运煤重卡"换电"或"换氢燃料"潜力巨大市场,以上汽红岩、捷氢科技等项目为龙头的新能源整车制造产业链正在形成。预计到"十四五"末,园区可形成100GW风电、100GW光伏、100GWh储能及3万台新能源矿用重卡生产规模。

零碳产业园

　　高安全性、高能量密度、高耐久性和高性价比的动力电池,还可为风光储应用提供储能电池,支持风光储氢等综合智慧能源示范项目,解决可再生能源消纳难题,大规模降低电力成本。

　　在聚焦"双碳"目标、打造千亿产业集群的大背景下,零碳产业园利用智能物联网、大数据等先进技术,包括风电、光伏和智慧储能在内的零碳供能系统建设的顺利推进,架构起多能互补、多业并进、多点支撑、多元发展的新能源产业发展新格局。预计到2023年底,可实现100%零碳能源供给,到"十四五"末,可实现"百亿度绿电"全部消纳。

伊旗光伏发电项目

1. 开创新能源产业创新发展先例

零碳产业园为何要建在中国鄂尔多斯市伊旗？伊旗在新能源转型这条高质量发展的"赶考"路上，给出了完美的答案。

为加快构筑新型产业体系，立足鄂尔多斯幅员辽阔、风光资源富集，境内新能源应用场景丰富，新能源重卡、煤化工制氢需求旺盛和园区存量土地开发潜力巨大，地区营商环境对标迈进全国一流等多方面的特点和优势，全力推进绿色低碳转型，以"新能源为主体的新型电力系统"为核心，以国际零碳产业园标准和"能碳管理平台"运行模式为引领，委托国际、国内知名专家、专业团队构建零碳产业园空间和产业规划的创新体系，零碳产业园建设取得了丰硕成果，开辟了内蒙古零碳产业园构建模式的先例，成为内蒙古新能源产业发展的方向。

内蒙古一年碳排放量约为7亿吨，其中鄂尔多斯占据1/3，鄂尔多斯有建设零碳产业园的需求和条件。建在鄂尔多斯的零碳产业园，将为中国国内传统高耗能城市的转型，以及全球的零碳工业转型提供经验。

伊旗紧紧抓住新能源产业向新能源富集地区有序转移的机遇期，聚焦发达地区现代装备制造产业对绿电的迫切需求，以零碳产业园为载体，引进培育新能源产业集群，打造零碳数字认证体系，为开展国际零碳贸易打下了坚实基础。伊旗首创的零碳产业园模式已经开始在欧洲复制推广。

时任鄂尔多斯市委常委、伊旗旗委书记在接受《科技日报》记者采访时说，零碳产业园的打造，是鄂尔多斯产业转型升级，践行绿色发展之路的一次重要探索，在发展壮大装备制造业的同时，通过利用当地丰富的可再生能源资源和智能电网系统，实现低成本、充足的可再生能源的生产和使用。蒙苏经济开发区零碳产业园可实现工业领域内的零排放，最终实现新能源对传统能源的替代。

2. 打造产业实践重要基地

在构建零碳园区的进程中,伊旗依托规划,政企协同,稳步推进,取得了一个又一个的骄人成绩。

2022年6月20日,为全面落实国家"双碳"战略,加快建立绿色低碳循环发展经济体系和建设国家新能源产业发展示范基地,伊旗出台《伊旗支持绿色低碳产业发展若干政策》,为绿色低碳转型发展提供了法律保障。鄂尔多斯零碳产业园从理念到实操要始终保持先进性,要架构真正的"零碳"模式,通过专班推进,全效赋能园区各项建设,依托产业链培育人才链、创新链,在助力"双碳"目标的背景下,中国北方资源型城市鄂尔多斯市伊旗正在转型的道路上"提速"前行。

伊旗将按照自治区党委、政府和鄂尔多斯市委、市政府的决策部署,坚持稳中求进工作总基调,加快规划建设零碳产业园步伐,力争将零碳产业园打造成具备转型发展、创新发展、绿色发展、能级提升、人才培养、对外开放六大功能的产业高地,推动经济总量跨越千亿大关,再造一个高质量伊金霍洛,为全区经济社会高质量发展作出应有贡献。

2022年8月8日,鄂尔多斯零碳产业峰会召开。会议通过展现鄂尔多斯市和伊旗的零碳科技创新及落地成果,分享零碳技术与生态培育的实践,进一步扩大零碳产业园示范推广效应,全力打造具有影响力的"碳达峰、碳中和"先行示范区。

凭借推动园区成为新能源产业高地的决心和信心,伊旗通过高站位、高标准、高水平统筹谋划,零碳产业园建设起步高、质量优、效果好,正在成为内蒙古新能源产业向外展示的重要窗口。其间,伊旗通过组建专业化招商投资集团和打造"标准地+标准化厂房"等创新举措,实现企业无忧落户、项目"拎包入住",远景"当年开工、当年投产",隆基绿能"签约即落地、落地即开工"。坚持"一企一策、专班推进",园区建设进入了"快车道",跑出了"加速度"。现已入驻9家新能源头部企业,为园区产业再集聚注入了强大动能。

（二）煤化工产业高端低碳绿色化发展

伊旗5G智能化煤矿建设全国领先，全国矿山领域首个工业互联网操作系统——矿山鸿蒙系统在国家能源集团所属煤矿布局建设。全旗22座智能化建设煤矿完成投资16.47亿元，建成28个智能化综采工作面、18个智能化掘进工作面。12座煤矿在综采工作面、运输皮带等关键位置推广应用矿用巡检机器人60台，减人、降本、增效成果显著。国电察哈素煤矿、红庆河煤矿应用矸石充填技术，年可消化矸石约130万吨。神华煤制油自备电厂、汇能煤化工自备电厂、上湾电厂锅炉机组完成超低排放改造。能源产业向高端化、智能化、绿色化发展迈出坚实步伐。

1. 神华煤制油项目

中国神华煤制油化工有限公司鄂尔多斯煤制油分公司是中国神华煤制油化工有限公司全资公司，隶属于国家能源集团，组建于2008年，位于鄂尔多斯市伊金霍洛旗乌兰木伦镇。公司运营世界首套、全球唯一的百万吨级煤直接液化生产线；18万吨/年煤间接液化生产线；亚洲首个10万吨/年全流程二氧化碳捕集封存项目；世界首套35万吨/年油渣萃取装置，其中煤直接液化生产线设计年转化煤炭380万吨（加动力煤共500万吨），设计产能108万吨/年（柴油69%，石脑油20%，液化气9%）。百万吨级煤直接液化项目是国家"十五"重点项目之一，是我国石油替代战略的重要成果，对保障能源安全具有重大的战略和现实意义。项目的成功使我国成为世界唯一掌握百万吨级煤直接液化关键技术的国家。项目实现了煤炭资源的就地、清洁、高效转化，是我国推进煤炭清洁转化利用、化解煤炭行业产能过剩、保护生态环境的重要示范工程。公司采用具有完全自主知识产权的煤直接液化工艺，以煤炭为原料，采用被列入国家"863"计划的纳米级催化剂，在供氢溶剂的作用下，通过高温、高压液化反应及提质加工过程，生产优质的清洁油品。

自2008年投产以来,从最初的无工业化经验可借鉴、核心装备依靠进口,到现在建成具有完全自主知识产权的108万吨/年煤直接液化生产线、环保水平领先,近三年生产各类油品210.71万吨以上,上缴税收19.49亿元,神华煤制油项目可谓发生了翻天覆地的变化。

2. 汇能煤制天然气项目

内蒙古汇能煤化工有限公司属内蒙古汇能煤电集团有限公司的全资子公司,成立于2008年,注册资金14亿元,是以煤为原料,生产煤制天然气(SNG)和液化天然气(LNG)并副产硫磺、工业级氯化钠与硫酸钠的企业。公司位于鄂尔多斯市伊金霍洛旗纳林陶亥镇新庙村圣圆煤化工基地,占地面积213公顷。汇能煤化工是呼包鄂地区城市天然气供应气源点,是京津冀"打赢蓝天保卫战"签约供气项目,同时也是鄂尔多斯市打造国家能源战略基地和现代煤化工基地的支撑性企业之一,对我国北方区域城市天然气保障供应具有重要作用。汇能煤化工煤制天然气项目的建成,填补了国内、外采用水煤浆气化技术生产煤制天然气的技术空白,从工艺技术、设备、安全、环保和能源消耗诸方面,取得了显著示范效果,为实现煤制天然气规模化生产、煤炭资源清洁高效利用及能源转换互补作出贡献。

汇能煤制天然气项目于2009年12月经国家发改委以《关于内蒙古汇能煤化工有限公司年产16亿立方米煤制天然气项目核准的批复》(发改能源〔2009〕3066号)文件核准,是国家煤制天然气示范项目之一,配套建设的液化天然气项目,是2010年2月10日由自治区发改委以"内发改工字〔2010〕242号"文件核准。项目分两期建设,累计投资达120亿元,现已全部建成,待生产装置全部达产后,年可生产SNG16亿立方米,生产LNG约100万吨,转化煤炭550万吨,实现产值45亿元,年可上缴税费4亿元左右,可向社会提供2500个就业岗位。

公司在建设和生产经营过程中,从未发生过安全环保事故,职业病患病率为零,一期装置投产以来,一直保持着"安、稳、长、满、优"的运行纪录,更是创造了连续稳定运行达652天的良好业绩,各项工艺技术指标均能达到或优于国家标准,被开发区管委会和旗、市政府相关部门评为"安全生产先进单位",共取得32项实用型专利技术,被评为"自治区级高新技术企业"和"鄂尔多斯市创新创业优秀企业"。

(三)打造永续发展的金山银山

伊旗旗委、旗政府高度重视生态保护与绿色产业发展,要求煤矿企业按照"谁开采、谁治理"的原则,落实矿区地质环境主体责任,同步推进开采治理,实施"一矿一策"项目建设,打造绿色矿山。针对采煤造成的裂缝、错台、滑坡、排矸场和沉陷区土壤贫瘠等问题,研究采用裂缝封堵种草、错台水保整地、滑坡锚固植树、覆土复垦、植物复垦、微生物复垦等创新措施,稳定地质环境,减少水土流失,提高土地复垦质量。

伊旗因绿色高质量发展成绩突出,获得2021年度"中国高质量发展十大示范县市"称号,并入选"中国最具幸福感城市·宜业宜居之城"。人均GDP超过江苏江阴,稳居全国第一。

"经济发展之所以能够连续多年走在自治区前列,归功于习近平新时代中国特色社会主义思想的科学引领,在于不折不扣贯彻落实自治区党委、政府和鄂尔多斯市委、市政府关于优化产业结构、能源结构的部署和要求,也是全旗干部群众齐心协力、共同努力的结果。"时任鄂尔多斯市委常委、伊旗旗委书记说,伊旗深入践行习近平总书记"生态优先、绿色发展"嘱托,超前谋划,率先全面建成矿区疏干水综合利用处理工程,改变了过去煤矿疏干水粗放式排放的弊端。2017年,疏干水开始逐步实现有序排放并用于植树造林。

同时,将绿色矿山建设及综合治理中所涉及的水利项目、农牧业项目、林草项目、环保项目、景观旅游项目、智慧信息项目等进行全盘谋划。不遗余力,投入大量的人力、物力改善城乡生态环境、人居环境,针对沙化地域特点,通过草、灌木和人造湖泊等结合的治理方式,增加空气湿润性,逐渐形成一个区域的"小气候",年平均降水量达到400多毫米,降水量高于周边地区。

怎么能让绿色矿山变成更有内涵的绿色资源?伊旗开启新思路,瞄准了"清洁能源",让绿色矿山成为清洁能源的生产"基地"。光伏产业不仅为企业和农牧民带来了好"光"景,"生态产业化、产业生态化"的思路还正在变成多方受益的"钱"途。

伊旗在推进绿色矿山治理中始终坚持一条"硬框框",那就是坚持"宜林则林、宜草则草、适地适树、乔灌草搭配"的原则,全力抓好地貌重塑、土壤重构、植被重建和景观再现。为此,伊旗在委托国家林草局规划设计院编制全旗《山水林田湖草综合治理与绿色发展规划》的基础上,聘请了水利部黄河上中游管理局西安规划设计院和国家林草局设计院两家"国字号"设计院,"因地制宜、一矿一策",为全旗所有矿山企

伊旗绿色矿山建设成果

143

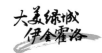

业精准编制生态修复设计方案。

伊旗统筹推进矿区和道路、城镇、村庄、园区等区域绿化,打造集中连片的绿色景观带,在筑牢生态安全屏障的同时发展"眼球"经济,通过常年有绿、三季有花的"美丽矿山"带动乡村游、观光游,实现一二三产业深度融合发展。

党的十八大以来,伊旗始终坚持将建设绿色矿山作为推动绿色转型的发展工程和民生工程,以花园式标准推进绿色矿山治理,多方发力,努力培育绿色优势,积累绿色资本,将农牧民吸附在"治理链"上,通过土地流转、分红等方式推动"资源变资产、资金变股金、农民变股民",为乡村振兴"储资"。

2018—2022年,伊旗在绿色矿山治理中累计投入77亿元,栽种乔灌木2000多万株,治理采煤沉陷区和复垦区329平方公里,还地率71.87%。并建成年供水能力5500万吨的疏干水综合利用工程,将疏干水引入西部8条内陆河流和15个湖淖进行生态补水,变废为宝的疏干水正在成为矿区绿化、降尘的"源头活水",而农村牧区的灌溉条件、生态环境、人居环境都因水而优。

绿色矿山建设,产业是关键。面对煤矸石排放量巨大的问题,伊旗组织相关科技专家在各大型煤矿采样、检测、分析的基础上,研究煤矸石变废为宝的产业项目落地,生产包括陶粒砂、保水剂、土壤改良剂、微生物肥料等产品。同时,围绕"生态产业化、产业生态化"目标,伊旗积极推动玫瑰、沙棘、中草药等经济作物项目落地实施。中国农科院历经十几年培育的一个玫瑰新品种,具有耐盐碱、耐寒冷、耐干旱、精油产量高等特性,除鲜花蕾、鲜花瓣的直接受益外,已形成精油、酱、露、胶囊、片剂、饮料、食品等多种系列产品。还通过与同仁堂、国药等各大药厂技术合作,成功试种出蒙古甘草、黄芪、黄芩、红花、党参等一系列"人种天养"药材,为后期中药材深加工提纯萃取及新药研究提供优质原材料。

（四）构建精品农林沙产业体系

依托丰富的林木资源,伊旗加大对林草企业的扶持力度,通过"公司+基地+农户"的形式,与农牧民建立紧密的利益联结机制,充分发挥龙头企业的辐射带动作用,把林草资源优势转化为经济优势,实现生态保护和脱贫致富互促共赢。经过多年探索发展,林草产业实现了规模从小到大,链条从短到长,档次从低到高,市场从近到远的转变,初步形成了以人造板、生物质发电、饲料、饮食品、药品加工和生态旅游为主的林沙产业体系。通过不断增加的生态产品供给,极大增加了百姓获得感,伊旗人也从中获得了有形的和无形的巨大收益,为改善百姓民生做出了积极贡献,生态文明建设实现"沙地增绿、产业增效、农民增收"的绿色转型。

伊旗的生态建设实践,实现了荒地丘陵沟壑沙地通过植树造林变为绿水青山,再将这些绿水青山转化为金山银山,这是对习近平生态文明思想的生动诠释。在生态建设与开发利用上,伊金霍洛人算清了开发与保护这本大账,坚持绿色共享发展理念,经济建设与生态文明建设一起抓;美丽城市、美丽乡村和绿色家园、宜居家园、精神家园一起建设,产业发展从"一煤独大"到多业并举转变。围绕"生态产业化、产业生态化"目标,初步形成了以重组木、生物质发电、饲料、饮食品、药品加工和生态旅游为主的林沙产业体系,通过经济林、中草药的种植,保护生态和向生态要效益形成良性循环。探索创建了"公司+农户"模式的10家沙柳原料收购企业,分布在各个乡镇,与农牧民建立合理的利益联结机制,20000多户农牧民的原料出售得到保障,户均实现收入800多元;引进原料深加工企业,延伸产业链条,增强企业对农牧民增收的辐射带动,推动生态建设社会化运作。

内蒙古水域山饮品有限责任公司累计种植沙棘12.3万亩,带动农牧民人均增收1000元左右;将鄂尔多斯市鸿泽源林业有限公司加工生产生物质颗粒燃料,清研沙柳公司制木废料和沙柳平茬剩下的废料一起做成生物颗粒燃料,废物循环利用。这些产业带动农户10000多户,户均增收900多元;引进内蒙古极泰新能源科技发展有限公司,设计年产生物质燃料10万吨,惠及1000多户农牧民。

伊旗沙棘种植

此外,红海子湿地公园、成吉思汗国家森林公园等森林旅游、农家乐、养殖业、山野特产等产业发展,每年可实现社会收入1亿多元,其中农牧民种苗外销收益约为2000万元,栽植户平均收入1500多元。群众收入明显提高,生态意识普遍增强,全民参与造林积极性空前高涨。

生态建设一经取得成果,相关产业体系也随之建立。多年探索,通过政策驱动、科技推动、产业拉动等多元机制,让全旗生态环境面貌发生了巨大变化,森林资源面积不断增加,林分质量显著提高。成功引进

清研沙柳

的沙柳重组木等高科技项目,使林业生产力得到解放,林沙产业蓬勃发展,已基本形成了国家林业重点工程、地方林业工程、企业造林和农牧民造林多轮驱动的局面。全旗农牧民育苗面积达到22.3万亩,林下经济发展面积近10万亩,林沙产业总产值达到3.3亿元,农牧民来自林沙产业的人均收入达到2100元。

依托蓝天绿地,伊旗农牧业坚持走现代化、精品化、绿色化发展道路,其中的典范苏布尔嘎镇舍饲圈养绒山羊修复草原生态模式,得到胡锦涛同志的充分肯定。2007年11月17日,胡锦涛同志前来这里视察,评价说:"我们响应国家号召退耕还林、退牧还草,特别是把原来的放养改成圈养,既保护了生态,又发展了生产。"

在长期的生态文明建设中,伊旗形成了自己独特的生态观:绿色是和谐、绿色是实力、绿色是经济。在这一生态观的指引下,荒漠化局面彻底改变,真正实现了经济效益与生态效益的双丰收。

(五)全域旅游精品化发展

按照"生态、景观、精品"总体定位,伊旗全力做大做活绿和水的文章,初步形成了以环城、环镇、环村绿化为点,以公路绿化带为线,以速生特色苗木基地为面,点、线、面结合,乔、灌、草搭配,多林种、多层次、多色彩的生态网络体系,并形成了绿带绵延、绿水相映的绿色长城,守护住了重要生态安全屏障。这有效赋能全旗"全域旅游、四季旅游",一大批以绿为景的旅游线路也已经形成。

依托厚重的人文历史底蕴、独特的蒙元文化风情、优越的自然生态环境、便捷的交通区位条件和宜居宜业宜游的城市品质，伊旗抢抓大众旅游时代机遇，立足优势、扬长补短，提出了"旅游兴旗"发展战略，举全旗之力创建国家全域旅游示范区，着力推动伊旗旅游由"景点景区"模式向"家在景区"模式转变。

产业发展，规划先行。伊旗瞄准大目标，跳出伊旗看伊旗，站在全球、全国、全自治区和全市的旅游大格局中审视自身发展定位，聚焦创建国家级全域旅游示范区的目标，从不断完善规划体系、深入挖掘文化内涵、推进规划的权威性等方面全方位统筹，用旅游的理念来规划城市，提升城市的品质，打造产城结合、城景一体的旅游城市。

为全面推动全域旅游发展，加快旅游产业步伐，伊旗把加强顶层设计，把专家论证、征求民意、集体决策等程序作为制订规划的必经程序，力求差异化、特色化和品质化。同时，规划了5大特色小镇、8大精品度假区、11大精品景区、14大精品乡村旅游点、6大示范基地、3大精品线路等，通过旅游项目吸引更多的旅游企业投融资全旗旅游业，以项目建设支撑和带动伊旗旅游业发展。在此理念基础上，伊旗科学编制了《伊旗旅游十三五规划》《伊旗全域旅游顶层设计及三年行动计划》《伊旗全域旅游导识系统规划》《乡村旅游规划》《大成陵提升规划》《伊旗旅游厕所改造规划》《伊旗旅游品牌营销策划》《伊旗全域旅游产业布局及重点旅游项目规划》等涉及城镇、村落、行业专项等一系列配套规划的编制，逐步形成了"1+N"规划体系，基本实现全域规划目标。

伊旗坚持把强化旅游基础设施建设作为旅游富民的基础，把城市当景区、把新村当景点、把道路当精品旅游走廊，邀请专家对各个乡村旅游示范点进行统一规划，充分融入文化元素，给山坡"披"上绿装，使农家院"穿戴"整洁，让村子旧貌换新颜。伊旗将草原生态、体育以及丰富多彩的民族文化风情进行融合，以民族节庆活动带动旅游发展。节庆活动成为繁荣伊旗牧民体育文化、提升牧民收入、传播传统草原文化、加强文化交流的重要载体。伊旗把旅游富民工程作为旅游产业培育的重要抓手，提出了"红色领航行动'五带五促'乡村旅游富民工程"。推出了"项目带动""景区带动""旅行社带动""酒店带动"和"企业带动"五种旅游富民模式，为更多的农牧民提供了就业，实现了农牧民农副产品转化为旅游商品就地销售，帮助农牧民增收致富，让更多的人吃上了"旅游饭"。现在乡村旅游形势一片大好，大批返乡农民工成了"乡村旅游创客"，从事农（牧）家乐的经营主体已达160余个，直接从业人员2300余人，带动农牧民人均增收2950元。2022年以来，伊旗实施"红色领航行动"，通过实施"五带五促"发展乡村旅游富民工程，全旗5家3A级以上景区分别带动周边5个乡村旅游点，12家旅行社带动41家农牧家乐，4家规模酒店与16户特色种养殖户合作，实现了农牧民的就业比例占企业总员工的15%。同时，积极引进"蚂蚁短租"开发民宿旅游、"美团"推荐乡村美食、百度、高德精准"乡村智导"、旅行社合作推出"情定乡村"，"乡村煤海""过一天蒙古人"等特色项目，带动全旗乡村旅游走出了一条别具特色、充满活力的发展之路。截至2022年，已有36家农牧户与美团网签订协议并已上线24家，30户农牧家乐经营户已与蚂蚁短租签约合作，共有50间房源。通过推出休闲度假短租公寓，不仅为游客提供了便捷舒适的现代化家庭服务，更重要的是解决了"一房难求"的局面，让市民和农牧民增加了收入，享受到了全域旅游带来的阵阵春风。

同时，积极配套完善公共服务配套设施，在3A级以上景区、机场、城区、火车站和汽车站设立了15处旅游咨询服务中心；建成大成陵、马奶湖旅游环线和马奶湖、转龙湾、波浪谷、龙虎渠至成吉思汗陵的旅游专线；在各镇、主要交通干道设置旅游标识标牌380余块；建设沙山公园、查干柴达木村、马奶湖景区、红海子湿地等6个较大规模涉旅停车场；

在旅游集散地、景区景点、乡村旅游点、旅游主干道、各镇区新建改建旅游厕所64座。

增强竞争力,重大旅游项目是关键。伊旗共建32个旅游重点项目,其中新建项目12个,续建项目20个,总投资累计98.513亿元。同时,伊旗和中青旅资源投资有限公司签订了全域旅游战略合作,逐步开展全旗全域旅游PPP合作模式。

依托良好的生态条件、文化资源、产业基础和市场空间,伊旗全力推进景点游向全域游、一季游向四季游、动态游向静态游、观光游向体验游转变,构建"全时旅游"新格局。通过整合资源和创意设计,精心挑选了能够彰显伊旗厚重历史、文化底蕴、风土人情、自然风光、名胜古迹等魅力特色的旅游体验活动,培育"文化旅游、体育旅游、生态旅游、乡村旅游、冰雪旅游、会展旅游、研学旅游"七大"旅游+"热点业态,形成"浓情民族文化游、闲情田园山水游、奇情户外生态游、激情冬日冰雪游、热情商务会展游、纵情体育文化游"六大专项旅游节庆活动产品,打造"民俗风情体验走廊、都市风光休闲带、近郊生态休憩圈"三大旅游高地,构

成吉思汗陵旅游区

伊旗草原旅游

建都市与乡村对话、文化与山水相伴的大伊金霍洛旅游愿景圈。

从圣地成吉思汗陵旅游区,到以沙漠草原而著称的苏泊罕大草原;从鄂尔多斯伊金霍洛国际飞机场、火车站沿线,到乡村旅游专线;从别具特色的乡村旅游示范村,到人气爆棚的乡村旅游节……今日的伊旗,旅游产业如春潮涌动;未来的伊旗,全域旅游之花将会开得更加娇艳。

三、高质量发展保障高品质生活

（一）生态宜居城市公园建设

伊旗始终坚持"规划先行定格局,一张蓝图绘到底"的和谐发展理念,充分发挥中心城区职能职责,编制完成伊旗绿地系统规划,并参与制定园林绿化管理办法,城市绿线、蓝线管理办法等规范性文件。严格实施绿线管制和绿色图章审批,面向社会广泛公布。在保障园林绿化"科学规划、依法实施"的基础上,践行园林文化与地域文化融合发展的理念,使风格迥异、别具特色的公园绿地成为绿色伊金霍洛的"新名

片"。

伊旗将园林绿化景观提升工作作为改善城市生态环境、提高人居环境质量、推进品质城市建设的重要抓手,坚持高起点规划、高标准建设、高效能管理,围绕"三河两湖"积极打造宜居、宜业、宜游的伊金霍洛。

伊旗城市园林绿化突出五大特点:第一,规划设计突出以人为本、功能实用。重点提升居民区周边绿化景观水平,突出了便民利民的作用。精心建设街头绿地、疏林草地、居民小憩点29处,打通临街出入口8处,实现居民在园林中徒步、在绿地中运动、在广场中健身。第二,绿化建设突出"三个结合"。一是与旅游产业相结合,二是与脱贫攻坚相结合,三是与苗木去库存相结合。第三,运行养护突出成本节约。全面启用中水回用,建成中水管网180公里,中水泵站5处,实现了阿勒腾席热镇中心城区主要街道和公园中水灌溉全覆盖,彻底改变原来自来水和水车灌溉成本高的局面,灌溉成本由原来的4.37元/吨,降低至0.4元/吨,每吨水可节约成本近4元。第四,地形整理、土壤换填突出一步到位。完成地形整理200万平方米,整理土方150万立方米,换填种植土20万立方米,确保后期景观建设一次成型,避免出现重复建设。第五,景观提升突出"三个多样化",一个"精细化"。品种多样化,综合考虑树花相间、乔灌结合、速生和慢生协调,引进驯化苗木种类220余种,构建"乔、灌、花"相结合、"针、阔叶"相搭配的复合式立体生态体系。色彩多样化,注重花期、色彩搭配,引进绚丽海棠、金叶复叶槭、碧桃、太阳李等20余种彩叶树种,以不同植物的季相变化构成丰富多彩的景观效果,切实增强景观的色彩感和观赏性,避免产生视觉疲。形态多样化,坚持"点线面"统筹,"高中低"搭配,节点打造通过植物雕塑、修剪造型树等方式,突出园艺景观提升打造效果。街道打造根据不同地貌、不同路段,统筹园林植物的疏密、进退、去补,形成"一路一景、一街一品"的园林绿化格局。管理精细化,对6600万平方米园林绿化养护实施网格

伊旗城市公园

化管理,用"绣花"功夫进行修剪、养护,苗木补栽补植、浇水除虫落实到岗、责任到人,实行动态管理,确保种得上、养得活,修剪精细、景观细腻。

城市生态环境直接影响着城市宜居水平,在城市建设过程中,伊旗一方面从提升城市"绿带"的品质入手,对重点区域、重点道路、重要节点进行绿化提升改造,形成了"三季见花、四季常绿"的园林绿化格局,人均公园绿地面积达94.8平方米,做到了"300米见绿、500米见园";合理布局34座公园广场,打造的五月花海、浪漫金秋成为新晋网红打卡地,给市民休闲娱乐提供了好去处。另一方面,从激发城市"蓝脉"的活力着手,综合城市防洪排涝、景观文化、水体生态修复等因素,围绕"五大城市水体"打造了"五横、六纵、两支流"13条环城生态水系,利用东部矿区丰富的疏干水作为水源补充,大力推进水进小区、进广场、进校园,真正让市民体验到了"春赏百花夏戏水,秋游美景冬踏雪"的城市风韵。

依托现有公园,按照"一园一主题、一园一风格、园园有故事"的原

则，抓好阿吉奈公园、乌兰木伦南岸公园及通格朗路绿化等提升改造，合理布局建设一批口袋公园，打造"推窗见绿"的"家门口"公园。

按照"快进慢游、集散衔接、层次分明"的理念，构建公园城市"两环、六连接点、两端口"放射型绿道漫步系统，新建步道58公里，自行车道16公里，推动城市绿道和公园广场、网红打卡点连点成线、连线成片，建成4处封闭式体育馆，在48个小区推动儿童娱乐设施及健身器材完善，构建"5分钟、10分钟、15分钟"家门口的健身休憩环境。

截至2022年，伊旗中心城区园林绿化养护面积达6800万平方米，建有各类公园、广场33处；在火车站周边、掌岗图公园、王府水街及阿勒腾席热镇旧城区棚改腾退近2500亩裸露土地上，种植了100余种花卉；在阿吉奈公园、柳沟河、天圆地方广场东侧等地启动喷泉15处；提升改造西北片区、文明东街等区域和道路绿化景观，新增绿化面积104万平方米，人均公园绿地面积达到94.8平方米，"点—线—面"立体式城市主题景观展现在人们眼前。一方山水一座城，一片绿意一片景。伊旗着力优化城市宜居环境，精心实施"两线、两点、两提升"绿化景观工程，打造亲水宜居生态城市，让天更蓝、地更绿、水更清。如今，一幅生态"高颜值"、发展"好气质"的大美伊金霍洛画卷正在徐徐展开。

（二）三河两湖内外循环的环城水系美丽绽放

夏日夜晚，漫步在伊旗政府所在地阿拉腾席热镇的街道上，美轮美奂的音乐喷泉与延伸数百米的楼宇外立面亮化相映生辉，各色灯光巧妙点缀于公园林间草中，游人或漫步水上栈桥，或流连在林间小道，健身、散步、赏花、观景、戏水，勾勒出一幅如诗如画的鲜活图景。伊旗下足"绣花"功夫，推进城市绿化美化，打造"水系激活生态城、慢行步道连成网"的生态宜居环境，让百姓共享绿色发展带来的幸福感。

伊旗中心城区的"五横、六纵、两支流"13条水系工程全长48公里，以每天近18万吨的经过净化处理的矿区疏干水作为水源补给，借助城区西高东低的地势特征,打通城市内部5大水体动脉,2022年新增水域面积20万平方米,实现清水进城,活水绕城,为城区居民创造因水成街、因水成路、因水成景、因水成园的优美滨水环境。

同时,通过水的不同形态激发绿色发展活力,全市首套雾森系统在阿吉奈公园投入使用,通过高压系统将常温的水以细微的水滴喷出,直径极小的微粒在空气中云集,形成了白色云雾状的奇特景观,"雾的森林"吸引了不少市民和游客驻足观看,拍照留念。雾森系统也是城市的"加湿器",产生的大量雾气增加了空气湿度,缓解了干燥气候。同时,散发到空气中的水微粒能吸附飘浮在空气中的尘土,防止尘土飞扬,净化空气。

为了打造绿色低碳的出行环境,伊旗还在中心城区的15条道路、28个十字路口及公园广场、旅游景点建设了全长92公里的慢行步道系统,包括步行系统、骑行系统和休憩站配套设施三个部分。完善的慢行步道、公园广场绿道、生态滨水廊道将各商业区、工作区、生活区、公园广场串联起来,构建起"水在城中、城在绿中、人在景中"的生态宜居

伊旗城市水系

环境。

昔日的黄沙腹地一座城,现在的"三河两湖"内外循环的环城生态水系,伊旗因水成街、因水成路、因水成景、因水成园。

以水为基,城市有了颜值与气质。位于伊旗乌兰木伦河南岸的嘉泰苑小区距离市区较远,"三河两湖"建设前,小区内绿化较少,布局不合理,而今,小区内郁郁葱葱的树木和花草遍布其间,环境焕然一新,河两岸绿树成荫,映衬着湖中心的小岛,俨然一幅山水画之境。

为了进一步拓展水系空间,2019年,伊旗在"三河两湖"环城水系框架的基础上,启动实施了全长47.55公里的"五横六纵两支流"13条水系工程,从而进一步畅通以"三河两湖"为轴心的河湖湿地之间的连接"脉络"。

有了源源不断的活水,城市人居环境建设水到渠成。在积极推进建设连接"三河两湖"、内外循环的环城生态水系的同时,伊旗提升城市功能、景观再造、美化城区环境等措施也同步进行,着力打造"水在城中、城在绿中、人在景中"的生态宜居环境。伊旗坚持景城水一体,充分利用水的3种形态,变水为雾、变水为冰、变水为雪,通过借景造景、构建风情水街和亲水乐园等方式,打造西山水系、掌岗图水系、王府水街等开放式水景8处,启用喷泉15处。因水成街、因水成景、因水成园的滨水环境和亲水氛围正在成为伊旗的新特色、新名片。

结合城市生态水系建设,按照"舒展大气""精美秀气""亲水灵气"的理念,以"绣花功夫"和"工匠精神",伊旗对中心城区5大区域、9个公园广场、28条市政道路71个景观节点绿化品质进行了精雕细琢、全面提升,新增绿地面积100万平方米,公园绿地总数达33处,中心城区绿化率突破48.4%,人均公园绿地面积达84.8平方米;硬化人行道126万平方米,铺设慢行系统25公里,城市绿道、慢行步道、骑行公园、林荫小路交错布局,一座高"颜值"、高"气质"的生态小城正在形成。

伊旗生态水系

（三）优美环境是最普惠的民生福祉

　　山峦层林尽染，平原蓝绿交融，城乡鸟语花香，这样的自然美景，现在越来越多地展现在伊旗人民面前。在脱贫奔小康的路上，伊旗人既感受到生活水平提高带来的幸福，也领略到生态环境质量改善带来的

愉悦。

随着经济社会发展和生活水平不断提高,人民群众对清新空气、清澈水质、清洁环境等生态产品的需求越来越迫切,优美的生态环境越来越珍贵。"良好生态环境是最公平的公共产品,最普惠的民生福祉。""环境就是民生,青山就是美丽,蓝天也是幸福。""发展经济是为了民生,保护生态环境同样也是为了民生。"习近平总书记将生态环境提升到关系党的使命宗旨的重大政治问题和关系民生的重大社会问题的战略高度,深化和拓展了民生的内涵,阐明了生态环境在民生改善中的重要地位。

曾几何时,只顾金山银山、忽视绿水青山所带来的雾霾、河道黑臭、垃圾围城、生态恶化等环境问题,成为民生之患、民心之痛,严重影响了人民群众的生活质量。金山银山固然重要,但绿水青山也是人民幸福生活的重要内容,不可或缺,且无可替代。

党的十八大以来,中央高度重视生态环境保护,发出了坚决打赢污染防治攻坚战的动员令,决心信心之坚、污染治理力度之大、制度出台频度之密、监管执法尺度之严,前所未有,目的就是要让人民群众在天蓝、地绿、水清的环境中生产生活。

加大环境治理力度,不仅改善了人居环境,也改善了群众生活。一些生态环境脆弱的地区,通过恢复生态,走出一条农民增收、生态良好的路子。实践证明,生态环境质量越来越好的地方,会吸引越来越多的人来投资兴业,生态优势释放出了绿色发展新动能,后劲十足。

生态环境改善没有终点。伊旗要坚持以人民为中心,以解决群众身边突出生态环境问题为导向,加大生态环境治理修复力度,不断满足人民日益增长的优美生态环境需要。只要持续不断努力,祖国大地的蓝天碧水会不断多起来,山川面貌会不断美起来,家在青山绿水间的美丽中国画卷,一定会展现在世人面前。

第五章
伊金霍洛绿富同兴

　　"十四五"时期是我国全面建成小康社会、实现第一个百年奋斗目标之后,乘势而上全面开启建设社会主义现代化新征程、向第二个百年奋斗目标进军的第一个五年。鄂尔多斯市制定《鄂尔多斯市国民经济和社会发展第十四个五年规划和2035年远景目标纲要》中指出,鄂尔多斯市以生态优先、绿色发展为导向的高质量发展取得实质性进展,现代化建设各项事业实现新的更大发展,在呼包鄂乌协同发展及呼包鄂榆城市群建设中的引领作用更加突出,在自治区经济发展中的"压舱石""排头兵"作用更加凸显。

第一节　生态效益增"绿"

绿水青山就是金山银山,党中央和国家要求加强生态文明建设,修复和维护好生态环境,实现高质量发展。鄂尔多斯生态治理模式是习近平生态文明思想的实践结晶。

抚今追昔,沧桑巨变。勤劳坚韧的伊金霍洛人,把英雄的故事化作精神脊梁,团结一心。咬定青山、登高望远,瀚海绿影、沙里淘金。一届届领导蓝图续绘,一个个企业倾情投入,一代代治沙人不断涌现。也正是这种爱绿护绿的愚公精神化作磅礴力量,伊金霍洛旗由黄变绿,由生态恶化到初步遏制到局部好转再到总体向好,现如今这里是煤海绿洲,万木葱茏、郁郁吐青、飞鸟鱼肥、珍兽回归,百花齐放、万马奔腾,激荡着文明和谐的火花,更是生态治理模式的好样板。

一、沙地变绿洲

(一)20世纪60—70年代状况

20世纪五六十年代,伊旗沙化面积达3000平方公里,水土流失面积占总面积的98%,森林覆盖率不足3%,出现了沙进人退、百姓难以生存的严峻局面。民间流传的顺口溜"不毛之地没柴烧,麻根糜茬抢着掏,一个骚胡(公羊)倒放场,一苗柠条龙王保"。"风沙一起尘飞扬,四顾茫茫不见家。一天吃进二两土,白天不够晚上补。"

伊旗政府逐步出台了"保护牧场""固沙、种草绿化明沙""依靠社队治沙为主,积极开展国营治沙"。开始人工撒播治沙造林,杨柴、花棒、籽蒿等灌木和蒿草类植物逐步生长起来,地表植被逐渐恢复,流动沙丘得到初步控制,生态环境有了好转,以伊旗国有林场新街治沙站为例,经过治理成为生态治理的典型。该林场位于伊旗南部,毛乌素沙地境内。地貌以流动沙地、半固定沙地、梁地、河滩冲积沙地和滩地复沙地为主。20世纪60年代,其管辖范围森林覆盖率不足8.9%,植被覆盖率不到35%,毛乌素沙漠不断吞噬大片草原和农田。当时,新街治沙站总经营面积为25万亩,经营区横跨红庆河、新街、台格庙3个苏木乡镇,其中流动沙丘占60%。恶劣严峻的生态环境使得"植树造林,治理沙漠"成为新街治沙站最响亮的口号。

1978年,伊金洛旗被列入"三北"防护林体系建设重点县后,伊旗委开展了有计划、有组织的群众性造林活动,对窟野河等小流域进行重点治理,随着林木两权分离、责任落实,林业、草原、水利水保得到了长足的发展。随着国家能源战略西移,伊旗委、旗政府按照社会主义市场经济的要求,通过"反弹琵琶、逆向拉动"的战略,林沙产业从无到有,生态状况出现了人进沙退的好形势。西部大开发以来,在国家生态优先方针的指导下,伊旗旗委、旗政府审时度势,抢抓机遇,率先实行全面禁牧、舍饲圈养,使伊旗生态好转、植被恢复。实行"收缩转移,集中发展"战略,坚决贯彻执行三区发展规划,建设的生态自然恢复区,促进生态自我修复。国家重点工程接踵而至,使生态建设步入快车道,生态环境由整体遏制变为局部好转。

(二)20世纪80—90年代状况

当年的台格庙苏木是伊旗沙化最为严重的地方,也是牧民聚居的地方。该苏木的台格庙嘎查乌当柴达木一带方圆有几万亩的大明沙,在治沙站示范作用的影响和带动下,台格庙苏木乌当柴达木一带的广大蒙汉人民治沙造林渐渐形成习惯。他们积极种树种草,再加上旗里后来制定的"五荒划拨到户""谁种谁有"的好政策,使这里的几万亩明沙披上了绿装,到处是绿草和绿树。

1980年和1982年在台格庙作业区飞播两次,共计2.4万亩。新街治沙站台格庙播区实验成效显著,为大面积开展毛乌素沙地飞播造林工作提供了科学依据。1982年,中国科学会沙漠考察团等单位组织的"飞播鉴定会"在新街治沙站召开。五年之后,播区植物保存率为63.2%,植被覆盖度由原来的5%—15%增加到35%—76%。十几年来,新街治沙站平均每年造林3000余亩。到1988年,实有林面积已达到8万多亩,森林覆盖率达到75%。与此同时,还大规模种植优良牧草达2万余亩。由于治沙成效显著,新街治沙站荣获"全区飞播种草种树科研成果二等奖"。

之后经过努力,治沙站共与11个村社挂钩联合治沙造林,共为社队培养技术员267人,支援树苗1250株,树叶、枝条、饲草300余万斤。这些挂钩的村社,十余年共造林20多万亩,控制流沙30万亩,大大促进了这些地区的农牧业生产的发展,成了治沙促进生态发展的典型地区。

(三)2000—2011年的状况

这一时期,是伊旗林业建设历史上投资大、速度快、成效好、农牧民得实惠多的高速发展时期。旗委、旗政府紧紧围绕"建设绿色大旗"的发展新思路,按照"两区二河三圈四线"生态建设总体构思,出台了禁牧、休牧政策,组织实施天然林保护工程、退耕还林、三北四期工程、日元贷款项目等国家林业重点工程和"四区十线一新村"、碳汇林等地方林业工程,全旗争取到国家投资4.93亿元,地方财政投入23.6亿元,累计完成人工造林100.6万亩,飞播造林32.8万亩,封山育林24.5万亩。森林覆盖率由2000年的27.3%提高到2011年的35.2%。

时任中共中央总书记胡锦涛、国务院副总理回良玉等党和国家领导人先后视察了伊金霍洛旗退耕还林工程和生态建设成果,给予高度评价和认可。至此,伊旗生态建设发生质的变化,厚植绿色底蕴,绿色融合发展成为人们的共识。

(四)2012年以来状况

党的十八大以来,旗委始终铭记习近平总书记"筑牢生态安全屏障、构国北疆绿色万里长城"的殷切嘱托,围绕构建"国家森林城市"的总体要求,深入实施生态强旗战略,守住生态底线、环保红线、资源利用上线,生产淌绿韵,沙里又淘金。抓好重点工程的同时,打造全国生态矿山、绿色矿山建设样板、打通"三河两湖"水动脉,试点"互联网+义务"植树,提升城市品质、打造美丽乡村,大踏步走进绿色转型的新时代。

采取新造、改造、补缺、修复等措施,从2012年开始,先后实施了"三北"五期退化林分修复工程、京津风沙源治理工程、天然林保护工程、鄂尔多斯市城市核心圈百万亩防护林工程、草原修复项目、采煤沉陷区生态修复等工程,累计投入资金19.94亿元,完成造林及修复治理121.63亩。2015年,成功获批全国唯一以沙地人工植树造林为主体的国家级森林公园——内蒙古成吉思汗国家森林公园。2017年,伊旗作为《联合国防治荒漠化公约》第十三次缔约方大会的承办单位之一,成功承办了天骄生态文化林参观考察活动,这种以乔、灌、草结合的毛乌素沙地治理经验受到中外友人的一致认可和高度赞誉。2018年,编制了全国首部旗县级《山水林田湖草综合治理与绿色发展规划》,为全旗生态保护和建设工作顺利开展提供了指导意见。建成自治区级以上绿色矿山47座,其中乌兰满来梁露天煤矿"生态+农牧业"、布尔台煤矿井田"生态+光伏"等煤矿生态综合修复治理的模式,起到典型引领示范作用,使采煤沉陷区变成绿色低碳生态区。

在习近平生态文明思想指引下,伊金霍洛人生动实践着绿水青山就是金山银山的理论,本着先人一步、快人一拍、胜人一筹的进取精神,开采与环境治理并举,用清洁生产去换绿水蓝天,做足水文章(引回疏干水、盘活地表水、补充湖泊水),把柴火棍火转为电能送到北上广,生态环境总体向好,坚定地将生态之路走好、走远。

二、荒漠披绿装

伊旗是华北地区的重要生态防线,过去由于气候持续干旱、过度放牧和人为活动的影响,草场退化、沙化面积曾一度达247.3万亩,其中轻度退化面积123.6万亩,中度退化面积为74.2万亩。产草量小,植被稀疏,优良牧草少,杂草、毒草比重大。由于草原生态环境的破坏,鼠虫害、沙尘暴等自然灾害频繁发生,已经成为制约伊旗畜牧业发展和农牧民增收致富的主要因素,也对京、津地区的生态安全和本旗农牧民生活构成了直接威胁。伊旗生态建设在伊旗委、旗政府的正确领导下,上级业务部门的支持下,在国家及地方生态项目的带动下,取得了巨大的成就。草原建设在飞播、退牧还草等实施后,伊旗优质草种增多,退牧还草工程区天然草地植被平均覆盖度提高了30个百分点,平均地上生物量提高了10%至20%,草原退化趋势得到了明显的遏制,生物多样性好转,有力地促进草原畜牧业的可持续发展。

(一)飞播植绿色

2001—2005年期间,在播区群众的大力支持下,对沙化严重的红庆河、新街、台格等地的部分流动、半流动沙丘进行了牧草飞播作业,飞播面积3万亩,播前植被覆盖率由5%至10%上升到播后植被覆盖率42%,同时根据播区8月底雨季观察,泥土冲刷量和洪水径流量减少40%。优势草种由飞播前油蒿、沙米、沙竹、牛心卜子,转变为杨柴、大白柠条、紫花苜蓿、草木樨、沙打旺、籽蒿等优良牧草,项目区飞播种草取得显著成效。

(二)牧草良种加补贴

2011—2015年期间,在牧草良种补贴项目的带动下,伊旗种植苜蓿等多年生优良牧草17.56万亩,累计补贴面积达277.76万亩,通过"一卡通"发放补贴资金2856万元。通过项目实施，大大提高了伊旗牧草的优良品种比例，苜蓿等优良牧草逐步被农牧民所认识，取得了明显的生态效益和经济效益。

（三）退牧还草增绿色

伊旗退牧还草工程按照自治区退牧还草工程的统一安排，从2003年开始编制实施，连续实施了9年，取得了较好的生态、社会和经济效益，极大地推动了新牧区新农村的建设。2003年到2012年，伊旗天然草原退牧还草工程建设总规模达到393万亩（其中禁牧260万亩，休牧118万亩，划区轮牧15万亩），涉及全旗7个镇，98个村。补播草地105万亩，改良草地11.233万亩，饲草料基地建设0.39万亩，棚圈建设2.43万平方米，青贮窖建设1万立方米，购置机械加工设备223台套。项目总投资8834.5万元，其中国家投资6854万元，地方配套1980.5万元。

退牧还草项目实施后，经监测，伊旗退牧还草工程区天然草地植被平均盖度提高了30个百分点以上，目前达到了82%，平均地上生物量提高了10%到20%。草原退化趋势得到了明显的遏制，草原植被开始恢复，草原生物多样性好转，有力促进了草原畜牧业的可持续发展。

退牧还草工程还带动了农牧民增收。伊旗以实施退牧还草工程为契机，积极开展人工草地建设，推进草原畜牧业生产方式转变，调整畜群结构，改良牲畜品种，加快出栏周转，畜牧业生产效益明显提高，促进农牧民增收，取得了良好的经济效益。退牧还草实施区17611户农牧民得到了国家饲料粮现金补贴，人均每年获得饲料粮补助金达320多元，直接增加了工程区农牧民的经济收入，农牧民建设草原的积极性明显增加，社会更加稳定。

三、山川添色彩

伊旗地处毛乌素沙漠边缘，属半干旱向干旱过渡区。这里常年干旱少雨、风大沙多、日照强烈，年内大风天数平均26天，年平均降水量343

毫米,年平均蒸发量2351毫米,是典型的资源性、工程性和结构性缺水地区。

　　伊旗全力实施乡村振兴战略,加快建设美丽富裕新农村,以生态优先绿色发展为导向打造生态文明试验区。率先建成全国采煤沉陷区生态修复治理示范区,推行"风光氢储+生态修复+现代农牧业"治理模式。空气质量优良天数稳定在340天以上,龙虎渠、哈沙图村、查干柴达木等5个村被农业农村部评为"中国美丽休闲乡村",深入践行"绿水青山就是金山银山"的发展理念,生态文明建设迈上新台阶。围绕黄河流域生态保护和高质量发展,累计完成植树造林70万亩、治理水土流失42万亩,全旗森林覆盖率达37%,高于全区平均水平13个百分点。在全区率先落实矿山地质环境恢复治理基金计提政策,高标准建成47座国家和自治区级绿色矿山。

　　同时,全旗结合城市生态水系建设,按照"舒展大气""精美秀气"

伊旗城市风貌

"亲水灵气"的理念,以"绣花功夫"和"工匠精神",对中心城区5大区域、9个公园广场、28条市政道路71个景观节点绿化品质进行了精雕细琢、全面提升,新增绿地面积100万平方米,公园绿地总数达33处,中心城区绿化率突破48.4%,人均公园绿地面积达84.8平方米;硬化人行道126万平方米,铺设慢行系统25公里,城市绿道、慢行步道、骑行公园、林荫小路交错布局,一座高颜值高气质的生态小城正在形成。

　　2021年以来,伊旗加大城市建设和园林绿化的力度,学习其他地区先进经验,不断提升城市品位。园林绿化工作坚持"以绿为底""以水为魂",构筑"大景观""小园林",形成"疏密有致""蓝绿交织"的生态园林空间,以"绣花"功夫和"工匠"精神,提升城市园林园艺景观,让市民"春赏百花夏戏水,秋游美景冬踏雪",充分利用好水的"三态"(即液态、雾态、固态),有效发挥城市加湿器和空气净化器功效,努力建设"水在城中、城在绿中、人在景中"的宜居、宜业、宜游品质城市。

伊旗城市美景

四、环境更宜居

党的二十大以来,全国生态环境系统要着力推动经济发展绿色低碳化,持续深入打好蓝天、碧水、净土保卫战,以人与自然和谐共生的现代化和美丽中国建设为统领。《伊旗国民经济和社会发展第十四个五年规划和二○三五年远景目标纲要》中指出:"以'天蓝、地绿、水净,安居、乐业、增收'为目标,体现农村特色、乡土味道、田园风貌,推进文化、教育、卫生、社保、商业设施'五覆盖'和供水、供电、道路、通讯、绿化、住房'六到户'工程。开展'美丽乡村·文明家园'创建行动,建成美丽宜居乡村。"

（一）碧水

伊旗全力推动疏干水综合利用工程及环城水系。一是围绕建设北方地区生态宜居品质城市的目标,着力打造"五横、六纵、两支流"13条环城生态水系,大力推进水系进小区、进广场、进校园,中心城区水域面积达到17.8平方公里,占建成区面积的1/3,营造了"水在城中、城在绿中、人在景中"的生态宜居环境,成为城市的"生态绿肺"和"天然氧吧"。二是启动实施"东水西输"工程,经南、北两条输水管线,启动实施"东水西输"工程,经南、北两条输水管线,将东部、南部矿区17座煤矿疏干水引入西部农牧业地区。截至2022年,已建成输水管线408公里,日输水能力达19万立方米。一方面,用于农牧业灌溉用水;另一方面,用于河湖生态补水,有效补充境内8条内陆河流和15个自然湖泊水量,促进生态涵养,助力乡村振兴。

入河排污口规范化整治。为深入贯彻习近平总书记关于黄河流域生态保护的重要指示精神和党中央决策部署,按照"水陆统筹、以水定岸"原则,全面摸清黄河流域入河排污口底数,推动建立"权责清晰、管理规范、监管到位"的排污口管理长效机制,有效管控入河污染物排放,为改善黄河流域生态环境质量、推动高质量发展奠定坚实基础。

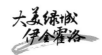

水源地保护。伊旗有8个饮用水源地。其中2个中心城区水源地（查干淖饮用水水源地、甘珠庙饮用水水源地）和6个乡镇水源地（札萨克镇自来水厂水源地、苏布尔嘎镇镇区水源地、伊金霍洛镇水厂水源地、红庆河镇乌兰淖尔水源地、纳林陶亥镇截潜流饮用水水源地、红庆河哈达图淖尔集中式饮用水水源地），已划定的水源地按照《集中式饮用水水源地规范化建设环境保护技术要求》（HJ773—2015），共设置了隔离防护工程29处，围封长度11.5公里，安全警示标志119块。饮用水源地现状水质全部符合《地下水质量标准GB/T14848—93》Ⅲ类标准，水质达标率100%。

1. 用好疏干水，算好生态账

2018年3月，伊旗城市生态水系建设正式拉开帷幕。全旗首先启动实施了"三河两湖"河湖连通水系工程，对掌岗图河、柳沟河原有河道进行了全面疏通清理，建成东西红海子连接线3公里、高层区到东红海子排涝沟1.2公里、东红海子到乌兰木伦河下游排洪沟4.468公里，建成蓄水湖8个，累计挖填土方288万立方米，基本形成了以"三河两湖"五大水体为轴心的环城水系框架。

旗委、旗政府与疏干水集中利用条件较好的11座煤矿进行了积极沟通协商，利用富余的疏干水作为水源补给，铺设输水主管网115.6公里，铺设煤矿至主管网输水管网19公里，建成2000立方米蓄水池9座、7000立方米蓄水池1座、加压泵站3座，打通了从煤矿至"三河两湖"的引水通道，经煤矿处理后达到排放标准的疏干水，可以通过输水管网输送到城市水体。

全旗不仅生态大幅提升，经济效益也是全面提升。仅地方煤矿每年产生的疏干水总量就达到约9800万立方米，除去处理损耗和配备利用量后，每年富余疏干水量仍有7300万立方米左右，通过水系建设，将富余的疏干水全部引回来加以利用，经济效益十分明显。

2. 以水为基,城市有了颜值与气质

位于伊旗乌兰木伦河南岸的嘉泰苑小区距离市区较远,"三河两湖"建设前,小区内绿化较少,布局不合理,经过改造,小区内郁郁葱葱的树木和花草遍布其间,环境焕然一新,河两岸绿树成荫,映衬着湖中心的小岛,俨然一幅山水画之境,小区群众幸福感显著提升。

为了进一步拓展水系空间,2019年,伊旗在"三河两湖"环城水系框架的基础上,启动实施了全长47.55公里的"五横六纵两支流"13条水系工程,从而进一步畅通以"三河两湖"为轴心的河湖湿地之间的连接"脉络"。有了源源不断的活水,城市人居环境建设水到渠成。在积极推进建设连接"三河两湖"、内外循环的环城生态水系的同时,伊旗提升城市功能、景观再造、美化城区环境等措施也同步进行,着力打造"水在城中、城在绿中、人在景中"的生态宜居环境。因水成街、因水成景、因水成园的滨水环境和亲水氛围正在成为伊旗的新特色、新名片。以水系特色赋予城市独特韵味,让居民春赏花、夏戏水、秋游景、冬踏雪。

伊旗将城市水系与325公里中水管网接通,让疏干水和中水沿着

伊旗城市水系

伊旗红海子水域

"毛细血管"延伸到大大小小的绿带下,通过应用微喷和智能灌溉技术,在养护绿带的同时,有效降低风沙灰尘和城市噪声,实现城市清洁由"扫街"向"洗街"的历史性转变。

(二)蓝天

2020年,时任伊旗委书记表示,作为典型的资源型地区,伊旗将持续打好蓝天、碧水、净土保卫战,推进黄河流域生态保护与高质量发展,坚决筑牢祖国北疆生态安全屏障伊金霍洛防线。

截至2022年,伊旗完成6家燃煤电厂12台机组197万千瓦机组超低排放改造。完成50余台20蒸吨/小时以上燃煤锅炉烟气在线监测设备安装及联网。完成129个粉状物料堆场全封闭改造,封闭面积达130万平方米,容积约1187万立方米。取缔散乱污染企业28家。对5家化工企业的挥发性有机物进行系统治理。通过治理,近几年,伊旗空气质量优良率位于全市前列。特别是2022年伊旗空气质量优良率达92.1%,剔除沙尘天气后达94.2%。空气质量明显改善。

伊旗蓝天白云

（三）净土

伊旗共有行政村138个，逐渐完成农村环境整治行政村94个，"十三五"期间编制完成了全旗农村牧区生活污水治理专项规划，并于2022年完成了全旗农村牧区生活污水治理专项规划修编工作。按照相关规定，完成全旗12座农村牧区生活污水监测任务，均符合相关出水水质要求。12座农村牧区生活污水处理厂近年来共处理农村生活污水700多万吨。持续开展农村牧区黑臭水体排查工作，截至目前全旗均未发现黑臭水体。伊旗污染地块安全利用率和重点建设项目安全利用率均为100％。深入实施耕地分类管理，切实加大耕地保护力度，持续开展涉镉等重金属重点行业企业排查整治工作，截至目前，伊旗不存在涉镉等重金属的重点行业企业。

（四）固废治理

伊旗固废来源主要为煤炭行业产生的煤矸石及煤化工企业和电力行业等产生的气化炉渣、锅炉灰渣和脱硫石膏。加强危险废物的管理

伊旗固废处理后生态环境优美

水平,将伊旗102家工业危废产生单位,25家医疗废物产生单位,以及5家危险废物经营单位全部纳入"内蒙古自治区固体废物管理信息系统"进行规范化管理。全面做好医疗废物监管。伊旗共有医疗废物产生单位25家,按照危险废物管理要求对医疗废物产生单位进行监管,并要求产废单位进入"内蒙古自治区固体废物管理信息系统"进行医疗废物信息申报,并按季度进行规范化考核工作。2021年11月启动全市唯一五类医疗废物集中无害化处置项目仲安医疗废物集中处置有限公司建成投运,疫情防控期间积极做好伊旗涉疫医废处置,共处置446.84吨(2021—2022年)。

五、湿地荡清风

(一)红海子旧貌换新颜

红海子湿地公园位于鄂尔多斯市伊旗阿勒腾席热镇东南,占地总面积40995亩,包括东红海子和西红海子,栖息着多种鸟类。后来因为严重的干旱出现过干涸。"海子"是汉语词,在蒙语中指的是淖尔、湖泊。关于红海子名称的由来有个美丽的传说,在很久以前,东红海子叫作昌汗淖,西红海子叫作伊克淖,昌汗淖和伊克淖是王爷面前两个斟满奶酒的金碗,由南向北流入昌汗淖和伊克淖的九条溪水就像九条龙一般,源源不断地向王爷的两个金碗里斟满奶酒,这酒总也饮不尽用不完。后来,在清朝后期当地居民因两个湖泊的土质呈红色而得名,因此红海子这个名称一直沿用至今。

红海子湿地

红海子主要污水包括煤矿矿井疏干水、城市雨水和市政污水处理厂尾水,水体水质检测达不到景观水体要求,散发臭味,影响城市美观;对水体内动植物生存造成极大负面影响,生态多样性遭到严重破坏,红海子一度近乎干涸。

旗委、旗政府为了加强中心城区生态安全建设、强化中心城区经济社会可持续发展的基础保障、提高中心城区建设品质,恢复红海子往日的秀美风光,2020年6月,在鄂尔多斯市政府组织下开始了红海子湿地

伊旗政府人员调研红海子湿地公园

治理工程,主要包括水体治理、生态修复、环境改善。2021年6月,宏拓环境与圣圆水务集团达成合作,提供了水体治理和生态修复的技术服务及相关设备。

2012年开始向两个湖泊注入城市中水和煤矿疏干水,使红海子逐渐恢复了往日的容貌,两个海子的水域面积也达到了近10平方公里,成了城市核心区的"城中湖"。经过修复的红海子湿地公园的总占地面积27.33平方公里,总水域面积是9.73平方公里。目前西红海子主要是以恢复水域、景观和保护自然湿地生态为主。东红海子是以保护性建设为主,东红海子占地面积11.4平方公里,其中水域面积6.2平方公里。

（二）改造后颜值水质提升

红海子治理前后对比

红海子治理前	红海子治理后	效果
水质为劣Ⅴ类水体	水质明显提升	水质提升
水色发黄,透明度不足15厘米	水体透明度最大可达40厘米,水体澄清	透明度改善
水质浑浊,绿藻泛滥	色度低,绿藻大幅减少	能见度提升
底泥(砂)为黑灰色	底泥呈自然砂砾颜色	颜色改变
水边有腥臭气味	没有臭味、风力搅动后来水悬浮物快速沉降,水体净化能力强	水体改善

随着伊旗逐年加大生态绿化面积、提高生态管护力度,加之有效降水量的增加,生态环境越来越好。经过多年的人工干预和自然修复,红海子湿地的水域面积逐年扩大,水体质量提高,野生鱼类和水中浮游生物数量不断增加,为野生鸟类提供了良好的休养生息场所。遗鸥、赤麻

姿态优美的白天鹅

班头秋沙鸭游泳潜水

鸭、白琵鹭、苍鹭、燕鸥、棕头鸥、白骨顶等一批珍稀鸟类陆续光顾湿地并在此繁育后代。

每年2月下旬至5月上旬，大批过境候鸟就会陆续飞临伊旗上空，它们在这里休憩、繁衍，生生不息。近几年，伊旗生态环境不断改善，飞临的候鸟越来越多，同时也吸引了世界濒临灭绝的珍禽遗鸥来这里繁殖。

伊旗政府人员考察红海子

截至2021年底,共发现遗鸥、大小天鹅、赤麻鸭、白骨顶等116种野生鸟类。

六、矿区的修复

伊旗5600平方公里土地中,国家规划矿区面积达4850平方公里,占全旗总面积的87%,地下蕴藏着560亿吨煤炭资源,是全国著名的煤炭之乡和国家战略能源基地。全旗现有煤矿77座,总设计生产能力为2.12亿吨/年,平均单井规模222万吨,其中建成投产煤矿70座,新建在建煤矿7座,集中分布于乌兰木伦镇、纳林陶亥镇和札萨克镇,年产销煤炭近2亿吨。矿区居民约12万人,占全旗常住总人口的50%。

伊旗作为全国第三大产煤县、国家重要的能源战略基地和内蒙古重要的清洁能源输出基地,始终坚持"绿水青山就是金山银山"的理念,将生态优先、绿色发展导向贯穿于矿产资源规划、勘查、开发利用与保护全过程,构建政府主导、部门协同、企业建立的机制,建设节约高效、环境美丽、矿地和谐的绿色矿业发展新模式,引领和带动矿业绿色发展高质量发展。

伊旗煤炭资源富集,从20世纪80年代开始大规模开采。一直坚持"谁污染、谁治理,谁受益、谁治理"原则,煤炭生产企业实行采后复垦,挖一座山,还一片绿。露天煤矿、灭火工程及灾害治理工程统筹进行规划,集中连片治理,整体复垦绿化。绿化时按照"适时、适地、适树、适草"和"乔、灌、草"相结合的原则,同时加大监管力度,确保树木三年成活率达到90%以上。

神东煤炭集团是伊旗境内的大型煤炭企业。在煤矿开采中,集团创造性地提出"采前防治、采中控制、采后修复"和"外围防护圈、周边常绿圈、中心美化圈"的"三期三圈"生态环境治理模式,不但没有因煤炭大规模开发造成环境破坏,而且让原来脆弱的生态环境实现正向演替,在荒漠化地区建成大片绿洲。

武家塔露天煤矿先后建成绿色蔬菜种植基地、智能生态大棚和养殖基地,大力推进煤矿复垦和再造林工作。截至2022年,武家塔露天煤矿累计投入复垦资金512.4万元,完成复垦面积998.4亩,种植乔、灌木6万余株,牧草514.5亩,土地复垦率95%,植被覆盖率达80%,复垦区蔬菜年产量达30.3万千克。目前,全旗露天煤矿完成复垦面积41.62平方公里,绿化面积39.12平方公里。2016—2021年,伊旗在绿色矿山治理中累计投入77亿元,栽种乔灌木2000多万株,治理采煤沉陷区和复垦区329平方公里,还地率71.87%。

2021年,伊旗累计投入资金近4亿元,为当地绿色矿山治理奠定了坚实基础。按照"因地制宜、一矿一策、以点带面、全域推进"和坚持"矿产资源开发利用和矿山生态复垦保护"并重的原则,突出绿色和谐生态格局。截至2021年,累计建成绿色矿山47座。58家井工煤矿现有采煤沉陷区面积330.36平方公里,已实施治理面积281.25平方公里。通过推进绿色矿山建设,使全旗矿产资源开发秩序依法规范提质,资源集约节约利用水平明显提高,矿区土地复垦利用全面提升,矿山生态环境得到有效保护,矿地和谐共赢发展,开创全旗绿色矿业发展新局面。

伊旗绿色矿山修复后

纳林陶亥镇绿色矿山

　　纳林陶亥镇矿区就是由黑转绿的成功典型。昔日该矿区脏乱差、煤土飞扬的场面消失不见，经过矿区修复取而代之是整洁干净的道路环境。包府、边贾、巴苏三条运煤专线都在该镇境内。2014年实施"十个全覆盖"工程以来，镇里大力协助环保、安监、煤炭、国土和城建等部门，结合本镇的实际，以公路沿线为整治重点，分路段、分节点、分重点，责任到人，集中力量，全力开展环境整治。截至目前，共出动2000多人，清运了3条72公里运煤专线的垃圾60万吨。纳林陶亥镇境内的矿区一手抓生产效率，一手抓环境保护，该矿践行"产煤不见煤，存煤不露煤"的环保净化理念，狠抓环境的改善，先后投资1500万元对生产区和生活区进行绿化亮化改造。

第二节　经济效益增"金"

伊旗大力推动县域工业化、城镇化、农牧业产业化互动互促、协调发展,县域经济呈现出爆发式增长态势。

一、沙里淘金

低碳循环,绿色发展才是发展的硬道理。习近平总书记指出,"推动形成绿色发展方式和生活方式是贯彻绿色新发展理念的必然要求,必须把生态文明建设摆在全局工作的突出地位",要求加快建立健全"以产业生态化和生态产业化为主体的生态经济园和各经济体系";同时强调,"生态文明建设同每个人息息相关,每个人都应该做践行者、推动者。"绿色生产可以节约资源、保护环境、减少乃至消除污染,提供更多更好的绿色产品,而建立绿色低碳的生活方式,又可以引导产业生态化和生态产业化。推动形成绿色发展方式和生活方式,是发展观的一场深刻革命,绿色发展的全球样板。

绿色发展的重点是生产领域以推动产业转型升级为突破口,加强资源节约、环境保护技术的研发和引进消化,对重点行业、重点企业、重点项目以及重点工艺流程进行技术改造,提高资源生产效率,控制污染物和温室气体排放,加强固体废弃物处理设施建设;深入实施"十大重点节能工程""节能产品惠民工程"等,发展节能环保产业和资源综合利用产业;大力发展风能发电,太阳能、生物质能等新能源产业以及特色产业。

（一）发展特色产业

1. 沙柳木绿色银行

伊旗政府和清华大学联合共建的生态产业化示范项目——清研沙柳重组木示范基地，由内蒙古清研沙柳产业工程技术中心有限公司研发的沙柳重组木新技术，不仅获得国家专利，而且也让沙柳成了农牧民的"绿色银行"。

清研公司以沙生灌木的综合利用为主，进行沙柳科学种植—丝条加工—沙柳木绿色建材—木制品加工—装配化木结构房屋的全产业链系统开发，致力于科技治沙、沙柳木技术产业化、提升沙柳资源利用价值，为荒漠化治理提供解决方案。在这里经过原料改性、干燥、铺装组坯、压制成型、木材热处理、拆模等工序后制成沙柳木型材，有防水、防腐、阻燃、环保等功能。同时，还具有优良的力学性能指标，尺寸稳定性好，游离甲醛指标达到 E0 级指标，可以被广泛应用于大规格沙柳木型材和装配化沙柳木结构节能住宅，以及户外景观的木制品制作。此项技术，

沙柳加工成木板

不仅将剪掉的沙柳条变废为宝,形成沙漠治理的良性循环,而且填补了国际沙柳木绿色建材领域一项空白,具有完全自主的知识产权。

据时任内蒙古清研沙柳产业工程技术中心有限公司负责人介绍:"通过五年多的持续研发,清研公司将沙柳进行剥皮、碾压、分丝、原料疏解后再经过化学改性和物理加密,做到密度1.04以上,重组木形成之后,用德国进口的精密设备,把它加工成地板、被动式的节能房屋、节能窗以及景观小品等一系列的木制品。"

沙柳重组木

沙柳重组木是指不破坏沙柳材木纤维的天然排列顺序,通过碾压形成木束,再经施胶、干燥、铺装成型、热压、后期处理等工序,将木束重新组合成类似木桁梁强度的产品,可在一定程度上替代实木,用作均质、高强度和大截面的栋梁之材,为沙生灌木的利用开辟了一条新途径。而且,利用新技术生产的新产品也迅速打开了市场。该公司以重组木为原料开发出室内复合地板、户外大规格的木栈道产品,这些产品具备

内蒙古清研沙柳产业工程技术中心

不怕水、不开裂的特性,阻燃级别达到难燃的B1级别,它的游离甲醛释放量已经远远低于欧盟指标的5倍,实测指标为0.01毫克每立方米,已经达到了原木级别。

内蒙古清研沙柳产业工程技术中心有限公司从2016年开始在沙柳综合利用方面进行研发和实验。经过五年多的努力,利用植物的生命周期特性,完成生态产品的循环利用,而且通过成果的转化提高速生树种的经济附加值,逆向拉动生态治理,成为固碳的一个有效手段。

伊旗联合高技术团队凭借小小的沙林寻找到了沙里淘金之路,从沙柳到木型材,从生态链到生物链,从产品链到产业链,在这里,沙柳圆满完成"二级跳",沙柳产业也越做越大,走出了一条"沙漠增绿、资源增值、企业增效、农牧民增收、政府增税"的新型生态建设和产业化发展之路。

2. 小沙棘成摇钱树

沙棘是地球上生存超过两亿年的植物,是纯野生的酸打垒醋榴果,素有"VC之王""水果之王""营养之王"美称,被誉为野生资源中的"金豆

鄂尔多斯沙棘

子"。通过种植沙棘,防止水土流失,减少泥沙流入黄河。1994年,天骄沙棘公司成立。通过几年的艰辛努力,天骄沙棘公司自主成功研发了沙棘保健醋、沙棘酱油等新产品,并获得国家发明专利。

从1996年开始,天骄沙棘公司在伊旗、准格尔旗及东胜区柴登大量人工种植沙棘,不断开发新产品,从沙棘醋和酱油,到沙棘饮料和茶叶,再到自主研发了从沙棘叶中,提取沙棘叶黄酮、沙棘花青素,天骄沙棘公司共生产4大类35个品种。1999年,准格尔旗、达拉特旗、东胜区、伊旗被列入水利部砒砂岩沙棘生态减沙工程项目区,鄂尔多斯市加大了生态建设力度,以每年种植20万亩沙棘递增,成为世界最大的人工种植沙棘基地。2005年,天骄公司引进了中华老字号北京王致和食品集团,使产品的知名度和市场占有率大幅提升。沙棘醋、酱油各达到年产1万吨。同年,鄂尔多斯市投资近1亿元开始建设占地25平方公里的沙棘产业大型加工园区,引进天骄沙棘公司、高原圣果公司等6家沙棘加工企业,形成沙棘原料处理、有效成分提取、食品药品保健品生产等加工体系。2007年10月,天骄沙棘公司在伊旗伊金霍洛镇壕赖村二社成立了鄂尔多斯市易丰盈农业综合开发有限公司,主要进行沙棘培育。2008年,公司又投资新上沙棘高科技产品——年产80吨沙棘花青素、18.4吨沙棘黄铜生产线各一条。2009年,正当国外一些专家还在探讨如何从沙棘叶里提取沙棘油时,天骄沙棘公司开始与国内知名大专院校合作,先后研发出沙棘辣叶黄酮、沙棘原青花素和沙棘油3款天然保健品,填补了沙棘产业领域的空白。2012年,沙棘叶黄酮获国家发明专利。

天骄沙棘公司通过“公司+合作社+农户”的形式,让农牧民从中得到了实惠,沙棘变成了农牧民的“摇钱树”。每年秋天,天骄沙棘公司收购沙棘时,村民就在自己家的周边采摘沙棘卖钱创收。一个人按8小时工作计算,可采摘沙棘果枝80—100千克,收购价每千克1.2—1.4元,即每人每天收入80—140元,而采摘沙棘劳动强度不大,技术要求不高,男女老幼都可量力采摘。“公司+合作社+农户”既实现了改善生态的环境效益,也保障了公司的原料供应,实现了公司的经济效益,保障了农牧民的稳定收入。

伊旗沙棘产业的发展,对发挥本土沙棘资源优势,调整产业结构,延伸产业链条,增加农牧民收入等方面具有重要的意义。伊旗将继续发展壮大沙棘产业,构建产供销一体的沙棘产业链。依托沙棘产业,辐射带动农牧民参与沙棘产业发展,实现农牧民增收致富和企业可持续发展的双赢局面。

(二)开发新能源产业

1. 鄂尔多斯零碳产业——蒙苏经济开发区

蒙苏经济开发区是内蒙古承接江苏产业转移的承接地,是内蒙古自治区“飞地经济”的先行者,自2011年两省签订战略合作协议后,开发区的产业框架渐次明晰:以高端装备制造(含通用航空产业)、电子信息和煤炭资源转化为主导,以新能源新材料、生物制药、节能环保、智能控制为补充,重点打造天然气、新材料、光伏发电、矿用及煤化工设备、工程

云南省政协副主席何波等人深入零碳产业园

机械、发电输电、电子信息、新能源汽车8大产业链条。截至2022年,经济开发区在基础设施建设上已累计完成投资45亿元,四大片区已建成面积39.6平方公里,建成区内水、电、路、讯、管网等一应俱全,达到"九通一平"条件,完全具备各大项目落地条件。陆续引进各类工业项目60个,其中已正式投产或已投入试生产项目23个,在建项目18个,累计完成项目投资652.47亿元。

特别是2021年以来,开发区紧紧围绕"走好新路子、建设先行区"和"打造千亿产值园区"的部署要求,聚焦"双碳"目标,零碳产业园蓝图逐步具象,"风光氢储车"产业链日趋完善,全年实现工业总产值403亿元,同比增长53%,完成税收49亿元,同比增长4%,高质量发展迈出坚实稳健步伐。当前,开发区致力于打造"中国典范、世界标杆"的零碳产业园新名片。

2.风光氢储车助力伊金霍洛转型升级

风光氢储车产业已经成为伊旗大力发展新能源产业和零碳产业的重要内容,对于加快构建绿色低碳产业体系和风光氢储车产业集群,以及率先走好以生态优先、绿色发展为导向的高质量发展新路子具有重要意义。伊旗在全力引进协鑫、美锦能源、国鸿氢能等一批头部企业、领军企业,布局发展光伏组件、氢能重卡等新能源全产业链项目的同时,还持续加强与更多相关意向性企业的沟通对接,力争使更多更优质的项目落户伊旗,助力地方绿色低碳转型发展。

2022年9月获批华电正能圣圆风光制氢一体化示范项目建设指标,该项目总投资19.5亿元,预计于2023年6月开工,12月底投产,建成后预计年产约0.52万吨绿氢。

2023年1月获批鄂尔多斯市伊旗圣圆能源风光制氢加氢一体化示范项目,项目包含新能源制氢储氢站项目和配套风电光伏发电项目两部分,总投资13.5亿元,预计2024年6月投产,投产后预计年产约0.54万吨绿氢。

汇能煤制气尾气提纯制氢项目投产后年产氢约0.18万吨,加快推进相关项目如期投产,满足伊旗供氢能力。为落实高比例消纳新能源和保障绿氢稳定供应的"双保障"目标,依托化工用氢需求,建设高压气态储氢示范项目,就近实现化工用氢绿色替代,依托交通用氢场景,力

汇能煤制气尾气提纯制氢项目投产

争在伊旗建设高压气态储氢示范项目,满足加氢站补氢。已编制《伊旗加油、加气、加氢充电换电站实施方案》,目前该方案已完成征求意见及专家评审,已提交政府常务会审议。全旗共规划布局加氢站35座,后续加快推进建设进度,如期建成投产。

3. 天骄绿能50万千瓦采煤沉陷区生态治理光伏发电

天骄绿能50万千瓦采煤沉陷区生态治理光伏发电示范项目,是伊旗结合清洁低碳新能源产业发展、绿色矿山建设和采煤沉陷区生态修复治理实施的一项重大示范项目。项目占地面积约4.2万亩,总投资24亿元,年均发电量约9亿度,可实现年产值约2.5亿元,实现税收收入约5000万元。与传统燃煤电厂相比,项目的实施不仅解决了资源开发开采与生态保护的问题,更解决了煤炭与光能有效利用的问题,最大程度实现生态效益、经济效益和社会效益有机统一。伊旗将以光伏项目的深入实施为契机,率先走好资源型地区高质量发展新路子,奋力开启高质量发展新征程。

该项目位于乌兰木伦镇巴图塔采煤沉陷区,由圣圆能源作为平台公

圣圆伊旗天骄绿能50万千瓦煤沉陷区生态治理光伏发电

司按照"五统一、两融合"模式,深入实施天骄绿能50万千瓦"光伏+采煤沉陷区生态治理"。项目总装机容量50万千瓦,总占地面积约4.2万亩,总投资约24.1亿元。项目于2020年10月2日开工建设,于2021年9月22日并网发电,项目全年设计发电能力约9亿度,电价按照0.2829元/千瓦时结算,可实现年产值约2.5亿元,可实现税收5000万元。截至2022年,累计发电约4.7亿度,电价按照0.2829元/千瓦时结算,可实现年产值约2.4亿元。

　　该项目成效显著,一是节能减排方面,每年可节约标准煤约34.1万吨,减少二氧化碳排放量约84.1万吨、二氧化硫排放量约6584吨、氮氧化物排放量约3740吨,有效降低能耗总量,进一步助推可再生能源发展;二是绿色矿山建设方面,统筹了水土保持、地质环境、土地复垦、植被恢复与矿井水利用、煤矿井下开采与地面生态保护、吨煤提取生态治理基金保障生态治理,带动采煤沉陷区走可持续发展道路;三是乡村振兴方面,采取"政府主导、企业实施、村集体入股、农牧民参与"的发展模式,鼓励当地老百姓通过土地流转、村集体经济入股等方式与光伏项目

圣圆伊旗天骄绿能50万千瓦煤沉陷区生态治理

区建立利益联结,在项目区发展板下经济,实现"林光互补""农光互补"、草畜一体化;同时对项目区进行集中管理,包含道路清扫维护、园区环境治理、光伏板清洗等,增加固定就业岗位300—500个,带动周边农牧民1200人实现产业增收,平均每人每年增收约1500元。

4. 内蒙古光亚现代农业发展

内蒙古光亚现代农业发展有限公司成立于2015年8月6日,是一家集现代农牧业开发、农业生产、科研、加工、展销、科普教育、观光、生态旅游、家庭农场示范推广等于一体的现代民营科技型农牧业企业,公司注册资金1000万元,是鄂尔多斯市农牧业产业化重点龙头企业。公司拥有资深技术人员近20人,其中管理人员5人,高级技师10名。公司已投资建设的项目包括光亚·哈沙图田园综合体项目和光亚现代农牧业科技示范园项目。

光亚·哈沙图田园综合体地处鄂尔多斯市伊旗乌兰木伦镇哈沙图村四社。项目是以现代科技农牧业为主体的田园综合体项目,整体规划面积4500亩,计划总投资6.2亿元,按照国家AAAA级旅游景区标准打

光亚·哈沙图田园综合体项目总体规划鸟瞰图

造,以现代农牧业为主体,集乡村文化旅游、科技创新、教育培训、品牌孵化、创客创业、休闲度假于一体的自治区级的田园综合体项目。通过科技、文化、旅游、教育培训等要素与现代农业(循环农业、创意农业、农事体验)有机结合,将农、林、牧、渔等农业资源深度开发,以农业养旅游,以旅游促农业;形成三生同步(生态、生产、生活),三产融合(一、二、三产业融合),三位一体(农业、文化、旅游),三区合一(园区、景区、社区)的生态健康、环境优美、业态丰富、主题鲜明的田园综合体

　　光亚现代农牧业科技示范园项目以"生态立园、产业强园、科技兴园"为目标,以市场为导向,以农牧业先进技术和成果转化为支撑,通过现代科技农牧业和家庭农场的研发、示范、推广来带动农牧民生产的集约化。通过"循环农业、创意农业、农事体验"的模式,采用立体种植养殖、林下经济的方式,在目前养殖大畜的基础上引进特种禽类养殖,有观赏、认养和食用的多重效益,逐步实现园区的农牧业产业研发功能、

项目总体规划图
1.接待中心
2.停车场
3.集装箱之家
4.草原迎宾广场
5.草原三艺场
6.蒙古风情婚纱摄影基地
7.天骄驿站
8.哈沙图草原小吃街
9.观星营帐
10.金花葵艺术广场
11.农耕博览园
12.水上乐园
13.生态农庄
14.林下烧烤
15.沙柳卡丁车
16.萌宠乐园
17.培训中心
18.花海
19.云上农场
20.种植园
21.牧野庄园
22.田园栖所
23.哈沙图民宿
24.滨水景观
25.金花葵产业

光亚现代农牧业科技示范园

生产功能、孵化培育功能、示范功能、休闲观光功能、生态功能、辐射带动周边地区的农业结构调整和产业升级,带动农牧民增收。

该项目是由内蒙古光亚现代农业发展有限公司和自治区农科院、自治区园艺研究院、宁夏种苗研究所合作的最新科研项目,并与韩国韩商乐活商贸有限公司、韩中交易中心签订战略协议。项目在光亚·哈沙图田园综合体成立示范基地和研发基地,占地1000亩,总投资6500万元。现代农牧业项目主要分为金花葵科技示范项目、经果林研发示范项目、设施农业(鱼菜共生)家庭农场示范项目、原生态养殖园项目、生物科技项目。

二、生态富民

习近平总书记指出,"环境就是民生,青山就是美丽,蓝天也是幸福""发展经济是为了民生,保护生态环境同样也是为了民生""良好的生态环境是最普惠的民生福祉,坚持生态惠民、生态利民、生态为民"。生态建设,特别是防沙治沙,具有投资大、周期长、见效慢的特点,过去之所以陷入"治理—恶化—再治理—再恶化"的怪圈,就是因为生态治理和脱贫致富两张皮,"治沙不治穷,到头一场空"。

绿富同兴,将绿色发展同民生富裕相结合,走出一条致富新路。伊旗结合自己的地方特色,积极探索绿富同兴之路。

(一)生态养殖富民新路

1.札萨克镇生态养殖牧民增收

札萨克镇风景优美、生态宜居,区域内植被覆盖率达94%,森林覆盖率达87%。这里有风光旖旎的红碱淖尔遗鸥旅游景区、庄严肃穆的吉祥福慧寺活佛府、乡韵浓厚的草原骑游部落查干柴达木村史馆和音乐公路、研学一体的青少年红色教育实践基地,以及其他特色旅游项目。札萨克镇建成品质住宅小区10处,以实施美丽乡村建设和乡风文明为契机,高起点布局所有行政村村庄规划,常态化推进环境整治,一个个庭院美丽、生态优美、干净整洁、水电路讯设施完备的新农村亮丽呈现。

札萨克镇的门克庆全村土地面积19.5万亩,260户、689人,有两个社,其中一社为蒙古族,居住分散,二社为汉族,居住集中,蒙汉人口各占一半,是真正的蒙汉和谐村。物产丰富、产业兴旺,全镇实施乡村振兴战略,构建美丽乡村气象,持续扩大产业规模,实行"一村一品""以工补农",切实走了生态富民的新路子。2008年,门克庆嘎查由村民每户入股4000元、合计总股金19.6万元成立了劳务公司,51%股金留作村集体发展,49%股金用作股民分红,是札萨克镇村集体经济发展最好的村嘎查之一。

札萨克镇的村集体经济发展呈现出强劲的势头,其中札萨克召村有油莎豆种植初加工,塔日雅柴达木村有标准化果园,黄盖希里村有机肥饲草料加工,乌兰陶勒盖村和塔尔河村有1000亩土地整合及7万亩玉米、大豆套种,新街治沙站有治沙模范王玉珊爱国主义主题公园。同时,该镇有道劳窑子伊金甄谷、台格优牧本土品牌,有壕赖柴达木村柳编加工,有玛勒庆壕赖村废木加工,有乌蹬柴达木村沙柳切片等林沙产

札萨克镇现代化养殖高新技术示范园项目

业,有乌兰陶勒盖村养猪场项目,壕赖柴达木村食用菌大棚种植项目,有巴嘎柴达木村土地整合项目。截至2022年,全镇牲畜总头数达14万头(只),耕地面积12.8万亩,形成了以乌兰农牧业基地为龙头的肉羊、肉牛、奶牛养殖产销于一体的产业链。

札萨克镇现代化养殖高新技术示范园项目,由伊旗门克庆绿生源种养殖有限公司实施(伊旗札萨克镇门克庆嘎查股份经济合作社占股60%,鄂尔多斯市圣圆实业有限责任公司占股40%),项目总投资2594.4万元(乡村振兴衔接资金504万元,旗农牧局"一村一品"资金100万元,旗民委专项资金204万元,村劳务公司自筹1131.84万元,圣圆实业公司754.56万元),其中土建工程投资2220万元左右,现购买肉牛374.4万元。土建工程方面:已建设4栋2700平方米标准化封闭牛棚,7栋半封闭牛棚7065平方米,建设防疫隔离舍360平方米;配套肉牛活动场地12810平方米,配套附属设施6990平方米;配套建设场区道路9100平方米,配套建设150亩饲草料基地。年存栏1000头肉牛,年出栏肉牛

现代化养殖高新技术示范园项目

800头,预计年收入320万元左右。

时任门克庆嘎查支部书记表示:该项目启动以来,有效带动门克庆嘎查农牧业产业发展,带动农牧民发展牧草种植,促进农产品就地转化增值,推动地区经济增长。此外还能让有劳动能力的农牧民在当地就业。乡村振兴离不开产业发展,乡村美了、农民腰包鼓了,小康生活的质量才会高。

2. 哈沙图村"田园+"的富民之路

哈沙图村位于伊旗东南部,交通便利,四通八达,全村占地面积58平方公里,辖7个社,共564户1280人,常住162户306人。哈沙图村自然风光美丽,田园景色宜人,民风淳朴,人人好客。先后荣获中国乡村旅游创客示范基地、中国美丽休闲乡村、全区文明村镇、文明村落、自治区级田园综合体试点、自治区乡村旅游重点村、第一批内蒙古自治区级"一村一品"示范村、全市乡村振兴五星级示范嘎查村、全市"五好三提升"优秀基层党组织、伊旗5A级农村社区、伊旗乡村振兴示范嘎查村等荣誉。

哈沙图村生态田园风光哈沙图村

田园+观光农业,构建现代特色农业与乡村旅游融合发展模式,着力发展乡村观光农业,完成投资2500万元,建成100亩经果林示范基地、3000平方米云上农场科技示范项目、"鱼菜共生"示范田、800平方米农耕文化体验园等项目相继落地并陆续投入运营。申请上级资金300万元建设现代化标准蔬菜大棚五栋6350平方米,目前已全部完工,"田园+观光"农业规模逐步显现。逐步实现园区的农牧业产业研发功能、生产功能、孵化培育功能、示范功能、休闲观光功能、生态功能、辐射带动周边地区的农业结构调整和产业升级,带动农牧民增收。

"田园+民宿",让民宿"捂热"闲置农房,引进信誉良好、资金实力雄厚、管理有序的伊旗文化旅游产业投资集团有限责任公司承接民宿服务,计划总投资1200万元,以展现二十四节气文化为核心,改造民居院落24套建成田园居所172间,实现年接待能力30000人次,同时鼓励带动周边村民开发居家式的民宿服务,营造了融乡村特色民宿、文化体验、研学住宿、休闲度假等多功能于一体的田园居所。

"田园+现代农牧业",着眼于提升农业产值,解决土地碎块化经营投入多产出少难题,转变农民定位,推行"支部+企业+合作社+农户"模式,投资500万元整合农耕地500亩,并完成水电管网配套设施建设,种植优质金花葵300亩,蒙雪菊200亩,探索优良精品经济作物在园区内试点示范,为适度规模化经营创造条件。整合土地发展优质牧草种植基地700亩,为伊泰大漠马业、郡王府实业等大型养殖场供应优质饲草料。从产业引入角度统一规划、集中运营、全力打造田园花海长廊、土地认养、果树认领等项目盘活土地资源,实践"三变"改革,让土地"美起来",让游客"慢下来",让农民和村集体的口袋"鼓起来"。

"田园+康养",以文化为内涵,加强村庄产业机能,逐步引进蒙古族礼仪培训基地、国学教育及养老康养基地,实现多产联动。

"田园+生态",加大疏干水综合利用率,利用赛蒙特煤矿疏矸水注入西海子途经哈沙图的优势,将疏矸水引入四社,有效激活田园水系的景观效果,投资600万元建成七彩长廊、水车乐园、海盗船、网红桥、亲水娱乐区、集装箱商业街等一大批娱乐项目投入运行,增强水系景观的亲水性和观赏性,让水"动起来"让游客"停下来""玩起来",让景区"活起来",水系景观的建成运营有效地带动了观光农业和民宿的发展,三年来累计接待游客量达到30万人次。逐步形成以五大产业为支撑以乡村休闲旅游观光体验为一体的田园综合体和示范区,努力将哈沙图村打造成国家级田园综合体。

(二)文化旅游富民强旗

伊金霍洛旗"十四五规划"中的重点布局:打造旅游集散服务中心。重点在鄂尔多斯火车站和飞机场附近建设伊旗一级旅游集散中心;各镇建设二级旅游集散中心;成吉思汗陵、苏泊罕大草原、红海子湿地、朱开沟重要旅游区建成三级旅游集散地。同时开发了五条文化旅游精品线路。

民族文化体验游:成吉思汗旅游区—西红海子湿地—伊景园城市沙山旅游区—郡王府—佛教文化博览园—苏泊罕草原旅游区—鄂尔多斯文化产业园。

草原风情体验游:成吉思汗旅游区—布拉格嘎查—沙巴日太草原—龙虎渠村—哈沙图村;苏泊罕草原旅游区—苏布尔嘎嘎查—查干锡力度假村—益丰寨—王明子滩草原—新三师革命旧址。

乡村休闲度假游:布拉格嘎查—哈沙图田园综合体—温沙水湾—花亥图村—龙虎渠村—布拉格嘎查—达尔扈特浩特—查干柴达木村—益丰寨—苏布尔嘎嘎查;成吉思汗旅游区—布拉格嘎查—达尔扈特浩特—龙虎渠村—哈沙图田园综合体。

历史文化研学游:佛教文化博览园—郡王府—母亲公园—红海子湿地—转龙湾—朱开沟—秦长城—陶亥召—煤海探秘—成吉思汗陵旅游

区—新街粮库—札萨克王爷府旧址—苏泊罕草原旅游区—苏布尔嘎非遗嘎查—红庆河乌兰夫红色文化产业园。

红色怀旧体验游:朱开沟—纳林塔战备粮库—秦长城—陶亥召—毕鲁图香房;新街粮库—札萨克王爷府旧址—查干柴达木村—益丰寨—红庆河乌兰夫红色文化产业园。

伊旗境内文化旅游景观丰富,其中人文景观有"朱开沟文化"遗址,保存完好的战国秦长城遗址和郡王府,吉祥福慧寺、陶亥召、乌兰活佛府等古寺召庙;自然景观有红碱淖尔、阿拉善湾、转龙湾、柴盖淖尔等湖泊湿地和独具特色的沙水林田等自然景观,红海子湿地、乌兰木伦湖、柳沟河等环绕城市的休憩带;天元广场、王府广场、阿吉奈公园、母亲公园等供市民休闲娱乐,全民健身中心、伊金霍洛国际赛马场、曲棍球场以及大大小小的体育公园等体育健身场馆。伊旗有国家A级景区6个(成吉思汗陵旅游区AAAAA、苏泊罕大草原旅游区AAAA、天福祥生态园AAA等),全国工业旅游示范点1个(神东煤海生态工业旅游区),全国休闲农业示范点1个(天福祥生态园),三星级宾馆1家(神东国际交流中心)。

1. 人文景观成吉思汗陵—代天骄

成吉思汗陵是全国重点文物保护单位,其独特的成吉思汗祭祀文化体现了蒙古民族最高级别的祭祀形式,显示着古老神秘的传统文化特点,对研究蒙古民族乃至中国北方游牧民族历史文化,具有极其重要的价值。2006年,成吉思汗祭祀被国务院列入首批国家级非物质文化遗产保护名录。

成吉思汗陵占地面积10平方公里,控制面积80平方公里,以成吉思汗陵为核心,形成了祭祀文化区、历史文化区、民俗文化区、草原观光区、休闲度假区的整体布局,是世界上唯一的以成吉思汗文化和蒙古族文化为主题的旅游景区。景区由以陵宫大殿为核心的诸多景点组成:

金碧辉煌的陵宫大殿,犹如三座巨大的蒙古包,更似翱翔天宇、搏击长空的雄鹰,在俯瞰这片苍茫大地;开天辟地、气势夺人的气壮山河门景;栩栩如生、气势恢宏的铁马金帐群雕;横跨亚欧、疆域辽阔的欧亚版图广场;蒙古文字造型的蒙古历史文化博物馆;成吉思汗两匹洁白神骏巍然屹立的中心广场;草原文化与中原文化完美融合的山门牌楼;体现成吉思汗戎马生涯缩影的铜马广场;象征九十九重天、吉祥福禄的九十九级台阶;供奉苍天圣物、无敌战神的苏勒德祭坛;会带给人们福气与好运的甘德尔敖包以及蕴含深厚历史文化内涵的成吉思汗博物馆、蒙元陶瓷博物馆等。

2. 历史遗迹郡王府

郡王府位于伊旗阿勒腾席热镇王府路西南。始建于清光绪二十八年(1902)。该王府为清代鄂尔多斯郡王旗札萨克郡王的府邸。郡王府占地面积约2200平方米,建筑面积1000平方米。主体建筑分前后两院。两院由两丈高的青砖墙连成一体,墙上建有垛口。府内建筑为砖木结构。多数房屋采用硬山顶和平顶相结合建筑形式。建筑物上到处可见

伊旗郡王府

用砖、木、石雕的龙凤、鹿鹤、山水、人物等图案和文字,艺术价值较高。屋里屋外均有彩绘的龙凤、云纹、花草等图画,技艺精美,栩栩如生,具有浓郁的民族特色和地方特色。

郡王府始建于台吉召,之后又迁于昌汗伊力盖召、吉盖特拉、独贵什里等地。清光绪二十八年(1902),郡王旗第十四代札萨克郡王袭位后,王府正式迁至今郡王府所在地。1928年,第十五代札萨克郡王请来山西匠人,开始对郡王府进行翻新建设,到1936年完工,始成现在规模。整个工程耗资13800银圆。

1988年4月26日,伊旗人民政府公布该府为全旗重点文物保护单位。1996年5月28日,自治区人民政府公布该府为全区第三批重点文物保护单位。1991年10月,上级有关部门和伊旗人民政府筹集资金10万元,对王府前院进行维修,1994年6月维修工程结束,王府已恢复原样。1993年8月,郡王府向国内外游客开放,并在全区"第三届草原文化旅游节"和"中国内蒙古伊克昭盟民族风情游"活动中被确定为旅游景点,并成为鄂尔多斯市十大旅游景区之一。

(三)教育研学开辟致富新路

1.光亚研学教育营地

光亚研学教育营地项目,位于伊旗哈沙图田园综合体项目区内,项目始建于2017年4月,占地面积100亩,计划投资2500万元,分两期建设,按照国家级研学营地标准建设的集农耕文化教育、儿童田园拓展、农业农事体验、田园生活体验、国防教育等为一体的研学游项目。到2021年底,一期完成投资1500万元,研学营地住宿区、综合教学区、云上农场产学研基地、农耕文化教育等项目已建设完成并投入运营。可同时接待450人住宿及餐饮等活动。2021年接待量达5.5万人次。

通过生态+的模式,主要是为了加强对青少年儿童农耕文化知识、德育教育、爱国主义教育而精心打造。让青少年儿童亲身感受农耕文化

光亚研学教育营地

的魅力,体验农耕快乐的同时,感受大自然的奇妙,并引导他们了解周边自然环境与社会人文。

通过参观田园综合体及文化长廊,了解到农耕文化知识、二十四节气的起源和发展历程、爱国主义教育等,亲身实践体验田园生活和农耕劳作。同时开展研学旅行活动,学生通过研究实践学到知识,亲近自然并感受生活,增强师生凝聚力与团队协作能力。在体验农耕文化知识、爱国主义教育和研学的同时,基地内还配有拓展训练区,可通过精心设计的个人、团队活动,提高学生热爱祖国、热爱家乡、热爱生活的热情。

通过"企业+合作社+农牧民"的模式,村委会与鄂尔多斯光亚现代农牧业公司共同成立了哈沙图村旅游产业有限责任公司,打造"采农家果、吃农家菜、品农家味"的生态旅游示范基地,全力发展乡村旅游。村采取土地流转、土地出租、劳务服务、农副产品销售等措施,增加农牧民收入。截至2022年,依托企业完成土地流转500亩,发展农家乐(牧家乐)3家,农牧民户均增收10万元,农副产品销售8万元,增加就业岗位15个。

2. 龙虎渠研学基地

龙虎渠又名龙活音扎巴,位于伊旗南部,全村总面积32平方公里,辖8个农牧业生产合作社,总人口556户,1318人,2015年被评为"鄂尔多斯市文明嘎查村"及"鄂尔多斯美丽庭院示范村"。2016年被评为"中国美丽休闲乡村"和"中国美丽宜居乡村"。

龙虎渠自然研学基地是由伊旗文旅集团和龙虎渠村按照国家级研学基地的标准投资建设,项目总投资1500万元,以农业、教育、基地"三位一体"为总体定位,专门为青少年打造的以自然为核心,集研学教育与实践体验于一体的综合性基地,基地坐落于伊金霍洛镇龙虎渠村三社,占地面积约2万平方米,基地交通便利,距离市区约15公里,地理位置十分优越。

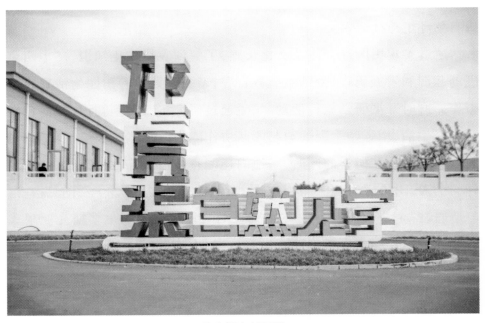

龙虎渠自然见学

　　龙虎渠研学实践教育基地位于伊旗龙虎渠村四社,是按照国家级研学基地的建设标准,以农业、教育、基地"三位一体"的总体定位布局发展。"农业"是龙虎渠研学基地的总体文化定位,结合农耕文化、农业生态、美丽乡村、民俗文化,依托龙虎渠村乡村特色幸福田园土地认养项目。"教育"是撬动乡村振兴和研学基地建设的支点,围绕农耕文化、牧游文化、沙漠文化、蒙元文化、自然科普、非遗传承等主题设计青少年素质培养和研学课程体系,辐射周边,吸引外地。以"基地"研学教育体系为纲,盘活周边乡村旅游资源,带动景区景点发展。

　　龙虎渠自然见学基地按照国家级研学基地的标准要求,精细化管理、高品质运作,为广大青少年搭建一个集学生自然知识普及教育、科学教育、素质教育、社会综合实践活动为一体的现代化研学实践教育基地,现已建成"自然课堂""科技工坊""手作天地""生活之家""红旗广场""田园食堂""四季日月主题屋""万物生长""蔬菜大棚""乐宠园"等配套设施。

　　龙虎渠在"修外"的同时又"修内"。在伊金霍洛镇、伊旗文明办的支持下,由马婵华主编的《我们的龙虎渠》于2015年5月15日创刊。龙虎渠从此有了自己的村报。虽是一份小报,却涵盖了龙虎渠的昨日和今天还有对未来的展望。村史连载,从西口之路回溯历史;村"两委"换届和"十个全覆盖"进展情况,图文并茂,此为村内要闻;"精神文明"和"生活"版面写身边人、身边事,旨在把和谐之风传播开来。村报一月一期,为龙虎渠"发展绿色产业,建设美丽乡村"出谋出力。小报成为全村的精神宝典,鉴古照今,书写龙虎渠更加美好的明天。

第三节 社会效益增"名"

一、美誉变名片

(一)绿色名旗 新城崛起

阿勒腾席热镇与康巴什区一河之隔,跨过景观大桥,便是人气集聚的阿勒腾席热镇。步入伊旗中心城区,映入眼帘的是整洁宽阔的街道,错落有致的公园绿地,清澈透明的湖水环绕,鳞次栉比的高楼大厦,人与城市的相得益彰,构建了一幅"人在画中行,城在画中留"的和谐美丽景象。伊旗凭借独特的地利营建城市山水构架,"三河两湖"——柳沟河、掌岗图河、乌兰木伦河,东、西红海子。围绕"人文、绿色、亲水、时尚"这一目标,依水而建,倚林而居。形成山、水、绿的网络,宜居、宜业、宜游的城市景观。生态园林美的自然,城市景观美的古朴。新城崛起,百业腾飞,展示了无限生机和活力……车在林中驰,人在画中行,景在城中,城在绿中。

伊旗的城市建设将"以人为本"的理念贯穿始终,着力于补足城市服务功能短板,解决民生问题,实施惠民工程,把人民对美好生活的向往作为奋斗目标,更好实现"城市,让生活更美好"。相继建成并启用的伊金霍洛国际赛马场、全民健身中心、影剧院等一系列标志性建筑,已经被视为新的城市标志。伊旗湿地公园、母亲公园和乌兰木伦河、掌岗图河景观带等一大批公园湿地和"城市绿肺"建成投用,在改善城区空气

伊旗城市一角

质量的同时,也为市民生活休闲提供新的选择,居民出行"300米见绿、500米见园",伊旗成了一座名副其实的"花园城市"。优质高效的城市建设也为举办各项国际、国内大赛和召开各类高级别会议提供了基础设施保障,提升了城市知名度和影响力,使得"宜居、宜业、宜游伊金霍洛"这张城市名片愈加响亮。

全旗栽植金丝垂柳、香花槐、红叶榆叶梅、垂丝海棠等多种苗木,培育大丽花、四季海棠、凤仙、南非万寿菊等多种草花1000万株,形成"一路一景、一街一品"的园林绿化格局,以不同植物的季相变化构成丰富多彩的景观效果,增强了城市园林景观的色彩感和观赏性。实现了中心城区水管网络全覆盖,同时积极推广的喷灌、滴灌、微喷等节约型园林灌溉技术,既可以节约园林绿化维护成本,又可以适当增加城市湿度,增加城市居民生活舒适感。

2016年"国家园林县城"花落伊旗,伊旗园林绿化水平在国家层面得到了肯定,更体现了中心城区绿地分布相对均衡、绿化结构较为合理、功能基本完善、城市景色优美更适合居住的特点。如今,站在新时代的潮头之上,伊旗的城市建设将继续坚持改革开放,牢固树立新发展理念,紧跟高质量发展的要求,站在新旧动能转换制高点,继续着眼于建设智慧城市、打造优美城市环境,补齐建设短板、完善城市功能、树立城市形象,在辽阔的鄂尔多斯草原上建设一座高品质、现代化的城市。共同携手建设一个"绿色、宜居、品质、幸福"的鄂尔多斯"新浦东"。

伊旗美景

自2016年以来,阿勒腾席热镇中心城区累计投入建设资金520亿元,建成区面积由5.6平方公里拓展到48平方公里,建成市政道路376公里、慢行步道51.8公里,铺设水、电、暖、气等地下管网2736公里,自来水普及率达100%,供热、供气覆盖率达98%以上。建成各类公园广场绿地33处,建成区绿地率47.4%,绿化覆盖率49.2%,人均公园绿地面积94.8平方米,公园绿地服务半径覆盖率达81%,常住人口城镇化率达76.8%。实施"三河两湖"内外循环的环城生态水系工程,形成47.55公里的"五横、六纵、两支流"13条生态水系,城区水域面积20.3平方公里,占建成区面积的42.3%。先后荣获"中国十佳绿色城市""全国文明旗县""国家园林县城"称号。

伊旗,以共建共享为目标打造城乡统筹样板区,率先建成绿色人文宜居城市。率先打造全区乡村振兴样板区,推进城乡公共服务均等化,形成以工业化带动农牧业、以城镇化带动农村牧区,以产业化带动农牧民增收致富的城乡统筹发展新格局。全力创建全国县级文明城市,让伊金霍洛成为本地人自豪,外地人向往的文明之城,幸福之城。

(二)特色文化　增强自信

伊旗拥有悠久的历史和灿烂的民族文化底蕴,拥有古老神秘的文化遗存和浓厚纯朴的民族风情。这里是一代天骄成吉思汗的长眠之地,忠诚的达尔扈特人世代为其守陵,至今已近800年,蒙元文化、草原文化、祭祀文化以及宫廷文化交融贯通。这里还有内蒙古保存最完整的王府——郡王府,有距今4000年的历史仰韶文化晚期至早商时期的朱开沟文化遗址,有保存完好的战国秦长城遗址,有充分体现佛教文化的吉祥福慧寺、公尼召、石灰庙、新庙等众多寺庙。

鄂尔多斯源远流长的以民俗、风情、礼仪为主要内容的民俗民间文化,是成吉思汗祭祀文化的组成部分,也是成吉思汗祭祀文化的延伸。成吉思汗祭祀仪式中的祝词、颂词、祭文、祭歌等诸多内容和表现形式,无不渗透于鄂尔多斯民间歌舞中,使鄂尔多斯民间文化具有独特的风格。因此,祭祀文化和民俗民间文化,构成了成吉思汗陵守陵人丰厚的文化内涵。

近年来,伊旗围绕文化塑旗、文化强旗的理念,将民族文化精髓融入文化建设与城市建设中,打造以成吉思汗文化为核心的独具魅力、富有特色的文化品牌和城市品牌,建设了母亲公园、英雄公园、王府广场等一批极具民族特色而又文化内涵深厚的公园广场。与此同时,伊旗大力发展公益性文化事业,推进文化惠民,以创建国家公共文化服务体系示范旗为契机,规划建设了文体活动中心、村级标准文化活动室等一大批公共文化服务设施。加大文艺精品创作力度,鼓励各类文艺创作,扶持壮大文艺人才队伍和民间文艺组织。文化惠民、文化利民,让伊旗百姓的幸福指数节节攀升。

伊旗音乐节

伊旗大力实施"文旅+"战略,充分发挥"文旅+"的优势,深入推进"文旅+农业""文旅+工业""文旅+教育""文旅+体育""文旅+会展",全力打造全域旅游精品线路,促进文化旅游业与一产、二产、三产深度融合,实现文旅产业与其他产业共融共赢,形成1+1>2的效应,推动单一旅游品牌向多元文旅品牌迈进。

文化与旅游的有效融合,就是要为旅游注入文化的"灵魂"。伊旗围绕文化遗产的挖掘、保护、传承、开发与利用,依托丰富的非遗资源,找准文化与旅游融合的切入点,深入挖掘旅游资源的文化内涵,让非遗传承之路越走越宽。截至2022年,全旗有非物质文化遗产人才传承人30名,传承非物质文化遗产项目54项。诗和远方"牵手"后,伊旗文旅融合的热度持续攀升。漫步在天骄圣地伊金霍洛,其特有的文旅内涵受到越来越多游客青睐,"诗和远方"珠联璧合的热度也逐渐"爆表",成为伊旗文旅产业高质量发展的点睛之笔。

在深化文旅融合创新实践中,伊旗坚定文化自信,发挥文化铸魂、文化赋能作用,坚持以文塑旅、以旅彰文,以优质旅游、全域旅游为引领,以旅游供给侧结构性改革为主线,全面提升文化旅游业整体水平和发展质量,力争把伊旗建设成为全国重要、国际知名旅游目的地,大力促成文化与旅游的激情碰撞和深度融合,带来了文化旅游产业的万千新气象。

蓝图绘就,伊旗将进一步优化发展思路、产业空间和功能布局,改善文旅产品供给,不断开拓文旅市场、开发文旅产品、完善文旅业态、提升文旅品质,发展集观光旅游、休闲养生、文化会展、民族风情等于一体的全要素覆盖的全域旅游,引领带动文旅产业转型升级和高质量发展。

二、精神汇榜样

作为全国造林绿化先进旗县,长期以来,伊金霍洛人前赴后继,与沙搏斗,使这里的面貌得到了根本性改变。

"走进沙窝子,就要叫它变颜色",是全国造林治沙先进单位——伊金霍洛旗新街治沙站原党支部书记王玉珊最质朴的梦想;"要把群众治沙积极性调动起来",是他几十年工作的重点;"我就不信治不住它",是一名共产党员执着的信念。功在社会,利在子孙,造福人类,从1968年起的20年间,他向荒沙宣战,使沙化严重的蒙古族群众聚居地台格庙苏木植被覆盖率达到75%。他带领治沙站职工与沙化严重的11个村联合治沙造林,控制流沙30多万亩,建起了50多万亩的人工绿洲,最终累倒在这片充满希望的地方。

"我是一个最普通的人,我的志向也不大,就是想让这个地方和这里的人的生活变变样。"札萨克镇门克庆嘎查党支部书记阿文色林的"小志向"转换成了实实在在的行动:从1990年起带着嘎查村民一起治沙、致富,一直没有"消停"过,大力争取国家项目,先后7次进行大面积飞播造林,19万亩的荒漠已经变成了连片成块的绿洲,沙柳成林、杨树成海,羊柴、沙打旺、紫花苜蓿郁郁葱葱。

"家乡绿了,我心里高兴。"淳朴的牧民铁木尔巴图,不顾家人反对,

誓言让贫瘠的土地重现生机，从最初用驴车从几十里外驮回100多棵树苗，树栽好又被刮倒、刮倒后再挖再种，一个沙梁最多栽过5次，到近30年后的今天承包3000多亩荒地，他依然披星戴月，干劲十足。

正是王玉珊、阿文色林、铁木尔巴图这种薪火相传、誓与黄沙斗的精神，让伊旗生态状况实现了由初步遏制向整体遏制、大为改善的历史性变化，全旗森林覆盖率和植被覆盖度分别达到37%和88%，呈现出"生态恢复，经济发展，生活富裕"的大好形势和多赢局面。一个个企业倾情投入，一代代治沙人不断涌现，接力谱写绿色新篇章。这些植绿楷模是鄂尔多斯的"全民偶像"，他们的精神更是成为鄂尔多斯精神的一部分，润泽后世。

第四节　景观效益增"美"

一、城市：水在城中、城在绿中、人在景中

（一）党的十九大以来构建生态宜居环境

2018年起，伊旗在城市建设中秉承"全区域规划、分层次开发，品质化提升，精细化打造"的原则，升级改造城市水系、城市景观、主题公园、城市绿道、慢行小道……增强休闲、旅游、文化娱乐功能设施，使公共空间最大程度地服务于民，精准构建"水在城中、城在绿中、人在景中"的生态宜居环境。

伊旗启动建设"三河两湖"内外循环的环城生态水系，始终坚持水安全、水环境、水文化、水景观、水经济整体配合、相互促进的思路，形成因水成街、因水成路、因水成景、因水成园的架构体系，为城市居民创建优美的滨水环境。打造过程中注重水景观与文化、生态旅游、人居指数相结合，以城市景观塑造为突破口，融汇伊旗历史文化底蕴，实现环城水系每一段都能体现文化神韵，展示人文精神，为城市的未来留下精彩而宝贵的城市文化财富。

"富有之谓大业，日新之谓盛德。"伊旗在做好新形势下的城市工作时，不断更新思想观念、创新发展路径。树立系统思维，从构成城市诸多要素、结构、功能等方面入手，充分释放水资源价值和循环利用，对外树立形象、对内凝聚人心。

伊旗"三河两湖"内外循环的环城生态水系建设工程,主要包括掌岗图河道综合治理工程、东西红海子河道综合治理工程、排洪沟综合治理工程三大工程。其中,排洪沟综合治理工程全长4468米,水域面积为50万平方米,分为8个区。随着疏干水正式注入城市景观河道,标志着伊旗城市水系综合治理工程实现主体工程竣工。

从环城水系建设、水岸新城综合环境整治、景观绿化提升、市政路网改善、公共服务提高、安置房源推动、特色街区打造和道路交通工程等八个方面,实施106项城市重点建设项目。城市水系综合治理工程作为伊旗的重点民生项目,该项目根据中心城区地形地貌特点,全面优化水资源配置,利用丰富的西部矿区疏干水资源作为水源补给,全面激活城市水系,着力打造城市的湿地绿肺和全域旅游的金山银山。

水系的建设,实现人均新增水域面积13.1平方米,中心城区水域面积达到1940万平方米,既全面提升了城市生态宜居品质,又降低了园林绿化建设和管护投入,既有效提升了城市中水和矿区疏干水的综合利用率,又促进了河湖水质环境的净化改善。后期结合水域配套建设亲水、嬉水设施,风情水街、高端餐饮娱乐等配套设施,集聚人气、商气,有效带动周边商业的启动、升值,提升伊旗的经济活力,实现经济效益、生态效益、社会效益的共赢。

人是城市中最活跃的因素,城市发展的核心在人。伊旗认真践行以人为核心的新型城镇化理念,坚持以自然为美推进城市建设,以"绣花"功夫推进城市精细化管理,建设连接"三河两湖"、内外循环的环城生态水系的同时,提升城市功能、景观再造、美化城区环境等措施也同步进行,打造"水在城中、城在绿中、人在景中"的生态宜居环境,建设宜居宜业宜游品质城市。对地区生态环境优化、空气湿度调节、空气质量改善也起到了积极促进作用,可以从一定程度上缓解地区居民较为普遍的"鼻炎"现象,也为发展医疗保健、康复护理、疗养度假、旅居式养老等产业和实现全域旅游创造良好的自然生态条件。同时可以提高各类水源综合利用率,促进河湖水质净化改善,解决"缺水又弃水"的难题。打造优美的城市环境,完善城市功能、树立城市形象,在广袤的鄂尔多斯草原上建设一座高品质、现代化的城市明珠。

补齐城市短板,提升城市服务功能。补市政路网短板,实施市政路网提升工程16项,包括公园路、滨海西路、柳沟河南街等13条市政路网及天佐、亚峰和福顺源3大棚改片区路网提升项目。同步在15条主干道路及主要景区逐步建设人行步道、自行车道、景观绿道等慢行交通体系。通过不断完善市政路网、慢行交通体系,创造便民、亲和的出行环境,激发绿色健康出行热情。补公共服务短板,实施公共服务提升工程36项,新建、改扩建蒙古族中学、市一中分校等13所学校,并合理布局公共厕所、公交站亭,规范道路标识、隔离护栏。通过充实教育资源、改善服务设施,解决大班额、如厕难、标识混乱等问题,提升城市服务能力。同时重点对水岸新城市政路网、铺装硬化、公共配套等进行完善,逐步打造城市公共服务便利性和功能性。

伊旗水在城中

中央城市工作会议指出,城市工作是一个系统工程。要坚持集约发展,框定总量、限定容量、盘活存量、做优增量、提高质量,立足国情,尊重自然、顺应自然、保护自然,改善城市生态环境,在统筹上下功夫,在重点上求突破,着力提高城市发展持续性、宜居性。伊旗城市建设,秉承遵循自然规律,体现人文情怀的格局,将水的价值释放,环城水系建设、提升城市功能、景观再造、美化城区环境一体化协调推进,实现一次建设,互联互通,既有效果又有效率的城市建设准则。

骏马驰骋天骄地,城市亲水万象新。城市承载着对美好生活的向往,也检验着经济社会发展的质量和水平。伊旗推动以水为核的城市建设,是一场北方城市发展新的革新,同时推动伊金霍洛绿色可持续发展,开创了城市发展新局面。

(二)党的二十大以来构建山水田园小镇

党的二十大报告提出,加快实施重要生态系统保护和修复重大工程,实施城市更新行动,打造宜居、韧性、智慧城市。鄂尔多斯市委提出构筑"四个世界级产业"、建设"四个国家典范"、打造"四个全国一流"目标,要求着眼打造现代化公园城市,全面展现实力、活力、绿色、宜居、幸福鄂尔多斯的亮丽名片。伊旗通过"六化"同步一体谋划,探索生态与城市协同、公园与城市相融的全新实践,以实际行动推动党的二十大精神在基层落地生根、见行见效。

伊旗园林绿化工作在建设品质城市、公园城市过程中,秉承"舒展大气""精美秀气""亲水灵气"的理念,坚持"入城相悦、产城相融",将生态园林建设同城市经济、社会发展有机结合在一起,努力建设更加亲民便民的城市功能,营造更加舒适优美的城市环境,打造获得感更足、安全感更强、幸福感更充实的宜居、宜业、宜游幸福公园城市。伊旗建成各类公园广场绿地32处,道路绿化96条,绿道及慢行步道51.88公里,绿化管护面积达6800万平方米,中心城区绿化覆盖率达48.2%,绿地率达

216

伊旗园林绿化

46.8％，人均公园绿地面积达52.61平方米，基本实现居民步行300米见绿、500米见园。

1. 理念生态化

伊旗深入践行"绿水青山就是金山银山"的理念，秉持"园中建城、城中有园、城园相融、人城和谐"的规划思路，在生态文明视野下重塑风景园林，布局高品质绿色空间体系，依据客观实际，因地制宜，因林施策，合理搭配乡土树种和外调品种，将适应性广泛、抗逆性强、季相变化丰富多彩、特色景观十分明显的植物作为城市绿化的主基调和骨干树

伊旗城在绿中

种。有效合理利用原有的文化街区、公园街道、历史建筑、古树名木等各种自然资源,将城市历史传承与生态文明建设有效融合,使园林不仅仅具有观赏价值,同时可以改善居民的生活环境,提升市民生活质量,体现城市魅力,确保城市和生态的可持续发展。

2. 管理数字化

全面推行"用水智能化、植保自动化、修剪机械化、除草科学化"的智慧型园林绿化管理服务体系。注重利用数字技术、网络技术、数据共享等新型信息技术手段来建立创新型的数字化管理系统从而辅助决策园林绿化的数据动态管理。推行园林灌溉在线实时控制,累计建成中水、疏干水管线1230余公里、微喷300余公里、安装喷头近13万个,阿勒腾席热镇中心城区主要街道和公园实现中水灌溉全覆盖,实现用水方便、高效运行。利用无人机进行植保药物喷洒,省药省时省力。推行园林机械化整形修剪,与四川国光研究所等科研机构合作,研发了"定制除草剂",提高植保作业效率。分别在札萨克镇、红庆河镇、阿勒腾席热镇自主建设了3处约2000亩智能温室苗圃基地;于乌兰木伦景观湖公园、阿吉奈公园安装智慧庭院灯各1处;优化升级阿吉奈公园、廉政公园健身设施,安装智慧健身器材17套,打造智能步道1处。

3. 项目特色化

根据城市禀赋和功能定位,站在"国家园林县城"的起点上,致力于为群众打造"推窗见绿"的"家门口"公园,让城市发展更有温度,人民生活更加殷实,本着市民百姓需求为导向,重点对阿吉奈公园、廉政公园、乌兰木伦景观湖公园进行改造升级和主题塑造。打造花海主题游园2处。同时在城市金角银边、街角空地建设了26处"绿量充沛、尺度宜人、景观优美、设施完善、全龄友好"的口袋公园和"小微会客厅",推动了生态空间和社区空间的有机融合。按照"一园一主题、一园一风格、园园有故事"的目标,将"城市中的公园"升级为"公园中的城市",将生态环

伊旗街角景致

境与景观艺术有机地结合,以搭建多元绿化场景和特色公园城市为载体,形成人与自然和谐共生新格局,切实让群众在城市绿色空间中享受到高质量的公共服务,让"绿色资源"真正变成百姓的"生态福利"。

4. 城市园林景观化

伊旗坚持"文化建园"的原则,本着"源于自然、超于自然"的理念,注重文化元素和绿化景观协调搭配,挖掘文化内涵,提高城市品位,在植物配置过程中,讲究科学性和艺术性,实行乔、灌、草、藤在时间、视觉效果及观赏角度等方面的差异配置与搭配,着重植物色彩的季相变化,营造"三季见花,四季常绿,天天可观赏"的景观效果,形成多品种、多色彩、多形态的空间立体配置,不断增加绿地,提高绿量,丰硕绿貌,达到栽植简单省工,成活率又高,还便于管理,生态美与艺术美和谐统一的园林格局。坚持用战略的眼光审视城市园林建设,通过以绿营城、以水润城,将城市园林景观打造成一幅具有时尚元素、别具匠心的诗意画卷。构建"一轴、一带、两环、多连""天骄绿道"系统,用绿道串联起公园广场、文体商服等设施,统筹协调园林绿化向景观化、现代化、智慧化、

219

伊旗生态园林一隅

低碳化迈进,着力打造城市内部能够强化居民归属感、优越感的园林景观,提升市民文化素养和城市文明程度,打造外部可强化城市影响力、竞争力的景观园林,提升城市的知名度和美誉度。

二、乡村:美丽与乡愁共舞

（一）苏布尔嘎——农牧强镇焕然一新

新时代以来,苏布尔嘎镇在伊旗委、旗政府的正确领导下,全面贯彻落实党的各项方针政策,坚持以打造"农牧业产业品牌镇、文化旅游特色镇、生态建设示范镇、富裕文明和谐镇"为目标,举全镇之力实施以智慧苏布尔嘎、草原文化旅游业为两翼,以打造绿色农畜产品输出基地为一体的"两翼一体"战略,全力推进现代农牧业、草原文化旅游业、劳务服务业、精准扶贫、美丽乡村建设等各项重点工作,攻坚克难、创新实干,经济社会各项事业取得了良好的成绩。

截至2022年,全镇累计实施C级危房改造4781户,D级危房改造1251户,危房户全部喜迁新居;实施安全饮水工程18处,127个社通自来水,其他社实现安全饮水;实施农网改造170公里,延伸高、低压365.4公里,实现社社通动力电;新修通村公路393.1公里,通村砂石路294.2公里,街巷硬化98.2万平方米安装"通"地面数字卫星接收器4876套,安装

"村村响"大喇叭27处；新建标准化文化室17个；新建卫生室10个；新建、改建便民连锁超市16个。过"打点造册零补偿"的方式，拆除破败建筑3800处，人居环境全面改善。进一步完善了村规民约和《苏布尔嘎镇环境卫生后续管理督查考核细则》，按照100x+2000y+300z（x指常住农牧户数，y指社数，z指新修通村油路公里数）的标准，为各嘎查村核定了后续管理资金，逐步建立了农村牧区环境"集体建设、众人管理、互相监督"的后续管理长效机制，农村牧区整体面貌发生了翻天覆地的变化。

新时代以来，始终把改善民生作为根本目的，着力强保障兜底线，优化落实民族宗教政策，实施少数民族安居工程72处；高度重视文化体育事业发展，新建百姓大舞台16处；为嘎查村草原书屋配备图书3.5万册；加强卫生和计生规范化管理，落实各级奖励扶助政策；精神文明创建工作不断加强，累计开展各类大讲堂375次；评选"美丽庭院"示范户35户，"十星级文明户"121户，"好家风"文明户4户。苏布尔嘎镇在加

苏布尔嘎查美景

快转变经济发展方式上迈出了坚实步伐,农牧民人均可支配收入达到12139元,年均增长达7.9%。先后荣获"国家级生态乡镇""全区环境优美乡镇""自治区特色景观旅游名镇"和"全市民族团结进步模范集体"等殊荣。苏布尔嘎嘎查荣获"全国文明嘎查村"称号,敏盖村荣获"全区文明村镇"称号。

(二)红庆河——绿色黍乡幸福美满

40年前,红庆河镇只是一个小乡村。那时到处都是土坯房,村间都是坑洼的土路,即便是镇区的主街道也是一条窄窄的砂石路。因为交通不便,村户之间距离较远,富裕家庭尚有一盏玻璃灯泡,贫苦家庭只能靠蜡烛照明,所以一到夜晚,整个村庄都沉浸在一片黑暗中,那些烛光映射出的是贫穷落后的生活。

红庆河镇抓规模、调结构,促进现代农牧业提档升级。夯实产业发展基础。仅2017年就累计投入6100多万元,改造高低压线路207.5公里,安装变压器59台,建设深机井30眼,实施农业综合开发项目1900亩,退耕还草项目4090亩,基本口粮田项目建设1000亩。新建羊棚、储草棚、草粉库、精料库等现代养殖业配套基础设施178处。通过涉农涉牧项目和资金的支持,农牧业发展基础得到进一步完善,综合生产能力进一步提升。

红庆河镇结合近年来全旗全域旅游发展定位,着力强基础,优环境,确立"乡村休闲观光旅游+红色旅游"引领全域旅游的发展思路,并不断加大项目建设力度,完善旅游基础设施建设。挖掘保护红色革命资源,积极申报以乌兰夫"新三师政治部旧址"为主题的红色教育基地建设项目,现在已经将该项目列入全旗红色旅游发展规划,规划设计前期工作已经基本完成。同时,加大对蒙泰庄园、马奶湖、庆丰源、云东设施农业园区等旅游项目的引导扶持力度,使旅游环境持续优化,积极争取公共旅游服务设施配套。

为了改善农村人居环境,建设美丽宜居乡村,红庆河镇开展了人居环境整治"绿化美化、去库存"专项行动。按照"干干净净、整整齐齐"的要求,进行农村环境卫生"大起底、大整治、大提升"。在乌兰淖尔、巴音布拉格、白格针、林家圪堵等16个村开展了乡村绿化美化、去库存等项目共计3万多亩。

自乡村振兴和环境卫生综合整治工作开展以来,红庆河镇一直以构筑美丽乡村、改善人居环境、提升农村牧区形象为目标,持续加大公路绿化投入,在辖区道路范围内高标准开展苗木新植、补植等工作,全力打造高规格、大绿量、多色彩的绿色生态长廊,实施了乌阿线、公纳线、安纳线、输干水沿线约65公里绿色长廊工程。

全面落实环境整治资金保障。围绕镇区、主要道路沿线,开展环境无死角清理活动。完成全镇新建通村公路两侧重要节点绿化、义务植树任务8000亩45万株。有序推动河长制落地生根,河长公示牌全面"上岗"。加大农村牧区综合执法力度,重点整治集镇区和沿路沿线私搭乱建、乱停乱放现象,重拳整治辖区违法放牧、开荒、采砂行为。镇区总体环境面貌显著改观。

(三)全域旅游下的伊旗——美丽乡村景相融

中国一直推崇"慢文化",日出而作,日落而息;躬耕南山,采菊东篱;游牧草原,逐马牛羊;名仕风流,低吟浅唱;听花开花落,看云卷云舒;望星空璀璨,看日月变换……一直是先贤们为我们描绘的一种美好而轻松的生活状态。闲适来源于自然,自然扎根于乡村。

党的十八大以来,伊旗深化文旅融合、撬动重点项目、创新文创产品,让"诗和远方"牵手,实现规模和发展速度双增长、质量和效益双提升,产业因旅游而兴,百姓因旅游而富。仅"十三五"期间,伊旗累计接待游客达1833.34万人次,旅游业综合收入203.29亿元。

在2017年的全国两会上,李克强总理在政府工作报告中明确提出,要"完善旅游设施和服务,大力发展乡村、休闲、全域旅游"。通过大力发展乡村旅游助推美丽乡村建设、扶贫脱贫攻坚,已经形成广泛的社会共识。乡村旅游不仅是改造自然的典范,也是城乡一体化发展综合开发的样板,更是当下大力发展全域旅游可资借鉴的思路和模式。在经济新常态下,随着伊旗产业结构调整的加速,在全域旅游不断推进过程中,伊旗立足资源禀赋,借助经济转型的春风,打造美丽乡村构建体系,完善乡村旅游在"全域旅游"发展中以点带面的聚力作用,经过对八个特色乡村整体旅游模块化建设,使原本沉寂的村落与自然风光变成最具吸引力的旅游资源,让乡村民风、民俗、民情成为乡村旅游最好的支点,点缀伊旗全域旅游发展画卷。

伊旗文化和旅游产业发展呈现规模扩大、转型加快、活力增强、品牌彰显的良好态势。公共文化服务体系日趋完善,旗图书馆改造工程全面完工,建设数字文化馆,近150个公共文化服务场所全部免费开放。艺术创作生产成果丰硕,旗文化馆被评为"国家一级文化馆",乌兰牧骑被评为"全区一类优秀乌兰牧骑",20个剧目获中宣部"五个一工程"奖,推送的原生态民族音乐会入选国家文旅部"百年百部"重点扶持作品名单。文化遗产保护水平稳步提升,全旗累计公布各级各类非遗代表性项目62项,非物质文化遗产传承人38人,自治区级文化艺术之乡1个。文旅产业质效更加凸显,完成6条精品线路的策划,22个重大文化旅游项目建设,2020年,伊旗被纳入自治区级全域旅游示范区创建名单。群众性文化活动精彩纷呈,组织开展"四季文化"群众文化活动、举办承办区域性大型活动好评如潮,惠及群众95万人次。现代服务业提质扩容,银基太阳城、双满福源、景宏天清等酒店启动运营,肯德基、必胜客、居然之家等知名连锁品牌入驻,举办"大美绿城伊金霍洛"等系列文旅活动。开行鄂尔多斯至莫斯科中欧班列。成功入选"全国电子商务进农村示范县"。

伊旗城市一角

2021年12月,内蒙古自治区按照《国家全域旅游示范区验收、认定和管理办法(试行)》《国家全域旅游示范区验收标准(试行)》要求,自治区文化和旅游厅开展了第三批自治区级全域旅游示范区评定工作,伊旗被认定为第三批自治区级全域旅游示范区。

1. 办好冬季冰雪节

2020年以来,伊旗紧紧围绕打造国家西部享有盛誉的全域旅游目的地为发展目标,按照全景、全业、全时、全民发展思路,办好冬季冰雪节。冰雪节,作为伊旗冬季体育旅游系列活动的开篇,将旅游、体育和民族文化进行了有效的融合,不仅展示了草原城市的冬季魅力和冰雪风光,还引进了新兴的冰雪节庆项目,"冰雪+旅游+体育""冰雪旅游+城市休闲度假游+健康养生游+民俗体验游+祭祀文化游"等模式,进一步推进伊旗体育旅游业的融合与发展。"梦幻雪世界,欢乐冰雪节""冰雪嘉年华""圣火文化惠民季暨冰雪那达慕"等冬季文化旅游特色系列活动,让游客在寒冷的冬季,走出家门,感受冰雪的魅力,释放冬日的活力。

2020—2022年,伊旗在传统滑雪项目基础上新增了戏雪乐园和滑冰乐园,游客可以乘坐雪地摩托尽情驰骋,更有适合孩子的冰上自行车、狗拉雪橇、雪地转转等游乐项目,还有为家庭游客提供的亲子娱雪专属场所,还有精彩的节目表演,卡通玩偶和孩子们亲密互动,更有雪地篝火、有奖问答活动。"冰雪嘉年华"活动为期3个多月,相继开展冰雪体验游、书画摄影展、新春音乐会、体育运动会等多项活动,内容丰富多彩,群众参与性、体验性强。

为丰富伊旗冬季文化旅游项目和产品,围绕"全域旅游、体验旅游、全时旅游"的目标,坚持"本土风格接地气、吸引游客要体验、举办活动出亮点"的原则,开展突出地方民族特色系列活动,培育冬季文化旅游产品和客源市场,有效拉长旅游季节;逐步形成旺季火爆、淡季不淡、四

传统滑雪项目

季皆游的格局,实现旅游"拉动产业、集聚人气、带动商业"的目的,促进全民健身,提高全民身体素质。

2. 开发和传播红色文化

红色资源利用好,红色传统发扬好。伊旗在城市、景区提升改造以及规划设计中将蒙元、民俗、煤炭、红色文化、鄂尔多斯创业精神等文化品质植入景区、影视、景观小品等,让一花一草、一街一景、一城一筑都充分彰显文化内涵和浓郁风情。一是成立旅游文化挖掘小组,通过聘请专家对伊旗旅游资源的文化内涵进行挖掘整理,以及对云南、栾川等旅游发展成熟地区最具代表性的案例进行深入研究,为伊旗旅游业发展提供决策参考服务。二是加大旅游文化表现形式的创新,将各重点景区分类进行文化分析,为其注入文化元素,如影视拍摄、文学创作等表现形式,特别是鄂尔多斯文化产业园区影视基地影视拍摄,将蒙元文化与民族风情有机结合,用影视拍摄的形式对鄂尔多斯文化产业园区进行极富内涵的全景展现。三是组织专家、学者深入挖掘伊旗红色旅游资源,编写《伊旗红色资源手册》,精心策划和包装成吉思汗陵、郡王府、乌兰夫工作旧址、蒙政会旧址、蒙政会、独贵龙运动、"3·26"事变等红色旅游产品,纳入鄂尔多斯红色旅游线路里,促使红色旅游计划落地生根,实现伊旗红色旅游景区开花结果。

3. 多元发展　建设秀美田园

2017年2月5日,21世纪以来指导"三农"工作的第14份中央一号文件发布,题为《中共中央、国务院关于深入推进农业供给侧结构性改革加快培育农业农村发展新动能的若干意见》。"田园综合体"概念首次被写进中央一号文件,文件解读"田园综合体"模式是当前乡村发展新型产业的亮点举措。随后,内蒙古等18个省份开展田园综合体建设试点。

文件中第16条明确指出:培育宜居宜业特色村镇。围绕有基础、有特色、有潜力的产业,建设一批农业文化旅游"三位一体"、生产生活生态同步改善、一产二产三产深度融合的特色村镇。支持各地加强特色村镇产业支撑、基础设施、公共服务、环境风貌等建设。打造"一村一品"升级版,发展各具特色的专业村。支持有条件的乡村建设以农民合作社为主要载体、让农民充分参与和受益,集循环农业、创意农业、农事体验于一体的田园综合体,通过农业综合开发、农村综合改革转移支付等渠道开展试点示范。深入实施农村产业融合发展试点示范工程,支持建设一批农村产业融合发展示范园。

田园综合体作为休闲农业、乡村旅游的创新业态,是城乡一体化发展、农业综合开发、农村综合改革的一种新模式和新路径,以农民合作社为主要载体,让农民充分参与和受益,集循环农业、创意农业、农事体验于一体。田园综合体或许是城乡融合、乡村振兴最好的模式。

4. 查干柴达木——一草一木,原乡记忆

查干柴达木为蒙古语,汉语意为"白色的枳芨滩",因村内的湿地草

查干柴达木——原乡记忆

原有连片的芨芨草而得名。该村始建于清朝末年,由陕西农民到内蒙古开垦开荒搬迁至此。查干柴达木村民居多为陕北风格建筑,"红顶起脊房、黄泥土髯墙、原木栅栏场、花格木门窗"是这个村庄最为原始的生态记忆,因此在村庄规划中以"熟悉的味道、记忆中的村庄"作为旅游村容村貌改造的主题,在保持这些原生态风貌的基础上,进一步深挖陕北农村民俗文化和草原游牧文化的结合与传承,打造"走乡间小路、听村庄故事;住村民小屋,品传承美味"的旅游品牌。

查干柴达木村将发展定位确定为草原户外休闲乡村,形象定位为蓝天白云下的骑游部落,分为三大功能区:亲水娱乐采摘、户外休闲营地、特色牧家民宿。依托采摘、亲子农事等活动与自驾车旅游,在草原环境下开展户外休闲乡村旅游;以骑马、自驾、露营、徒步旅行等内容来体现骑行部落的主题。传统文化、自然风貌、质朴生活、特色民俗,展现给游客的是一种只关乎自然、宁静、人文的生活方式,一种全新的体验之旅。

美丽乡村记忆

　　黄土地的厚重之色融成村子的主色调,整齐的篱笆墙、艳丽的红灯笼、门边的老玉米、墙角的旧农具,墙头的瓷罐罐、远处袅袅的炊烟与庄稼的悠绿相映成趣,四野安静中整齐的树木与悠闲的动物相依相伴,俨然一幅原真的生活场景展现眼前,农家乐里绿色食品烹饪的菜肴伴着纯净的香气,诉说着不老的时光传奇。

　　5. 苏布尔嘎嘎查——吉祥牧场,祈福之旅

　　苏布尔嘎嘎查是以草原旅游与农牧业相结合为主的蒙古族居多的嘎查。鄂尔多斯保留最为完整的原生态游牧草原——苏泊罕大草原就位于此地。苏布尔嘎草原上的七旗会盟文化、蒙藏宗教文化、敖包祭祀文化造就了独特的草原品质。属于温带干旱草原向干旱荒漠化草原过渡带,泉水,丘陵,草甸和灌木构成了这里的主要植被环境,遗鸥和白天鹅在美丽的伊克尔湖中悠闲地游弋。999座寓意爱情的玫瑰蒙古包毡房赋予了这片历史故地以浪漫的气息。

苏布尔嘎查——吉祥牧场

　　沿着水草茂盛的方向往南深入,便能看见远近闻名的苏布尔嘎白塔,藏式佛塔建筑。白塔前有108个转经筒。经转一周等于读诵经文一遍,寓意着诵读了百遍经文。白塔旁边是苏布尔嘎庙至今香火未断。穿行于苏泊罕大草原中,来到白塔前走遍转经筒长廊,在苏布尔嘎庙为诵经祈愿,才能真正体会"半绿草秋黄,遥望铺天际"里传递出来的蒙古民族的神圣传奇传说以及此地浓郁的蒙藏宗教氛围。

　　6. 花亥图村——山水庄园,休闲村落

　　乌兰木伦镇花亥图村交通便利,具有丰富的原生态农牧资源。也是呼吸新鲜空气的天然氧吧。花亥图村海滩社以打造休闲旅游为主,发展以农牧业为特色的城市周边游产业。村内地势平整,植被覆盖良好,凉亭、木桥、木屋曲径通幽,假山、水系山水相依,微波荡漾。中心处还修建了特色农家小公园与儿童游乐场。虽然与城市近在咫尺,却隔离了城市的浮躁,屏蔽了城市的嘈杂,让游客享受一份难得的幽静、纯美

花亥图村——山水庄园

和惬意。

走进花亥图村,顿觉眼前一亮,平坦光鲜大道直向远方,路旁一排排特色的房屋跃入眼帘。宽敞的农家庭院,错落有致。是农村中的城市,田园中的公园。美丽的田园与周围的绿茵映衬着蓝天,山水环绕,环境优雅,空气清新,垂钓怡情……

伊金霍洛乡村游是一种精神享受,一种"慢生活"的态度。它能使我们丰富而开阔,并能真正地理解在快慢、张弛、疏密、得失、成败、忙闲之间从容而淡定的人生之道。伊金霍洛乡村游,快乐出发的心之旅。

三、矿山:美丽矿山花香四溢

伊旗充分发挥大型驻地企业优势,按照"示范引领、统筹推进"的总体思路,实施辖区煤矿采煤沉陷区生态修复"一矿一策"规划编制。已建成47座国家和自治区级绿色矿山。针对32平方公里复垦区,选取乌兰集团荣恒和满来梁2座煤矿作为试点示范推进,完成复垦治理超过10500亩,逐步推动形成"生产—排土—治理—复垦—绿化—产业"为一体的良性循环。针对30.6万亩采煤沉陷区,选取蒙泰满来梁和伊泰大地精2座煤矿作为试点逐步推开,与村集体经济建立利益联结机制。寻求绿色矿山的创新发展。

(一)满来梁露天矿复垦区治理

乌兰集团满来梁煤矿自建矿开采以来,一直树立并坚持绿色发展理念,为实现生产经营全过程的"绿色",煤矿建立健全以矿长为领导的"绿色矿山建设工作机制",乌兰集团历来高度重视生态文明建设和环境保护工作,不断加快绿色矿山建设脚步,做好矿区生态保护和综合治理,坚决打好污染防治攻坚战,全力推进生态文明建设和环境整治工作。满来梁煤矿持续投入生态矿山的建设,已复垦6115亩,绿化5815亩。在排土场平盘内植树12600余株,种植草苜蓿2940亩,种植沙棘95万株,边坡种植沙柳网格118万延长米,建设3台大型移动式喷灌设备。

硬化、绿化改造后效果

进场公路原状

满来梁煤矿场区

复垦绿化效果十分显著,逐年绿化率都能达到95%以上。

煤矿已利用回填区治理成片农田3500余亩,回填复垦区总计绿化面积达1.4万亩,种植苹果、杏树等植物5万余株,年产生猪1万余头,牛、羊、驴等牲畜4000余头(只),实现了回填后区域种养殖全覆盖。

(二)荣恒煤矿创造最美底色

乌兰集团荣恒煤矿,属国家高产高效特级矿井和安全生产标准化一级矿井。过去这里土地贫瘠,沟壑纵横,水土流失严重,煤矿通过边开采边治理,根据原有的地形、地貌、植被等自然条件,经过覆土整形、植

被重建、喷淋灌溉后,栽种果树、种植农作物等,不仅让曾经的荒山荒坡、沟壑深渠"整容美颜",也达到了"四季常青,三季有花",瓜果蔬菜更成为煤矿工人餐桌上的绿色食品,土豆、萝卜还成为不少知名餐饮行业的重要食材。

　　荣恒煤矿为了更好地践行"绿水青山就是金山银山"的生态文明理念,在排土场的平面种植紫花苜蓿,边坡上种植沙棘和沙柳网格,用于防风固沙。同时种植这些草用于养殖牛、羊、猪、鸡、驴等牲畜,种植的花用于养殖蜜蜂,牲畜养殖所产生的粪便作为有机肥撒到农耕地里进行土地培育和种植,丰收的农作物也能走上广大员工的餐桌,从而形成种养殖循环经济体系,逐步由矿山"绿起来"到"绿色矿山",最终形成整体绿色产业。除此之外,荣恒煤矿立足资源优势、产业发展优势,建立地方企业与农牧民利益连接机制,将复垦绿化后的土地归还给当地农

荣恒煤矿修复前

荣恒煤矿修复后

牧民后,再进行返租,近两年共返租土地1.14万亩,农牧民从中受益2000多万元。

荣恒煤矿同时也对复垦区内进行生态整治。经过整治沟渠、覆土整形、植被重建、喷淋灌溉后,栽种的绿化树木和经济农作物,让曾经的荒山荒坡、沟壑深渠"整容美颜"。乌兰发展集团还投入大量资金,回收利用矿井水,升级改造成节能燃煤锅炉,重新利用煤矸石,实现了循环综合利用、变废为宝。

(三)满来梁煤矿沉陷区治理

蒙泰集团满来梁煤矿位于伊旗纳林陶亥镇满赖村,长久以来的干旱少雨和水土流失,给人们留下的是生态脆弱、植被稀少、沟壑纵横、地表支离破碎的记忆。如今,漫步在煤矿的四周,呈现在面前的是道平路阔、草木葱茏、桃红柳绿的新景象。

蒙泰满来梁煤矿投入大量资金,重新修缮进场公路,提升进场公路道路两侧的整体绿化,对矿井污水进行中和净化处理,开发荒地种植经济作物。目前,煤矿采空区内植被覆盖度达到80%以上。2021年1月,自然资源部公布了2020年度通过遴选纳入全国绿色矿山名录的矿山名单,蒙泰满来梁煤矿榜上有名。

荒沟变良田,荒坡变田园。多年来矿区积极践行"绿水青山就是金山银山"的理念,投入大量真金白银,推进以矿山生态修复治理为基础的绿色矿山建设,其中先后为满来梁煤矿投入资金近亿元。煤矿因地制宜,立足实际,根据原有的地形、地貌、植被等自然条件,经过填埋沟渠、覆土整形、重建植被、喷淋灌溉等一系列的整治,让一个个沟壑变成了一块块良田,那些光秃秃的山头改造成群众登高望远、休闲观光的"景点"。一条条笔直宽阔的柏油路,取代了曾经崎岖不平的羊肠道,成为企业发展的安全路、群众致富的幸福路。

荒山变青山,矿区披"绿装"。荒坡沟渠平坦了,还得让土地焕发生机,产生效益。煤矿根据矿区地质特征,对平整好的土地、复垦区、排土场进行了科学规划,采取宜耕则耕、宜林则林、宜草则草的办法,或植树或种草,绿化复垦土地6400多亩,在平盘道路两侧种植樟子松、侧柏、桧柏等33000余株,紫花苜蓿3000多亩,在排土场边上栽种沙柳网格80万

满来梁煤矿修复前

平方米。同时建设了大型喷灌设施、铺设了滴灌管网、加装水肥一体化
设备,利用了处理合格后的矿井水作为灌溉用水。通过治理,生态环境
得到了极大的改善,野鸡、野兔等野生动物随意穿行,一幅人与大自然
和谐相处的生态画卷跃然眼前。

"绿水青山变为金山银山。"满来梁煤矿经过反复调研论证,从2020
年开始,利用复垦区发展沙棘产业,现已种植1600余亩品种优良的深秋
红大果沙棘,形成了优质沙棘种植基地,2022年已采摘沙棘果15000斤,
进行冷冻贮存,开始制作沙棘果汁、沙棘油。

蒙泰集团成立了高质量发展研究中心,与内蒙古农业大学合作开展
"露采矿排土场高效植被建设关键技术研究与示范项目"和"菌草产业
化成果推广应用与技术创新项目",在满来梁煤矿复垦区首种了240亩
菌草,已收割200多吨,实现产值12万元。这一项目被中国林业科学研
究院沙漠林业实验中心认定为填补了鄂尔多斯矿山植被建设乃至于全

满来梁煤矿种植沙棘

国矿山植被建设的空白。

多年来,伊旗坚持绿水青山就是金山银山理念,牢固树立生态优先、绿色发展导向,深入打好污染防治攻坚战,生产方式和生活方式更加绿色,森林覆盖率和植被覆盖度稳步提高,森林蓄积量和生态系统碳汇能力不断增强,山水林田湖草系统治理水平全面提升,绿色矿山建设深入推进,能源资源配置更加合理,节能减排治污力度持续加大,生态建设走在全国资源型城市前列,全面提升城市生态环境品质,建设人与自然和谐共生的美丽家园。为全市、全区推动"碳达峰、碳中和"做出积极贡献,也为祖国北方重要生态安全屏障伊金霍洛防线更加牢固。

伊旗创造的一个绿色奇迹,不仅是一片赏心悦目的绿色,一个资源型城市绿色发展的样本,更是一种科学改造自然、重塑秀丽山川的理想、胸怀和希望。蓝天为卷,碧草为诗。在祖国北疆,鄂尔多斯伊金霍洛旗正在绘制一幅生态之城的壮美蓝图,让"鄂尔多斯生态"这张世界名片更加闪亮。一个绿色、壮丽、开放的伊旗正向着新征程奋勇前进。

蒙泰满来梁煤矿种植菌草

第六章
伊金霍洛绿色精神

第一节　治沙大户　引领示范

一、绿了荒沙白了头——记内蒙古伊金霍洛旗补连花亥图村"治沙迷"　马鸡焕

马鸡焕做梦都想绿:绿山、绿水、绿沟、绿源。他年复一年痴迷于植树种草,就是要给家乡营造一方秀美的山川。

年逾六旬的人了,头发几乎全白了,可是他还在念念不忘造林治沙,有人叫他"治沙迷",有人称他"老愚公"。

从20世纪60年代初开始,马鸡焕带领着全家人一镢一锹地造林治沙,一干就是35年,终于在茫茫沙海中营造了一块万亩绿洲。

马鸡焕土生土长在鄂尔多斯市伊金霍洛旗补连乡花亥图村海滩社。海滩,这是个多么富有诗意的名字。然而,在60年代这里却是一方风沙肆虐的不毛之地。风沙,害得人们叫苦连天!有的离乡背井,有的望沙兴叹⋯⋯

吃尽了沙化苦头的马鸡焕认定了一条真理:只有变沙化为绿化,才是海滩人唯一的出路。时年25岁的马鸡焕,荣幸地当上了花亥图村水保队队长,挑起了治理5000亩荒漠的重担。他在党支部的支持下,选择了一块十几亩较为理想的育苗地,从培育果树和各种用材林苗条入手,开始了绿色生涯。

初中学历的老马,在果树技术员的指导下,孜孜不倦地钻研果树栽培技术,逐渐变成了培育果树的行家里手。长年累月全身心地扑在了他钟爱的绿色事业上。经过18年艰苦奋斗,老马一手经营起来的十多亩果树全都挂上了鲜果,见到了实惠。由他亲自设计、带头苦干,建设起来的5000亩绿色屏障,成为海滩人民的"绿色银行",让家乡人民看到了绿色希望。

1982年,老马光荣地加入了中国共产党。"'五荒'到户,承包治理,谁造谁有"的大好政策也如春风吹进了海滩社。当时,在海滩社的西部,闲置着5000亩荒沙,风吹沙起,频频南侵,老马召集全家老小,开了个动员会。他说:"5000亩荒沙,是生财的好资源。如果全都绿化,会受益无穷。"

从这一天起,老马全家老小一起上阵,年年岁岁栽树种草,栽上刮死,死了再补,如此反复,直至成活。

功夫不负有心人。几年过去了,马鸡焕脚下的这5000亩沙地全都变成了林丰草茂,野生动物出没的森林绿洲。

时任村党支部书记告诉笔者,近几年,老马平均每年产鲜果上万斤。产树叶少说也有4万斤,产鲜草2万多斤,多半无偿送给村民喂牛养羊。依靠林业收入,他购置了四轮车、铡草机、粉碎机等农用机具,走上了多种经营的致富之路。

马鸡焕绿色的美梦变成了现实,同时也唤醒了远远近近更多的农牧民向沙漠挑战! 一片又一片绿色,悄悄地在大漠里延伸……

二、荒漠致富带头人——记伊金霍洛旗札萨克镇门克庆嘎查党支部书记 阿文色林

阿文色林,出生于1955年,1986年加入中国共产党。2003—2006年连续四年获得"全旗优秀共产党员"称号,2010年被评为自治区劳模,2011年获得"全旗十佳优秀共产党员"称号,2011年7月获得"全市优秀共产党员"称号,2013年7月获得"鄂尔多斯市基层党组织示范带头人"

称号。

门克庆嘎查位于札萨克镇西南部,地处毛乌素沙地东北边缘,南与陕西省接壤,西与乌审旗毗邻,总面积19.5万亩,共有238户、608人,是典型的少数民族聚居地区。嘎查因地处毛乌素大漠边缘,自然条件恶劣,每当风沙肆虐,就会造成农田被埋、牧场被毁,是远近闻名的贫困村。全嘎查19万亩土地,全都是漫漫的黄沙。每当风吹沙起,农田被埋,牧场被毁,居住在这里的人们多数被沙魔撵走,剩下的几户人家苦苦地挣扎在贫困线上。"泥巴房、贫困户,见个汽车当怪物,明沙梁里等救助。"这是门克庆嘎查农牧民们自编的描述过去生活的顺口溜。2003年4月,阿文色林当选为门克庆嘎查党支部书记。从此,他把全部的心血与汗水都倾注到防沙治沙、改变家乡面貌上。

(一)誓把荒漠变绿洲

面对漫漫黄沙,门克庆嘎查的出路究竟在哪里? 应当从哪儿入手改变现状? 阿文色林经过调研思考给出的答案是:通过植树种草来改变生存环境。于是,嘎查里到处都能看到阿文色林带领农牧民埋头苦干、辛勤植树种草的身影。同时,阿文色林还积极争取国家专项资金,先后7次在嘎查进行大面积飞播造林。无数个日日夜夜的艰辛劳作,终于使19万亩荒漠变成了连片成块的绿洲! 今天的门克庆大地,沙柳成林、杨树成海,羊柴、沙打旺、紫花苜蓿郁郁葱葱,到处是一眼望不尽的绿色。

植树种草不仅起到了防沙治沙的作用,丰富优质的林草资源还为农牧民实施科学养殖、舍饲圈养创造了良好条件。在阿文色林的带领下,农牧民争着学技术,家家热衷搞养殖。通过科学养殖,农牧民走上了致富路,全嘎查现有标准化养殖大棚38个,大小牲畜4463头(只)。取之不竭的林沙资源,成了门克庆人用之不尽的"绿色银行"。通过几十年的生态建设,群众治沙造林积极性空前高涨,门克庆的植被覆盖率由原来的10%提高到80%。现在,嘎查建有年产1000吨的沙柳切片厂1处,全嘎查农牧民每年仅沙柳一项收入就达40多万元,人均可增收800多元。

(二)矢志不渝富家乡

"要想富,先修路。"阿文色林积极协调上级部门,在嘎查境内修了15公里的通村柏油路,修了50多公里的通户砂石路。路通了,不仅方便了农牧民出行,更有了吸引大企业来嘎查开发建设的机遇。门克庆嘎查虽然农业经济发展受限,但沙漠底下却蕴藏着丰富的矿产资源。2005年以来,国家有关部门在门克庆嘎查探明储量极为丰富的天然气、石油和煤炭资源。丰富的资源为嘎查实现快速发展提供了得天独厚的优势,诱人的发展前景,吸引了中石化、中石油等企业相继来这里开发建设。

承揽入驻项目的土建工程是富民的重要渠道。在伊金霍洛旗委、旗政府的指导下,2008年3月,阿文色林组织嘎查支委以"支部+公司+农户"的模式注册成立了门克庆嘎查工贸有限责任公司。公司成立6年来,承揽了多项土建工程,累计完成总工程量3683万元,实现纯利润1383万元;年平均利润230.5万元,农牧民每户年平均分红5384元,公司股本金累计达到640万元。如今的门克庆嘎查,集体经济壮大了,每位农牧民都成了公司的股东,年人均纯收入达13500元,成了远近闻名的致富示范村。

(三)民族团结连理人

2001年,嘎查发生了严重的旱灾。面对灾情,阿文色林首先想到的不是自己,而是先到汉族乡亲家中慰问,解决他们的困难。长期以来,嘎查内按民族成分和产业设置分为一社和二社。起初,一社的蒙古族社员们主要从事牧业,二社的汉族社员主要发展种植业和养猪业。在阿文色林的指导和带领下,二社的汉族群众帮助蒙古族牧民打井上电发展水浇地,一社有经验的蒙古族牧民到二社手把手地教汉族群众养羊。一社蒙古族牧民铁木尔在二社养猪专业户的帮助下,养了20多头

阿文色林

猪,每年卖猪收入4万多元。一社牧民巴音吉日嘎拉的爱人因病手术花掉1万多元,借了不少钱,生活陷入了困境。在阿文色林的号召下,嘎查的蒙汉村民纷纷伸出援助之手,帮助巴音吉日嘎拉渡过难关。说起当年大女儿考上大学时家里拿不出学费的情景,门克庆嘎查二社社员李铁祥夫妻俩至今记忆犹新。李铁祥回忆起当年的困境:"那时候一点办法也没有,家里本来就正在闹饥荒。知道我们家的情况以后,支书阿文色林拿来1000块钱,一社的巴图又借给我们1500块钱,孩子才上了大学。"现在,李铁祥一家每年养猪的收入就近10万元。他自己富了不忘蒙古族兄弟,经常到一社给牧民们讲养猪技术,并帮助牧民往外贩卖生猪。

在门克庆嘎查,汉族社员评价阿文色林"这个支书没说的";蒙古族社员评价阿文色林"他是个能人"。在阿文色林的带领下,门克庆嘎查的蒙汉族群众正沿着致富的康庄大道并肩携手、阔步前行。

三、平凡中的不平凡植绿者——记伊金霍洛旗毛乌聂盖大队　倪
驼羔

倪驼羔,1919年生于郡王旗民字梁村,1929年迁居到毛乌聂盖大
队。从1952年至1964年,共营造农田防护林带83条,总面积337亩,保
护农田2500亩;种沙蒿1000余亩,保护农田5000亩;营造集体用材林
258亩;薪炭林102亩;经济林16亩;国社合营林262亩;社员个人植树
321亩;在3万余亩流沙和半固定沙丘上栽植了沙蒿6860亩,播种柠条
4860亩,封育保护沙蒿19800亩。

由于所处环境比较恶劣,倪驼羔坚持先试验后扩展的思路,年年试
验新的方式方法、试验新的树种,自己试验成功后,再推广至村里。年
年岁岁栽树种草,栽上刮死,死了再补,如此反复,直至成活。

倪驼羔这种坚持科学试验,不怕困难的革命精神鼓舞了群众,赢得
了党和人民对他的好评。1961年和1962年先后两次出席了自治区召开
的农牧业先进分子代表大会。

20世纪90年代初正在劳动中的省级劳模倪驼羔(左一)

第二节　英雄模范　忠魂永驻

一、大漠忠魂——记内蒙古伊金霍洛旗新街治沙站原党支部书记兼站长　王玉珊

王玉珊,伊金霍洛旗红庆河人,1931年出生在一个农民家庭,1951年2月参加工作,任札萨克旗通格朗区文书,1953年任区文教干事、宣传干事,1958年任纳林希里公社副书记,1965年任新街公社社长,1968年任新街治沙站党支部书记兼治沙站站长,后又改任新街治沙站专职党支部书记,1989年3月29日,因病逝世,终年59岁。

1968年早春,伊旗飞沙弥漫。这是多年来滥垦、滥伐、滥牧过度所致,有三分之一的土地严重沙化,严重威胁着人民群众的生产和生活。旗政府为治理沙漠改变这种恶劣的局面,抽调干部奔赴治沙造林第一线,王玉珊被调任新街治沙站任党支部书记兼治沙站站长,当时治沙站经营面积为10万亩,有林面积为2万亩。王玉珊到新街治沙站后,根据组织的重托,心中只有一件事,就是治沙造林。他不仅是这样想的,而且也是这样干的。于是他和有关领导、技术员,走遍了下属作业区,考察了红庆河、新街、台格庙三个公社之后,提出了他的设想:"要想治沙必须大干,把点连成线,把线扩成面,才能控制流沙!"为了实现这个想法,他提出了三条建站原则:一是充分发挥国营治沙站的示范作用;二是充分发动、支持三个公社的农牧民治沙造林；三是依靠科学技术，从本地实际出发，走自己治沙造林的路子。

1970 年后，治沙站的经营面积由原来的 10 万亩扩大为 25 万亩，作业区由原来的 10 个扩建成 11 个，治沙范围扩大了。为了解决大面积治沙工作的难题，他组织站内的科技人员到外地进行学习。回来之后，把 7 个流动沙丘编成号，选定一处 300 多亩流沙，

王玉珊

进行固沙试验，终于成功。王玉珊还组织科技人员、工人和领导参加三结合科研小组，有计划地进行良种选育、沙地育苗造林、松树引种上沙、营造速生丰产林、大面积飞播、风力拉沙等科研项目。这些试验项目先后都获得成功。由于治沙站治沙成绩显著，1978 年，王玉珊代表新街治沙站出席了全国科技大会，在此次会议上，治沙站获得国家"毛乌素沙区治沙造林技术科研奖""科研成果奖"。林业部授予新街治沙站"全国治沙造林先进集体"，他本人获全区"林业系统先进工作者""自治区劳动模范"光荣称号。

王玉珊认识到，要彻底治理大面积沙区，光靠国营治沙站是不够的，还必须依靠广大人民群众。为此，他与三个公社的村社制定了"一带、

二帮、三支援"的挂钩计划。为了实现这一计划,王玉珊提议,吸收作业区附近十几名退下来的大小队干部,让他们当各作业区的队长,从而大大地改善和加强了治沙站与附近社队的友好合作关系。

台格庙公社的台格高庙大队,是与新街治沙站挂钩的一个大队,也是三个公社中沙化最为严重的地方,同时蒙古族牧民也集中住在这里。几场风沙过后,沙丘就向前移动20余米,先后有十几户社员被迫离开祖居的地方,迁往他乡。留下来的勉强过着"连锅也揭不开"的穷日子。王玉珊与公社、大队的领导取得联系后,配合和帮助公社大队组织发动广大农牧民治沙造林,就这样坚持10余年,与广大农牧民同命运、共治沙,造林20多万亩,控制流沙30多万亩。

王玉珊在治沙造林中积极参与科学研究,扩大治沙造林成果,取得了可喜的成绩。1977年,国家有关部门计划在伊金霍洛旗搞一项优良灌木杨柴基地建设试验项目,投资12万元,站里一些人怕完不成任务,不想接收。王玉珊对大家说:"为了治理这几十万亩荒沙,有钱也得干,无钱也得干。"说干就干,当年秋天就完成播种杨柴4000多亩。第二、第三年虽连续干旱2年,但万亩以杨柴为主的灌木林基地建成了。

1978年初,国家有关部门决定在毛乌素沙地开展飞播试验项目。他得知后,主动要求在新街地区搞,有关领导机关同意了他的请求。首次飞播试验,取得出乎意料的好成绩,飞播优良牧草1万多亩,当年成活率达45%以上。后来一连10年,共完成7.363万亩的飞播治沙,年年获得成功。

1982年,由中国林学会沙漠考察团等单位组织的飞播鉴定会在新街治沙站召开。鉴定委员会认为,"播区5年之后,植物保存率为63.2%,播区植被盖度由原来的5%—15%,增加到35%,飞播治沙是成功的"。新街治沙站荣获了内蒙古自治区飞播种树种草科研成果二等奖。王玉珊为造林治沙奋斗了大半生,做出了巨大的贡献,受到党和人

民的赞誉。

时间见证了一切。王玉珊,用心血和汗水使风沙肆虐的不毛之地焕发出盎然生机,让茫茫荒漠变成了一片绿洲。然而,当王玉珊耗尽心血栽种的大片大片树木抽出新条的时候,1989年3月29日,他却永远闭上了眼睛,终年59岁。王玉珊已经长眠于染绿的土地,他用大写的人生在茫茫风沙线上,为后人树起了一座不朽的丰碑。他的拼搏精神,深深地铭刻进后人的灵魂。1989年8月,时任国务委员陈俊生在伊克昭盟(今鄂尔多斯)视察工作期间,给他写了"功在社会,利在子孙,造福人类"的题词。伊金霍洛旗旗委和政府为他立了纪念碑,屹立在毛乌素大漠中。1989年10月5日,中共伊克昭盟委员会、伊克昭盟行政公署作出了《关于向王玉珊同志学习的决定》,号召全盟各行各业的职工干部学习王玉珊,推进伊克昭盟的经济开发建设,为伊克昭盟生态建设贡献力量。中共伊金霍洛旗旗委追认他为"模范共产党员",并为其树碑立传,将王玉珊纪念碑命名为全旗爱国主义教育基地。

王玉珊纪念碑

二、种下万亩林　为大地披绿——记内蒙古伊金霍洛旗国有林场霍洛分场退休护林员　贾道尔吉

（一）人物小传

贾道尔吉，1961年生，内蒙古自治区伊金霍洛旗人。退休前曾任内蒙古自治区伊金霍洛旗霍洛林场（后更名为伊金霍洛旗国有林场霍洛分场）哈拉沙作业区护林员、队长，曾被评为"全国优秀护林员"。

贾道尔吉今年62岁了，从林场退休后又被返聘回来工作。贾道尔吉腿脚不好，老伴和两个女儿总劝他别走太多路，但他心里总是放心不下待了大半辈子的林场，一有机会就回去看看，在作业区一走就是大半天。

内蒙古自治区鄂尔多斯市伊金霍洛旗位于毛乌素沙地的东北端，但贾道尔吉曾工作的伊旗国有林场霍洛分场哈拉沙作业区，却是一片生机勃勃的景象——大片的沙地柏、樟子松为大地披上了绿色，密密麻麻的沙柳和杨柴将沙土牢牢固定住，微风吹来，拂面的是清凉和舒爽。

看着这片无比熟悉的土地，贾道尔吉脸上满是欣慰的笑容，43年前刚到这里工作时的场景又浮现在眼前。

（二）把这片地都种上树，黄沙就不会再有了

1980年，19岁的贾道尔吉被分配到当时的霍洛林场工作。"当时住的是土坯房，窗户是纸糊的。一到春秋两季，晚上风声大得吓人，早上起来，屋里到处都是厚厚的尘土。"贾道尔吉这样说。

历史上的伊金霍洛旗是一块水草丰美的好地方，由于自然条件变迁和人为破坏等因素，生态急剧恶化。20世纪70年代末，伊金霍洛旗开展了大规模治沙造林，刚参加工作的贾道尔吉便投身其中。

每到植树季节，贾道尔吉和其他林场工人们早上天不亮就出门，肩上扛着100多斤重的树苗走一个小时到达栽种区域，一直干到天黑。"身上带着玉米饼和炒米，中午就找个背风的地方吃口饭，吃完接着干。"

贾道尔吉

那时的林场没有大型机械,主要依靠人拉肩扛。"开始栽树,先用铁锹挖出湿土,再把沙柳苗插进去70厘米,然后用脚把土踩实。"这些动作,贾道尔吉每天要重复很多次。

贾道尔吉是伊金霍洛旗人,"我们都吃过风沙的苦。严重的时候,一夜之间沙子堆得比房子都高,没法住了就只能搬家。"提到风沙之患,贾道尔吉记忆犹新,"栽树时我心里就在想,要一直栽,不要停,把这片地都种上树,黄沙就不会再有了"。

然而,栽树是个运气活。彼时的霍洛林场,降水少,风沙大,沙丘的形状和位置一天一个样,沙柳的成活率普遍不高。"转过年来,把枯死的沙柳挖掉,重新栽上新的树苗。"春秋栽树,夏季管护,每年栽几百亩,这样的日子,贾道尔吉坚持了十几年。

慢慢地,贾道尔吉也到了该结婚的年纪。"介绍对象的人也有,但一开始我都拒绝了。咱这日子太苦,不想让人家跟着我受罪。"最终他还是遇到了愿意和他一起坚守在林场的妻子。对于彼时的林场工人和家属来说，没有固定的家的概念。"这片沙地栽完了，就搬家去下一片沙地继续栽。哪里有沙，哪里就是我们的家"，贾道尔吉回忆说。

（三）这些树就像我的孩子一样，谁都不能伤害它们

20世纪90年代初，哈拉沙作业区的沙柳等固沙植物基本实现全覆盖，贾道尔吉也迎来了新的身份——护林员。"那几年沙尘小了很多，很多植物种子也可以用飞机播撒，种树的活轻了不少。"

随着风沙的减轻，当地原生沙地柏面积也扩大了。"野生沙地柏能卖钱，那时候偷采的人不少。"刚当上护林员，贾道尔吉就迎来一个不小的难题，"被割过的沙地柏基本上都活不成了。"

没有视频监控，没有交通工具，为了守护这片来之不易的绿色，他坚持徒步巡查。"每天走十几公里，要把作业区每一个角落的情况都看一遍。"贾道尔吉说，林场白天地表温度最高能达到60摄氏度，而且行走艰难，每走一段就得倒一倒鞋里的沙子。"苦是苦了点，但是看到自己栽下的树，就想把它们守护好。"

白天辛苦，晚上危险。"偷采沙地柏的人一般晚上来。"为了守护林场，贾道尔吉经常晚上也坚持巡查。林场的夜，漆黑而寒冷，有时还会遇到蛇。"我就横下一条心，不管发生什么，我都要钉在这沙梁上。"几十年来，贾道尔吉已记不清自己阻止了多少次偷采的行为。"这些树就像我的孩子一样，谁都不能伤害它们。"

随着生态环境修复，林场的草也多了起来，附近的村民经常会把羊赶到林场，又对植被造成了破坏。

坚持巡查的同时，贾道尔吉还去附近村民家里一家一户地劝说："好不容易种起来的树和草，咱们得保护好。"

放羊的人少了，作业区的工作环境好了，贾道尔吉和妻子也生了娃。"我有两个女儿，从小就在林场长大。"每天两个女儿跟着爸爸一起巡

护、浇水、种树。后来搬到城区住,贾道尔吉还是经常带她们来林场,"希望女儿也像我一样,把这片绿色守护好。"

(四)以前那种黄沙滚滚、沙进人退的情形,再也不会发生了

这些年,贾道尔吉觉得护林的工作变轻松了不少。"原来都是土路,后来变成水泥路和柏油路,以前要走一天的路程,现在骑上摩托车几十分钟就能走完,脚底板不用再受苦喽!"

在一次巡查林场的过程中,老贾发现,许多活了多年的沙柳和杨树枯死了。疑惑的老贾带着铁锹,挖了几下,发现了原因。

哈拉沙作业区内有几座煤矿陆续建成投产,但随着煤炭开发规模的扩大,地下水水位开始下降。

一边是呼啸而过的运煤车,一边是一株株枯死的沙柳,老贾着急了。他找到林场场长李晓光,想看看这个年轻的后生有什么办法。"老贾你别着急,这个问题我们已经意识到了,你看看这个。"在李晓光的办公室,贾道尔吉看到了解决问题的方案。

为了解决地下水水位下降带来的问题,李晓光想了两个办法:一方面,原有的沙柳本就已经不适合目前的情况,林场开始推行樟子松种植。"樟子松需水量少,成活率高,栽种三年后就不需要灌溉了,生态效益也比沙柳更加显著。"

另一方面,李晓光积极和林场内的煤矿企业沟通,"我们意识到,可以利用煤矿处理后的废水灌溉林场"。双方沟通之下,煤矿企业同意合作,并出资建设了输水灌溉的管线。"我们计划每年新增2000亩樟子松,煤矿提供的水正好可以满足灌溉需求。"听到李晓光的这番话,贾道尔吉安了心。

贾道尔吉退休后,还经常让李晓光带着他去林场转转。"林场陆续装上了摄像头,年轻的护林员们在电脑和手机上就能看到林子的情况。"看到如今大家的工作状态,贾道尔吉既羡慕又欣慰,"护林不再是苦活

近年来伊旗植被覆盖

累活,变成了精细活。"

仁立在林场的观景台上,向四周遥望,贾道尔吉看到的是满眼的绿色。"我相信,以前那种黄沙滚滚、沙进人退的情形,再也不会发生了。"

(五)笔者手记——默默坚守　治沙护林

坚守40多年,贾道尔吉的一生,从青丝到白发,见证黄沙漫天到绿树成荫。

他常把眼睛眯起来,这是他多年与黄沙作伴养成的习惯。他对于月份的概念不甚清晰,但记得何时是该栽树的季节,何时是该浇水的时候。

7万亩的林场,他熟悉每一寸土地,热爱每一棵树。粗略计算,他一生先后栽下了100多万棵树苗,走过了近10万公里护林路。是什么力量让他一直坚守?只因他受过黄沙的苦,不愿让子孙后代再经历;只因他曾种下万亩林,不愿让这片青绿再次被黄沙淹没。

从起伏的砒砂岩,到茫茫毛乌素,还有无数像贾道尔吉一样的护林员在默默坚守。荒沙变茂林的奇迹,正是他们栽下的一棵又一棵的树、走过的一步又一步的路所创造的。他们不为名利,只为这绿水青山能够永远保持下去。

笔者最后问贾道尔吉对于过去和现在植树造林最大的变化和感触是什么时,他这样回答:以前沙梁梁上的任何飞虫都看得一清二楚,现在放眼望去,都是黑绿绿的一片,就像到了"深山老林"的感觉。我们只是普通的护林员,如今看到黄沙治住了,给国家做了一些贡献,植树造林也造福了子孙后代,我也知足了!

朴实平凡的话语却体现了务林人的真情实感,贾道尔吉只是林业人中的普通一员,他身边有千千万万的为造林事业无私奉献的同事,向所有务林人致敬!

附:哈拉沙作业区简介

伊旗国营霍洛林场始建于1958年,场部坐落于鄂尔多斯市伊金霍洛旗阿勒腾席热镇,全场下设五个作业区,分别为阿勒腾席热镇作业区、霍洛作业区、小霍洛作业区、哈拉沙作业区、桃林作业区,分布于全旗五个镇区,总经营面积14.3万亩,除部分天然沙地柏灌木林外,全部为人工林地,沙柳面积3.6万亩左右,无大块的宜林地。哈拉沙作业区位于纳林陶亥镇和乌兰木伦镇之间,总经营面积7.23万亩,其中有乔木林地1800亩,灌木林地6.939万亩,树种以沙地柏、沙柳、杂交杨为主,杨柴林占一定比例,其中沙柳面积有3万亩左右,基本没有宜林地。主要生产以管护营林为主。

第三节　科技支撑　默默奉献

**一、锐意创新　推进生态文明建设——记伊金霍洛旗国营霍洛林场
场长　许广重**

许广重,男,1969年4月,本科,中共党员,林业正高级工程师,伊金
霍洛旗国营霍洛林场场长。

许广重自工作以来始终牢记使命、不畏牺牲,常年工作在治沙造林
第一线,创新种苗培育技术、推广林业知识,提升园林绿化美化水平,参
与实施了全旗各类大项林业建设任务,参与打造了"小霍洛万亩樟子松
基地",率先提出退化林分提质修复并进行试点取得成功。先后被旗、
市两级政府授予"圣地英才""鄂尔多斯英才""优秀科技工作者"和"先
进工作者"荣誉称号,并带领全场干部职工获得了国家林业和草原局场
圃总站"全国十佳林场"的荣誉称号。许广重作为一名党员领导干部忠
诚于党、热爱祖国、艰苦创业、迎难而上、一心为民、无私奉献,生动诠释
了社会主义核心价值观的深刻内涵。如今他一如既往地坚持在治沙造
林第一线,为把我旗建设成祖国北疆亮丽风景线上最璀璨的明珠,继续
努力奋斗着。

(一)扎根林场　攻坚克难　不断提升林业工作水平

许广重同志自参加工作以来就扎根林场,完成了新疆杨短穗扦插育
苗试验,使新疆杨短穗扦插育苗出苗率达到了87%,攻克了伊旗新疆杨

育苗出苗率低这一难关。同时通过多年的针叶树播种育苗试验,取得了樟子松、油松、侧柏、云杉等针叶树播种育苗的成功,为全旗种植各类树种提供了技术支持,目前全旗每年出圃新疆杨15万株,出圃各类针叶树苗250万株,除满足本旗的绿化用苗外,还销往榆林、呼市、东煤矿区、宁夏、乌海等地,使种植户不断增收;许广重同志参加完成了伊盟旱柳头木作业技术在毛乌素沙区的推广应用工作,保存了全旗旱柳头木作业面积33万亩,获得林业部"技术推广三等奖";许广重同志在包神铁路风沙段中推广固沙造林技术10500亩,为包神铁路减少损失1166.2万元,节约生产费用539.7万元,节约护坡费95万元,创年总产值1770.9万元,为单位创年纯利润189.59万元。同时包神铁路风沙段固沙造林技术在全旗"三北"防护林体系建设工程中被应用推广,成为毛乌素沙地综合治理的一个典范。该项目先后获"内蒙古自治区农牧业丰收二等奖""林业部技术推广二等奖"。

许广重

（二）锐意创新　改善生态　推进生态文明建设

许广重同志经过多年的林业生产实践,积累了丰富的经验。根据伊旗不同的立地条件,从外业调查、造林作业设计到技术措施及其规程,坚持因地制宜、适地适树,因此降低了造林成本,提高了造林成活率。另外,还积极参与完善内蒙古西部地区引种最早、长势最好、面积最大的小霍洛作业区万亩樟子松林基地建设,为各类大学院校的林业专家、教授、研究生提供了实习和科研基地。此外,他发现林场林地里的乔木林大部分成为成熟林和过熟林的实际,在全市范围内率先提出进行退化林分提质修复。在取得上级部门认可前,他积极筹措资金,开展了退化林分提质修复试点工程,完成修复面积3.2万亩,成活率在95%以上,试点获得成功,成为"三北"地区退化林分更新改造示范点之一。2014年,全国政协副主席罗富和、国家林业局、内蒙古人大、政协、林业厅相关领导先后深入林地调研参观,对此项工作给予高度评价,并对试点取得的成效一致认可,同意将植被恢复费用于退化林分提质修复工程建设,并在全自治区和"三北"地区推广示范。

许广重同志在完成本场各项工作的同时,参与并完成了阿勒腾席热镇市镇园林绿化工程设计与施工。设计并完成了阿勒腾席热镇新区旗政府南长2000米、宽500米的绿化带任务,大胆移植5米多高大苗樟子松大苗1340株。从选苗、起苗、拉运、栽植、管护等亲自把技术关,亲自指挥,经验收成活率达到99.8%。其次在阿勒腾席热镇东出口承担建设了一个高标准绿化工程(现为母亲公园),栽种各类树种12种,数量5多万株,面积800余亩,成活率达到95%以上。这两项工程受到了自治区、鄂尔多斯市及伊金霍洛旗有关领导的高度评价。与此同时,在阿勒腾席热镇新区绿化美化两条街(可汗路、通格朗街),共移植大苗樟子松、国槐、桧柏等15000余株。通过对园林的绿化美化,对居民的生活环境改善、市镇知名度的提高和改善投资环境等方面起到了重要作用,得

到了上级领导和群众的高度评价,也为单位创造了可观的经济效益,累
计创收100多万元,不仅增强了单位的经济实力,还提高了单位的知名
度。同时,由于项目的实施,还为职工出售了大量的苗木,解决了职工
苗木销售难的问题。绿化项目《环成吉思汗陵旅游景观绿地系统建设
及效益评价》,是通过对成陵及连接成陵、阿勒腾席热镇和东胜的旅游
线路及阿勒腾席热镇新区总面积405.27万平方米的防风固沙以及风景
林绿地建设的工程,该工程共栽植各种乔灌木732181株,铺设人工草坪
138200平方米。该工程的完成,对改善成吉思汗陵旅游区景观环境、提
高景点的旅游观赏价值及防尘减噪、防治污染、调节小气候、改善投资
环境及提高居民生活质量发挥了巨大作用。该工程创造了经济效益
(包括直接经济效益和间接经济效益)2亿多元,并获得"内蒙古自治区
科技进步三等奖"。

许广重在重视生产实践、科技推广等工作的同时,也十分重视理论

成吉思汗陵旅游区景观环境

学习与研究。他在《内蒙古科技与经济》上发表了《抗旱保墒材料提高半干旱区造林成活率作用初探》《樟子松大苗在毛乌素沙地的应用及栽植技术初探》及《环成吉思汗陵景区绿化系统净化环境效益研究》三篇论文。另在《内蒙古林业科技》上发表了《环成吉思汗陵绿地系统固炭释氧效益分析与评价》和《环成吉思汗景区绿地系统调节小气候效益分析》两篇论文,受到林业专家的好评。

（三）爱岗敬业　关心职工　打造和谐富裕林场

为加强单位人员管理,制定了《霍洛林场单位人员绩效工资考核办法》《霍洛林场护林员日常管理考核办法》《党风廉政建设制度》等20项制度,并严格执行,把一个"慵、懒、散"的集体改造成一个"精、勤、严"的整体,极大地扭转了林场的社会形象,使林场的各项管理水平走在了全林业系统的前列。为提高单位人员素质,从2006年开始任霍洛林场副场长并分管园林绿化和职工教育开始,每年组织有关专家来单位进行专业理论知识培训和思想道德理论教育,职工的学习积极性和上进心明显增加。在许广重的带动下,单位有24名职工通过脱产、函授等形式取得了东北林业大学本科学历,3名职工取得研究生学历,3名职工晋升为高级工程师,8名职工取得工程师资格,10名职工晋升为高级技师,21名职工取得技师资格。让单位整体的人员素质和技术水平提升了一大截,是全旗4个林场站中专业技术水平和专业技术人员骨干最多的林场。

为提高大家的学习和阅读热情,在单位设立了职工书屋和文化活动室,涵盖党建类、文学类、专业类、小说类等各类图书1000多册,让职工们形成了浓郁的读书氛围,并经常组织职工参与各类绘画、书法、摄影、游泳等活动,定期组织职工开展打太极、打乒乓球等健身运动。通过以上活动使单位职工的文化、身体素质得到普遍提升。林场的整体管理水平和人员素质得到全面提升和加强,并在全市乃至全区的国有林场改革中走在了前列,成了典型和代表。许广重同志在2016年度的全国林场北方地区年会中作为先进代表做了发言,并被自治区林业厅作为唯一送选单位上报国家林业和草原局场圃总站,入选"全国十佳林场",这是霍洛林场继被林业部评为"全国国营林场先进单位"后,又一项省部级奖项。

许广重对每一个职工的情况都了如指掌,平时一有空就找职工们谈心聊天,了解他们的近况,家中是否有困难,需要什么帮助,而当有的职工因病、因贫急需用钱向他开口时,他从不推诿,慷慨解囊,以解他们燃眉之急。几年来,他个人累计给职工借款就超过10万元。林场职工多,大多都是不领工资只种工资田的工人。为了让他们领上工资,许广重同志在2014年创新地提出将地方政府绿化工程中收储回的林地交由林场职工专职管护,经旗政府同意后,原核发50%工资的工人,上岗后核发全额工资(现除有39名同志自愿放弃护林工作而搞个体经营外,其余全部职工领100%工资,每月5000元左右),既解决了国有林地管护难题,又提高了护林员工资待遇,达到了"一举双赢"的目的。

为了提高职工收入,利用职工们承包土地多的优势,积极引导并提供育苗技术支持,同时帮他们开拓销售渠道,增加卖苗收入。尤其在近几年的造林绿化任务中,优先使用职工苗木,使职工苗木销售收入户均超过2万元,个别典型户能达到10万元。他还借助国家棚改项目,改善职工住房条件,完成棚改183户,新建住宅小区18740平方米。现在职工们家家住上了楼房,98%的职工家庭拥有了小轿车,生活水平有了很大提高。

许广重在鼓励职工加强学习的同时,也十分注重职工子女的培养,为了奖励他们考上大学并缓解家庭负担,凡是考上本科的资助3000元,专科的2000元,场里先后拿出10.3万元奖励42名考上大学的职工子女。另外每年投入资金3万元对贫困职工进行帮扶,以缓解他们的经济负担。

在和结对帮扶单位伊金霍洛镇壕赖村联系时,了解到村里有22户贫困户(其中国贫户4户)需要单位帮扶时,他立即召开场务会议,制定了详细的帮扶措施,并将具体帮扶责任人指定到户。在单位的帮扶措施中,他专门制定了向贫困户倾斜的帮扶政策,现林场已支出12万元帮助了22户贫困户,使他们的户均收入增加了5000多元,在他的帮扶户中,他个人又资助3000元,帮助他们解决看病难的问题。

许广重同志和爱人之间互敬互爱、从不争吵,是邻居们眼中的模范夫妻。爱人在旗医院上班,有时需值夜班或者临时有急诊需去医院时,他都默默支持,从不埋怨。相应地,当他在林地一待就是十天半月时,爱人也在家里默默守护付出。许广重岳母因病瘫痪在床时,大夫建议病人每天晒晒太阳,他就毅然背起岳母每天上下爬五楼,这一背就是两年,从不叫苦。岳母逢人就笑着夸,这"半个儿"比亲儿子都亲。

许广重同志无论是在工作上还是生活中,他都是默默地付出和奉献着,从不叫苦。为把林场乃至全旗的林业生态建设做强做好,将他最美好的青春时光献给了这方热土。如今他一如既往地坚持在治沙造林第一线,为把伊旗建设成祖国北疆亮丽风景线上最璀璨的明珠,而继续努力奋斗。

二、坚守北疆40载　保护生物多样性　一个能与植物对话的人——伊金霍洛旗生态人　乔栈彪

乔栈彪,土生土长的伊旗人,1998年乔栈彪来到伊旗生态办工作,凭着自己执着和坚守的信念,这一干就是40个春秋。40年默默无闻、无私奉献,用青春和汗水书写着生态环境保护故事,用忠诚与坚守护卫着祖国北疆生物多样性这道绿色屏障。40年,他用脚步踏遍了伊金霍洛旗5600平方公里的土地。40年,他收集了848个植物物种标本并将其整理出版。40年,他只为了做好一件事,持续关注伊金霍洛旗地区生态

乔栈彪

多样性变化情况,坚持将自己的专业知识无条件传播给农牧民,并创新提出地区生态修复治理和生物多样性保护措施20余条,以个人的实际行动推动地区生态环境高水平保护,有效促进了地区经济高质量发展。

红海子是乔栈彪近年来常去的地方,那里有一群他牵挂的可爱精灵——遗鸥。说起红海子和这些遗鸥乔栈彪眼神里露出一丝自豪。当地的每一种植物他都如数家珍,哪一种喜荫、哪一种耐旱、哪一种有毒、哪一种药用……从过去本土的400多个植物物种到后来引进的植物物种累计达到848个。

早在2008年,乔栈彪在日常生态植被监测时发现,距城中心不足5公里的红海子几近干枯,当时只有19个物种,候鸟几乎没有。面对中心城区生态缺水、矿区疏干水外排浪费且存在环境污染隐患的实际,伊金霍洛旗委、政府启动实施了水资源综合利用工程,将矿区疏干水变废为宝,实现资源化利用,将经过净化处理的矿区疏干水统筹用于生态涵养、园林绿化、农田灌溉等方面,从根本上解决了"一方面缺水、一方面弃水"的问题。

经过多年的修复治理,红海子总水域面积达到9.73平方公里,最先到来的是一群天鹅,第二年,国家一级保护动物遗鸥也在红海子安了家。现在每年有116种4.4万多只鸟类在这里栖息。最深处5米的水深为鲤鱼、鲫鱼、龟类和睡莲、香蒲、水葱等水生植物提供了良好的栖息生长环境,目前红海子已建设成为当地的湿地公园,是周边市民观光旅游的打卡胜地。

其实乔栈彪在生物多样性保护的贡献早在1998年就有所体现,当年乔栈彪被调整到伊金霍洛旗生态办工作,积极弘扬治沙精神,深入参与"三北"防护林、京津风沙源治理等重大生态工程,全旗森林覆盖率由2000年的27.6%达到37%。同时,大力倡导引种引木、鼓励当地自建大棚发展花卉种植,促进植物多样化,伊旗生态建设和荒漠化治理成果得到《联合国防治荒漠化公约》第十三次缔约方大会参会代表高度认可。

2012年,为全面系统记录伊旗生态多样性发展情况,乔栈彪又主动请缨,开展植物多样性调查,承担起《伊金霍洛旗植物志》编纂工作。为抢拍植物生长季节镜头,编制期间乔栈彪每天早晨5点前出发,跋山涉水,行程3万多公里,踏遍全旗的每寸土地,掌握了第一手资料。

2014年7月,《伊金霍洛旗植物志》由内蒙古出版集团正式出版发行,全书约80万字,包括121科、465属、848个物种,附彩图1568幅。该书的编研出版在填补了鄂尔多斯高原地区植物研究空白的同时,也为伊旗今后生态保护和环境建设提供了科学、系统的决策依据。乔栈彪结合自身多年生态植被监测工作经验,坚持10余年每年编写《伊金霍洛旗生态环境地面植被年度监测报告》,得到上级的充分肯定认可,为全区生态环境地面植被监测提供了可靠依据。

乔栈彪工作的40年间,一直以自身实践推动地区生物多样性保护和生态环境修复治理做出积极的探索和努力,他也被称为能与植物对话的"土"专家和"踏遍伊金霍洛大地的绿色使者"。

第四节　政策保障　稳步先行

一、林业建设改革和科技先行的引领者——记原伊克昭盟林业处原处长、伊金霍洛旗原旗长　聂生有

聂生有同志是一个让人仰慕而又怀念的老领导——伊克昭盟林业处原处长、伊金霍洛旗原旗长。聂生有同志从小就喜欢栽树,且栽一苗成活一苗,人们说他是栽树的命。他在伊旗工作了30多年,年年都搞植树造林。人们对他的评价是:聂生有为伊旗人民做了实事,主要功绩是治沙造林和农田水利。真是金杯银杯不如老百姓的口碑。老百姓,就是杆秤,说的全是心里话。

他不仅重视治沙造林工作,还十分重视、总结治沙、造林技术的研究推广,始终把林业科技当作加快林业发展,促进生态建设的抓手。20世纪70年代后期至80年代初期,他担任伊金霍洛旗副书记、革委会主任、旗长、旗委书记期间,正是伊金霍洛旗、伊克昭盟沙漠化最为严重的时期,他组织带领全旗干部、职工、农牧民群众大力开展植树造林,把植树造林、防风固沙、改变全旗贫困落后面貌作为伊金霍洛旗的首要任务。

在深入调查研究的基础上,根据中央领导同志视察伊克昭盟时的指示精神,聂生有同志组织制定了"个体、集体、国家一齐上,以个体为主,谁造谁有"的植树造林方针,同时制定落实了"四到户"的机制,即集体林木直接作价到户、宜林"五荒"直接划拨到户、林权直接落实到户,造

267

林任务直接分配到户,这大大地激发了群众植树的热情。从此,全旗林业建设进入了空前快速发展的新时期。截至1983年底,全旗有林面积达到216万亩,森林覆盖率达到24%,一跃成为全盟乃至全国治沙造林"三北"防护林建设先进单位。

聂生有同志重视引进来的樟子松沙地育苗造林技术。通过自治区林科院和新街治沙站、霍洛林场科技人员从辽宁章古台引进试验成功,进行推广,在全市大面积种植,获得成功后。还有新街治沙站、霍洛林场通过多年实践总结出的治沙技术,如"先治洼、后治坡、前挡后拉、穿靴戴帽、前挡后不拉、中间让风刮"的治沙经验和技术,为毛乌素研究的基础沙地的治理起到了科技支撑作用,伊克昭盟的这些成就均与聂生有同志的重视分不开。

1984年2月,聂生有同志调任伊克昭盟林业处处长,成为伊盟林业战线上的最高行政长官,主政全盟林业行政工作。他把在伊旗高度重视林业、热爱林业的热情,全部倾注在伊克昭盟的林业事业中。为了详细了解掌握全盟的林业生产情况,在不到一年的时间里,他走遍了全盟32个国有林场、治沙站、苗圃和大部分乡(苏木)镇,不辞劳苦、深入基层调查研究,探索发展机制,总结先进经验和技术,并解决了许多实际问题。

之后,他在伊旗先后组织召开了两次全盟国有林场改革会议,制定出台了《全盟国有林场、治沙站、苗圃改革的十条规定》,提出了国有林场、站、苗圃在坚持全民所有制为基础的前提下,允许全民、集体、个体三种所有制和多种经营方式并存,推行家庭承包经营责任制,发展家庭专业户和重点户。重新确立了国有林场"以林为主、林牧结合、综合利用、全面发展"的经营方针。调整了产业结构,使国有林场从单一造林治沙转变为以林为主,多种经营生产;从单纯营造防护林转变为营造防护林、经济林;从只注重生态效益、社会效益转变为生态效益、社会效益、经济效益并重。

同时,他也非常注重林业产业的发展。在他的倡导下,积极兴办集体林场、治沙站,发展治沙、造林大户。据统计,20世纪80年代中后期,全盟发展建立起乡村林场、治沙站700余处,造林大户941户,其中500—2000亩的696户,2000—5000亩的161户,5000亩以上的84户,乡村办林场、治沙站、苗圃造林治沙大户曾一度成为全盟治沙造林的主力军,年造林治沙几万亩的大户比比皆是。治沙劳模殷玉珍、敖特更达来、尚宝成、白二小、盛万忠这些治沙大户和劳模就是那时候涌现出来的。

聂生有同志十分重视调查研究,工作务实求真。每年深入基层调研200多天,连节假日也在加班加点工作。由于过度劳累,他患了冠心病,但他全然不顾自身安危,照样带病坚持工作。他以身作则和务实的作风,使盟林业处的工作作风大为改观,由过去在家服务,变为亲自深入一线指导生产;由只凭听取工作汇报,变为直接下去检查验收、实地指导;由机械地执行上级的指示精神,变为创造性地开展工作。

通过多方调查论证,他在全盟工程造林中推行宽行密植、带间种植优良牧草、农作物的农用林先进技术。在他主政期间,伊克昭盟成立了由造林科、林研所、达拉特旗林业局三方科技人员组成的农用林科研课题组。经过8年的试验、研究,在达拉特旗树林召、王爱召、白泥井等乡村营造2300亩的农用林样板工程,控制面积10余万亩,形成农田林网、林草、林粮、林牧间作模式,获得自治区科技进步三等奖,伊盟科技进步等奖项。最为关键的是这一试验研究课题对库布齐沙漠北缘、达拉特旗、准格尔旗、杭锦旗地区开发的沙地综合整治、复合经营创出了新路,树立了样板。

聂生有同志十分重视林业科学技术研究工作,深入基层调研,他特别关注研究总结制约林业发展的瓶颈问题。他认为,加快植树造林治沙步伐,必须采用现代化手段。他主政伊克昭盟林业处的9年,正是飞播治沙试验初试、中试成功的时期,因此他决定把飞播造林治沙成果首先在伊克昭盟毛乌素沙地和库布齐沙漠大面积推广,每年飞播造林治沙50万—80万亩,从而大大地推进了两大沙漠、沙地的治理进程。库布齐沙漠、毛乌素沙地的治理方略,特别是库布齐沙漠北缘锁边林工程就是在那一时期提出并初具规模的。

聂生有同志在全面系统地总结林业发展的成功经验后,响亮地提出了"没有林业,就没有发达的农业;没有林业,就没有稳定的畜牧业;没有林业,人民群众就会失去生活条件"的科学论断,并遵循植被建设是伊盟最大的基本建设的思想,制定了全盟"深化改革、集约经营、注重科学、造管并重"的林业工作总方针。

他根据伊克昭盟的自然土地条件,实施了"一、二、三、四、五"绿化工程,即治理一个重点地区(毛乌素沙地),建设两大体系(用材林防护林体系),抓好三个重点旗(伊金霍洛旗、乌审旗、准格尔旗),建好四大基地(黄河南岸阔叶用材林基地、黄土丘陵区针叶树用材林基地、准格尔旗海红果基地、无定河流域大苹果基地),推进五项工程(毛乌素沙地治理工程、黄河中游水土保持林工程、青少年黄河护岸林工程、库布齐沙漠中东段防风固沙林工程、砒砂岩区沙棘林工程)。同时,坚持以森林保护为中心,以工程造林为重点,两手都要抓的原则,保证了伊克昭盟各项林业生产稳步快速发展,为以后林业生态的高速发展奠定了坚实基础。

聂生有同志在伊克昭盟林业处主政的9年期间,全盟森林覆盖率由原来的7.66%提高到12.33%;全盟多种经营项目发展到101个,国有林场社会总产值达到121万元,其中多种经营项目产值达8.1万元,占社会总产值的65%,实现利润120.8万元,上缴税金83.1万元。

聂生有同志为大面积植被建设改善生态环境,作出了卓越贡献。他任盟林业处处长期间,盟林业处先后获得盟行署两次"一等园林责任制奖"和一次"二等园林责任制奖",获"内蒙古自治区林业局颁发的"造林成就优异奖"和自治区人民政府颁发的"全区林业先进单位奖"。本人的工作成绩也受到上级部门的充分肯定,1982年任伊金霍洛旗委书记期间,伊金霍洛旗荣获自治区爱国卫生城镇"阿吉奈"荣誉奖;1983年被评为"全区民族团结进步个人"和"伊克昭盟民族团结进步先进个人";1986年荣获"全国飞机播种造林先进个人";1990年5月全国绿化委员会授予"全国绿化奖章";1991年获"全国治沙劳动模范"称号;1991年被内蒙古团委、林业局、水利局授予"全区青少年黄河护岸林工程建设先进人物"。

1993年4月,聂生有同志光荣退休。但他并没有休息,而是充分利用时间,广泛收集、整理资料,撰写了10万余字的革命回忆录《魂系桑梓》,对自己的一生做了全面的总结回顾。这是一部总结自我、启迪后人的好书。笔者读后受益匪浅,永远怀念2018年10月辞世、享年86岁的聂生有同志。

二、跨越山河的林业建设改革和科技先行者——记原伊金霍洛旗林业局副局长　工程师书记　李志平

(一)跨越山河缘大漠　时代青年留印迹

祖籍山东、生在天津的李志平做梦也不曾想过要和大漠结下不解之缘。而命运之神却将他的一生交给了鄂尔多斯,交给了毛乌素沙地。

1962年,中国大地缺衣少食的日子。从内蒙古林学院毕业的李志平,告别了江苏连云港的父母弟妹,迈着山东壮汉的长腿大脚,踏上鄂尔多斯这块充满神奇色彩的黄土地。那是一卷行李、一个书箱、一架黄牛车走来的历史,年仅22岁的李志平,就在成吉思汗陵脚下的霍洛林场找到了自己的坐标,从此开始濡染绿色的艰难跋涉。

踏出校门、跨过黄河的李志平真可谓"受命于危难之时"。由于当地倒山种田、广种薄收的旧习,加上片面强调以粮为纲,开荒种田日益严重,仅1960年到1962年这三年,全旗开荒就达48万亩,使全旗总耕地达

伊旗20世纪80年代防风固沙和植被覆盖航拍图

到144万亩,人均近19.5万亩。而大量的草原沙化,耕地失去植被保护,收获寥寥无几。李志平作为一名科班出身的林业工作者,看到这种现象真是心如刀绞。

在霍洛林场40.5万亩经营土地上,他年复一年地奔波,日复一日地辛劳,这一干就是整整20个春秋。

冬寒夏暑的20年,铸就李志平一生干练、认真的工作作风和人格。他总是那么忙碌。造林计划要他拿,有了虫害要找他,选种育苗得有他,外地采种、开会更缺不了他。

(二)工程师书记

1981年,李志平凭借其20年的辛勤努力和卓著的成绩,被任命为旗林业局副局长。1984年他又被推选为旗人民政府副旗长,1985年又调旗委任副书记。

　　无论任什么职,他都离不开自己眷恋的绿色事业,从技术员到工程师,从普通干部到领导,他干的是林业,分管的是林业。

　　1985年,伊旗历史上一个有纪念意义的年份。这一年,伊旗被确定为"三北"防护林二期工程重点绿化旗县。

　　作为分管林业的副书记李志平,自然觉得肩上的担子更加沉重。

　　"三北"防护林二期工程的主战场,都是一期工程啃剩的"硬骨头",流沙多,面积广,造林难度大,远沙大沙管护难。但现实的问题并未难住李志平,他在1986年2月召开的"三北"防护林工程定盘子大会上,胸有成竹地端出了伊旗"三北"防护林二期工程的总体规划:西北部营造防护林,南部营造水土保持林,以营造防护林为主,积极发展经济林;在治沙的同时,注意治理退化滩地,做到生态效益与经济效益结合,治理与开发结合;在建设绿化旗的同时,发展带动经济建设,提高人民生活水平。

　　这一布局来自李志平精心的调查研究,来自伊旗现实的地理因素:西北风大,东南水蚀。要使治理得到明显效果,还必须走"统一种植,分户管理"的路子。

　　伊金霍洛旗的造林业有一定的基础,苗条可以调剂解决,可造林容易护林难,问题较为突出。根据客观情况,李志平大胆将过去国家造林款发放改变为提供围封实施,可谓一举两得。并制定了"造林任务直接分配到户,林权面积直接落实到户,集体林木作价到户,宜林荒沙、荒地直接划拨到户"的政策。群众不再怕沙、躲沙,而是抢沙、爱沙,可谓寸沙必争,因为有更优惠的政策鼓励着他们,那就是"实行统一规划,集中连片承包治理,谁种谁有,长期不变,允许继承"。从此,在伊金霍洛大地上一个"个体、集体、国家一齐上,以个体为主"的林业发展新局面出现了。

　　那几年,李志平忙得腿肚子抽筋,找他要苗条、要钢丝、要荒沙荒滩的人排成队。他想,群众造林积极性这么高,我们领导们该在其中干些什么呢?根据他多年来的工作经验,李志平倡导建议:实行领导干部承包绿化点制度,即旗乡两级领导每人承包一块面积较大、治理难度较大的荒沙荒滩,发动群众进行绿化,经林业局验收合格,再转包另一个绿化点。几年来,旗乡两级承包绿化点近50处,使2.55万亩荒沙滩披上绿装。

"小树变大树,群众看干部。"领导干部带头植树绿化,群众造林劲头更足了。经过几年治理,伊旗2.55万亩荒沙、荒滩一改往日的荒凉,绿荫成行,草茂林丰。

(三)林业建设改革者和科技先行者

1991年底,全旗有林面积达到294万亩,比1978年增加了135万亩,全旗森林覆盖率达28%。

每一个数字都说明伊旗的林业在大发展,每一个数字都凝结着伊旗领导层和林业工作者的心血。在伊金霍洛这片充满诱惑的土地上,对于魂系绿荫30年的李志平来说,不知倾注了多少爱,付出了多少情。

二期工程建设中,原年收入近百万元的柳编制品受国际市场影响,一下子滞销,林业经济效益受到严重挑战,直接影响群众的生活水平和造林积极性。如何靠林致富?这个课题在李志平书记脑际萦绕已久。后来,他受甘肃陇南市"四个一"经济发展模式启发,决定在伊旗试行"七个一"家庭经济发展模式,即每人一亩水浇地,每户一个小果园,每户一名农牧民技术员,每户一小草库伦,每户出售一头商品猪或每人出售一只商品羊,每户一个青贮窖,每社一个饲草料加工点。并以红庆河乡宝林村作为实行"七个一"工程示范点。他亲自到村里进行规划,为村民联系购买果树苗和围封设施,带着技术员到实地指导定植,传授修剪技术。目前,不仅"七个一"工程在宝林村初具规模,而且在全旗农牧区也开花结果。

发展庭院经济,是李志平同志的又一着棋。他根据阿勒腾席热地区平房多、院落大的特点,1987年亲自到呼和浩特市挑选、购买了3000株葡萄苗在阿勒腾席热镇种植。后来,在他的号召下,旗科委、种苗场等处也先后运回果树苗投放给居民。阿勒腾席热镇三分之一的农户院落也种植了果树,不仅美化了环境,品尝到自己的劳动果实,个别农户还为市场提供商品葡萄。

1989年,他从呼和浩特市邀请来两位专家朋友,专程来伊旗为种苗场和果园进行现场指导,并嫁接了60多架葡萄,成效显著。中国科学院决定在晋、陕、蒙三个省、自治区之间选择一个综合开发试验区,国家黄土地资源考察队长郭绍礼先生主动将这个项目争取到伊旗,他说"我之所以坐在伊金霍洛旗的板凳上,就是冲着这儿的领导素质和干劲来的"。

每当人们将李志平为伊旗经济建设出谋划策见到实效而加以颂扬时,李志平总是平静地说,"事情是群众干出来的,不是领导想出来的"。

（四）不忘初心　继续前进

汗水和收获总是结伴而行。1992年,国家林业局授予李志平同志"三北防护林体系二期工程建设先进工作者"称号。伊旗因此被"三北"防护林建设领导小组和国家林业局授予"三北防护林体系建设一期工程先进单位""三北防护林体系建设二期工程建设先进单位"称号,并被中央绿化委员会授予"全国绿化先进单位"称号。

这称号确实来之不易,其中有李志平的心血,有林业工作者的汗滴,也有家人对他的全力支持。我们相信,作为林业工程师的李志平永远不会放弃自己的绿色事业。而伊旗的山山水水不会忘记你,伊旗的人民更不会忘记你。伊金霍洛那山梁沟壑的行行杨柳,簇簇新绿,正是你奔波的绿色踪迹,而那数不尽的参天大树,不正是书写你创业历程的绿色丰碑吗?

第五节　创新创业　生态优先

生态优先　绿化发展——记第十三届全国人大代表　鄂尔多斯乌兰发展集团有限公司董事局主席　李玉良

1981年,他从内蒙古军区某部退伍后,又回到伊金霍洛旗布尔台格乡那个生他养他的小山村里。他走进石圪台煤矿,当了一名挖煤工人。如今四十几个春秋过去了,当年那位脱下军装走进煤巷的采煤工已成长为今天拥有固定资产数亿元的全国民营企业500强的老总。

现在,让我们走近鄂尔多斯市乌兰煤炭集团有限责任公司董事长兼总经理李玉良,探究这位退伍军人企业家的创业历程与心灵之路。

(一)意志坚强　激情创业,尽显军人本色

1958年8月1日,李玉良出生在一个普通农民家庭。特殊的年代、家庭的贫困,使他中学毕业后,没有顺理成章地进入大学的校门,而是重新操起祖辈们沿用的农具,成为一个地地道道的农民。不久,他被乡亲们推举为当地一所村办小学的"民办教师"。

1978年,李玉良应征入伍。他先后担任班长、代理排长。绿色的军营锤炼了他不屈不挠、勇往直前的性格。退伍后从采煤工干起,一直到销售员、车间主任、煤矿会计、副矿长。

原本就底气不足的石圪台煤矿艰难运行到1983年时,已累计亏损22万元,成为伊旗地方政府的一个包袱企业,基础设施处于一穷二白的境地,当时唯一的矿井是石圪台平峒,煤层不足2米厚,中间还有40厘米左右的夹石。办公室、职工宿舍只是两排破旧的土房,运输设备仅有两辆马车,为此,包括一些矿领导在内的职工都纷纷调往其他单位,另谋出路。在这山穷水尽的情况下,伊旗人民政府将这个"烂摊子"交给了26岁的李玉良,任命他为石圪台煤矿的矿长。

组织的信任,使他信心坚定地挑起这副重担。李玉良同志审时度势,以抓煤矿的整章建制入手,以建新井为突破口,对石圪台煤矿大刀阔斧进行改革。于是,他担任矿长的第二年,便一举甩掉了石圪台煤矿建矿以来一直亏损的帽子。到1993年,矿厂一跃成为伊旗的利税大户和伊克昭盟的文明企业,新建的3个煤矿均成为地方国营矿的样板,年生产能力达到40万吨,第三产业也得到迅猛发展,砖厂、化工厂、运输公司、编织厂、修配厂、养兔厂……无数惊羡的目光也向李玉良投去。

1995年,全国煤炭市场进入空前疲软时期。一时间,伊旗境内煤炭严重滞销,大小煤矿为了生存,互相之间各自为政、降价倾销,不惜亏本经营,滥采滥挖,采富弃贫,造成煤炭资源严重浪费,费税大量流失,企业苟延残喘,惨淡经营。当时全旗地方煤炭企业除石圪台煤矿之外,其他都处于亏损状态。

面对这种形势,这年年底,伊旗旗委、政府提出建设煤炭龙头,走产业化发展道路,实行集团化经营的思路,以当时的石圪台煤矿为核心,联合另外两家国有煤炭企业组建伊旗煤炭集团公司。

李玉良同志的艰苦创业精神和杰出的管理才能以及他为国家所做的贡献,使伊旗人民认可了他,组织信任他,煤炭职工拥护他。他被任命为总经理、法人代表,从此,李玉良开始了他的第二次创业。

寒风料峭。当人们正在忙忙碌碌地准备过春节的时候,他却运筹帷幄,组建领导班子,构思企业发展蓝图,深入各下属厂矿。没有办公室,就租了一座泥水未干的简易小楼艰苦创业。

日复一日,在他的日历上和考勤簿里很难找到他的节假日和休息日,而这些时间,正是别人在家里尽享天伦之乐的时光,他的身影却往往出现在生产第一线……

仅仅五年的时间,一个崭新而充满活力的伊旗煤炭集团公司在李玉良的统率下克服了煤炭市场严重疲软,亚洲金融危机波及等困难,负重奋进,奇迹般地走出低谷,发展了自己,成为鄂尔多斯高原上一颗分外引人注目的新星。不仅利税、产值在全伊克昭盟的前列,而且有了办公大楼,在北京、天津等省区有了自己的分公司和办事处。有了联营自备列车,有了运煤集装站台,有了自己的拳头产品,有了伊克昭盟唯一的乳化炸药厂,有了生产能力达到年产500万吨的20多个煤矿,有了自己制造的各种矿山机械设备,有了万亩种羊基地。总资产由成立初期的900万元,到1999年底达到1.5亿元。通过兼并收购,先后救活了伊旗农机厂、毛纺厂、通富煤矿等13个国营乡镇濒临破产的亏损企业,使它们重现生机。

公司在实践中探索形成的"包生产、保安全、统供应、促销售、费用超支不补、成本降低有奖"的管理模式被许多兄弟企业推广。

2000年初,按照党和政府的大政方针,伊旗煤炭集团公司进行全面转制,鄂尔多斯市乌兰煤炭集团有限责任公司正式成立,在首届职工(股东)代表大会上,他以全票当选为董事长。

天高任鸟飞,海阔凭鱼跃。在新的机制下,李玉良同志以更加饱满的创业激情,大展宏图,驰骋商场,以大手笔、大谋略铺开了乌兰集团创业的新蓝图。又是短短的4年时光,公司主导产品原煤的年生产能力达到800万吨,又建起了当地规模较大的星级宾馆、热电厂、热力公司,成为集煤炭的产、运、销、深加工以及电力、化工、建材、机械加工、餐饮、住宿、城市供热的中型企业集团。截至2004年底,集团公司总资产达到3.8亿元,累计创产值15.3亿元,上缴税费3.5亿元,其中,2004年的利税突破亿元大关,成为伊金霍洛旗的龙头、支柱企业。2004年8月经全国工商联等有关部门的综合考评,跻身全国民营企业500强的行列,先后被鄂尔多斯市工商联、内蒙古工商联等单位评为全市、全区的"诚信纳税先进企业"。

(二)倾情奉献的企业家情怀

企业发展了,李玉良同志没有忘记这块土地上的父老乡亲,更把职工的冷暖时刻记在心上。企业转制后,不仅原国有企业95%的职工得到妥善安置就业,而且还承担起80余名原有的伤残人员的生活、医疗问题,不断增加新的就业岗位,安置了1500余名下岗失业人员、退伍军人及其他城乡剩余劳动力就业,累计用于扶贫帮困、捐资助教等公益事业达560万元,其中,2001年,为伊旗抗旱救灾捐款10万元;2003年为地方政府防控"非典"捐款30万元,奖励伊旗优秀教师10万元,2004年又拿出10万元奖励了部分品学兼优的中小学生,在伊旗二中成立了"乌兰希望班",使45名贫困生免费入学,并承担了中学三年的全部学杂费,此外,他历年来个人出资数万元,救助了伊旗境内18名面临辍学儿童。

公司发展了,职工的收入也提高了,而且,全体职工的养老保险、医疗保险、工伤保险、生育保险也不折不扣地缴纳了。从1996年至今,累计缴纳社会保险金700余万元,先后出台了"职工大病统筹办法"及"职工工伤统筹办法",使职工老有所养,病有所医,伤有所治。2002年开始,公司垫资近3000万元,分别在阿勒腾席热镇平安小区、绿苑小区建起了10余栋住宅楼,逐年帮助职工解决了住房问题。他还制定并坚持了员工"患病住院必访、家庭特困和出现天灾人祸必访"制度,通过公司救助、自己带头捐款帮助一个个困难职工渡过难关。

(三)追求的不仅仅是经济效益,是"黑色大地"苍翠的脊梁

李玉良是一个富有社会责任心的企业家,他高瞻远瞩,不仅关注企业眼前的经济效益,更考虑明天的发展和社会的环境生态效益,他自始

至终坚持着可持续发展的科学理念。

为深入贯彻落实"绿水青山就是金山银山"和习总书记在全国两会内蒙古代表团审议时的重要讲话精神,探索以"生态优先、绿色发展"理念为导向的高质量发展新路子,李玉良提出以坚持打造绿色矿山为目标,落实"保护生态环境,实现持续发展",大力实施绿化、美化、亮化工程。现在,乌兰集团荣恒、拉布拉、温家塔、满来梁等煤矿都已建成绿色矿山矿区,绿色铺满了"黑金之地",矿区生态化、产业化,采空区、复垦区环境综合治理,百花灿烂。通过十年的努力,昔日树木稀少的荒山沟蜕蝶变为绿树成荫、鸟语花香的美丽田园,"烂石山"变成了"花果山""金银山",也带动了当地由"穷山沟"到"绿富美"的转变,"生态绿"取代"煤炭黑"成为产业发展的底色和底气。满来梁煤矿生态建设走出了一条生态效益、经济效益、社会效益齐头并进的路子,成为乌兰集团坚持生态优先、绿色发展的一个缩影。

早在石圪台煤矿当矿长的时候,李玉良就特别注重矿区的生态建设。每年都要带领职工义务对矿区进行绿化。几年下来,原来煤矿周围那片荒山植满了松柏、杨柳,成为矿区的一个绿洲。现在,乌兰集团每个下属企业很少有高楼大厦,但不论走到哪里,厂房、矿井、工业广场都被绿树环绕,特别是党的十八大以来,乌兰集团所属单位累计植树达1000万株,实现了开发与环境保护的双赢。

2001年,看到矿区星罗棋布的焦化厂排放的尾气不仅白白浪费掉,而且造成环境污染,李玉良不断探索,大胆引进胜利油田和太原理工大学专利技术,新建了通富尾气综合利用发电站取得了成功,年发电量达到150万千瓦时,满足了一个年产60万吨矿井和10万吨焦化厂的正常用电,既保护了环境,减少了大气污染,又缓解了矿区的用电,实现了环境保护、节约能源、提高效益的目的。这一创新,引起了地方政府和内蒙古电视台等媒体的关注。

李玉良带领集团员工植树造林

　　2004年,集团投资近亿元,新建了乌兰热电厂,设计规模一期达2×
1.2万千瓦时,将在今年上半年投入正常运行。在李玉良的规划中,届
时,利用电厂余热作为伊旗旗政府所在地集中供热的热源,供热面积达
到40万平方米,并利用电厂排放的灰渣制作轻型建筑材料。仅乌兰热
电厂项目就减少一个小城镇近10个小供暖站的烟囱,而且带动一个年
产1000万块灰渣制作的环保型砖厂,解决了灰渣堆放造成的环境污染,
又节约了因传统机制红砖造成的黏土资源的浪费,也缓解了电力紧张,
而且,为延长产业链,又新建一座与之配套的年产1万吨的碳化硅项目。
这些项目的实施在发展循环经济、保护环境、节约资源方面成为功在当
代,利在千秋的大事,必将成为鄂尔多斯市经济的一个亮点。

　　(四)倾情奉献的企业家情怀

　　李玉良,这位共和国和平年代的退伍军人,肩负着社会责任与振兴
地方经济的大任,成为无数退伍军人中的佼佼者,他赢得了人们的尊

重,人民也给了他许多的荣誉。1998年他当选为伊金霍洛旗政协副主席,1991年至今连任伊旗旗委委员、伊旗人大代表、常委,2001年当选为鄂尔多斯市首届人代会代表,并先后被评为"自治区十大杰出青年企业家"和"鄂尔多斯市劳动模范"。

李玉良表示,乌兰集团要学习贯彻落实总书记的讲话精神,不断加大绿色矿山建设,做好矿区生态保护和修复综合治理,打好污染防治攻坚战,加强生产经营,坚持高质量发展,实现经济效益和生态效益双提高,要履行好民营企业的各项社会义务,承担好各项社会责任,一如既往地做好社会就业和精准扶贫,引导全体员工常怀感恩之心,把企业做强、做优。

第六节　绿色精神　薪火相传

　　伊金霍洛在一代又一代治沙人的接续奋斗中,创造了沙地变绿洲的人间奇迹,铸就了"守望家园、齐心协力、创新助业、绿富同兴"的绿色精神。如今,伊金霍洛治沙精神早已经深深印刻在伊金霍洛人的血脉中,并影响着一代又一代奋斗者。

一、守望家园

　　诗人艾青在《我爱这土地》里写道:"为什么我的眼里常含泪水,因为我对这土地爱得深沉……"中国人的家国情怀,古已有之,不论我们身处何地,都心心念念祖国和家乡,这是根植于每个中国人内心的意念。

　　面对恶劣的生存环境,伊金霍洛人没有退缩、没有逃避、没有放弃,而是迎难而上,坚守家园,扎根沙区,誓将黄沙变绿洲,要将家园变绿色,伊金霍洛绿色精神正是由一代代伊金霍洛治沙人共同汇聚而成。他们当中,有来自基层的治沙大户马鸡焕、阿文色林、倪驼羔,有身先士卒,模范引领的治沙英雄王玉珊、贾道尔吉,也有重视研发、锐意创新的许广重、乔栈彪,还有顶层规划、政策保障的聂生有、李志平,以及心怀奉献的企业家李玉良。他们生于伊金霍洛、长于伊金霍洛,或立业于伊金霍洛,年复一年地奔波,日复一日地辛劳,坚守着伊金霍洛这片家园,默默地奉献着自己的力量,一干就是几十年。其间遇到过困难、挫折,但是他们并没有放弃,在干旱少雨、风沙肆虐的自然条件下,起初栽树种草成活率很低,栽上即被大风刮死,但死了再补,如此反复,直至成活,从未放弃。同时,积极了解全旗的自然状况和生态家底,因地制宜,科学栽种,坚持生态修复治理和生物多样性保护,积极促进植物多样化。经过不懈奋斗,伊金霍洛一天天变绿,群众幸福感不断提升,爱绿、护绿、逐绿的理念深入人心,黄沙滚滚、沙进人退的情形,再也不会发生了!

二、齐心协力

面对茫茫沙海,唯有齐心,方能克难。伊金霍洛治沙者们和家人、群众、职工一道,奋战在荒漠中,齐心协力,谱写了一首首可歌可泣的英雄赞歌。荒漠中,有全家老小一齐上阵的景象;嘎查里,有蒙汉群众埋头苦干、辛勤植树种草的身影;治沙站中,有科技人员、职工和领导参加的科研小组,有计划地进行良种选育、沙地育苗造林;黄沙中,有全旗干部、职工、农牧民群众大力开展植树造林、防风固沙的场景;采煤沉陷区,企业家和集团员工植树造林、建设绿色矿山的场景历历在目……

早些年,没有大型机械,就靠人拉肩扛,将植被搬运到沙漠中;缺少水源浇灌,旗委、政府就启动实施了水资源综合利用工程,将矿区疏干水变废为宝,实现资源化利用;政策制定上,出台了"个体、集体、国家一齐上,以个体为主,谁造谁有"的植树造林方针,同时制定落实了"四到户"的机制,即集体林木直接作价到户、宜林"五荒"直接划拨到户、林权直接落实到户,造林任务直接分配到户,这大大地激发了群众植树的热情,让大家可以有劲一处使,有力一起发,实现了生态效益、社会效益、经济效益的多赢,伊金霍洛绿色长城正是全旗各族群众齐心协力的硕果!

三、创新助业

科学技术是第一生产力,科技创新是第一驱动力。在几十年绿色发展进程中,伊金霍洛涌现出了通过各种创新手段助力生态建设的科技成果。大力推广切合实际的先进实用技术,为绿色发展提供科技支撑,如成功突破毛乌素沙地樟子松造林技术,探索总结出伊旗特有的模式,新街治沙站、霍洛林场通过多年实践总结出"先治洼、后治坡、前挡后拉、穿靴戴帽、前挡后不拉、中间让风刮"的治沙经验和技术；在采煤沉陷区和复垦区，通过"生态修复+"综合治理模式，推进矿区疏干水和煤矸石资源化综合利用，打造"绿色矿山+新能源+多产业"融合发展新模式；在产业园区，通过"风光氢储车"发展新能源产业，致力于打造清洁能源输出基地，实现地区经济结构调整和建设绿色之城的同时，为实现中国"双碳"目标贡献"伊金霍洛之力"。

通过创新支撑，科技领航，多措并举，伊旗实现了防沙治沙、矿区治理、生态修复、城乡变美等多赢局面，让人与自然和谐共生、一二三产业融合发展的美好愿景在伊金霍洛变为现实，真正使创新助业的绿色精神在伊金霍洛的沃土上赓续下来。

四、绿富同兴

绿水青山就是金山银山，伊金霍洛深谙此理，由黄变绿的历程也是全旗实现绿富同兴的过程。植树种草不仅起到了防沙治沙的作用，丰富优质的林草资源还为农牧民实施科学养殖、舍饲圈养创造了良好条件，让农牧民走上了致富路；发展庭院经济，鼓励农户院落种植果树，不仅美化了环境，品尝到自己的劳动果实，个别农户还为市场提供商品赚得收益；探索推进"家庭林草场"模式，通过农牧民承包沙区，在治沙种草的同时，科学合理地种植枸杞、红枣等特色林产品，发展生态种养、生态旅游等富民新业态；沙柳产业和沙棘产业，建立起地方企业与农牧民的利益联结机制，带动农牧民就业增收；利用文旅资源丰富的天然优势，打造精品旅游路线和研学活动，让物质文明与精神文明双提升；采煤沉陷区和复垦区，按照"板上发电、板间板下种植"的"林光互补"生态修复模式对采煤沉陷区进行高标准生态修复治理，同时，发展农渔观光、特色果蔬采摘等旅游产业……绿了家园、富了百姓，伊旗走出了一条"沙漠增绿、资源增值、企业增效、农牧民增收、政府增税"的新型生态建设和产业化发展之路,实现了绿富同兴。

五、绿色精神

一个个企业倾情投入,一代代治沙人不断涌现,默默奉献的无名英雄数不胜数,接力谱写着伊金霍洛绿色新篇章,汇聚成伊金霍洛"守望家园、齐心协力、创新助业、绿富同兴"的绿色精神。伊金霍洛绿色故事将继续谱写,伊金霍洛绿色精神更是鄂尔多斯精神的一部分,润泽后世,薪火相传!

绿色家园,伊金霍洛。守望绿色,如同等待"春风",是一种姿态,一种典仪。我们守护好绿色的家园,更要建设好绿色的家园。借着新时代生态文明思想的"精神之光",在"生态优先,绿色发展"的探索创新路上,使绿色精神代代传承。

第七章
厚植底色　　逐绿前行

多年的实践证明，推动伊旗经济社会持续健康发展，必须把发展作为解决一切问题的基础和关键，把经济结构战略性调整作为转变经济发展方式的主攻方向，把保障和改善民生作为经济社会发展的出发点和落脚点，把改革开放和创新驱动作为经济社会发展的根本动力，把资源节约和环境保护作为经济社会发展的重要前提，把和谐稳定作为经济社会发展的重要保障。当前，伊旗进入新发展阶段，发展条件深刻变化，进一步发展面临新的机遇和挑战。

一方面，新发展理念蕴含新发展机遇。国家层面进一步明确了创新在现代化建设全局中的核心地位，自治区大力实施"科技兴蒙"行动，以5G通信、物联网、大数据、人工智能等为引领的第四次工业革命正在蓬

白马桥

287

勃兴起,为全旗煤炭产业数字化转型、智能装备制造、新能源、新材料等领域突破创新提供了更多技术支撑,有利于塑造全旗未来发展新优势。新发展格局带来新发展机遇。国家大力推动落实能源和战略资源基地优化升级、支持资源型地区转型发展等系列重大政策,为全旗主动适应能源生产和消费革命大趋势,加快发展"零碳经济",培育壮大"风光氢储车"产业集群等新动能,构建清洁、安全、可持续的现代能源体系提供了难得的政策机遇和广阔的市场空间。新型城镇化建设提供新发展机遇。作为鄂尔多斯城市核心区的重要组团,全旗拥有得天独厚的政治、经济、区位、交通、文化等比较优势,在国家推动黄河流域生态保护和高质量发展、自治区推进呼包鄂乌协同发展等政策的叠加效应带动下,黄河"几"字弯都市圈将成为引领西部地区高质量发展的重要增长极,全旗新型城镇化建设迎来了重大机遇,为产业结构调整、培育新的经济增长点创造了有利契机。

另一方面,资源型经济亟待转型突破。以煤炭产业为主导的经济发展方式占据基础性地位,产业链不长、附加值不高、市场竞争力不强,低端化、低层次、粗放式发展特征明显。产业结构调整步伐缓慢。产业结构相对单一,能源产业占经济总量比重较大,"挤出效应"明显,非资源型产业、现代服务业、现代农牧业发展不充分,多级支撑、多元发展的现代产业体系尚未成型。城乡统筹发展不协调。农村牧区在基础设施建设、公共服务提升、产业转型和结构转型等方面发展滞后,农牧民收入水平与城镇居民差距明显,农村牧区发展面貌有待进一步改善。矛盾风险日益显现。发展中长期积累的矛盾问题,尤其是经济下行压力加大、金融债务风险上升、资源环境约束趋紧、营商环境不优等困难问题相互交织,推进现代化建设任重道远。

因此,面向伊金霍洛现代化建设,机遇和挑战都有新的发展变化,伊旗必须进一步增强机遇意识和风险意识,深刻认识错综复杂外部环境带来的新矛盾新挑战，深刻认识伊金霍洛高质量发展阶段性特征带来的新问题新期待；必须保持生态优先的战略定力，积极应对各种困难和挑战，扎扎实实抓好政策落实，久久为功转变发展方式；必须坚持以人民为中心的发展思想，使人民获得感、幸福感、安全感更加充实、更有保障、更可持续；必须认识和把握发展规律，发扬斗争精神，树立底线思维，准确识变、科学应变、主动求变，善于在危机中育先机、于变局中开新局，抓住机遇，应对挑战，奋勇前进，推动新时代全旗经济社会高质量发展取得新的更大突破。

第一节　守望碧水蓝天,共建美丽家园

　　伊旗始终在统筹推进山水林田湖草沙系统的治理,近年来大力造林绿化、治理水土流失,森林覆盖率达到37％,生态建设和荒漠化治理成果得到《联合国防治荒漠化公约》第十三次缔约方大会参会代表高度认可。全面推行河湖长制,乌兰木伦流域和牸牛川流域水质实现稳定达标。狠抓矿区环境整治,依法关停零散煤厂,治理采煤沉陷区,建成国

成吉思汗国家森林公园

家和自治区级绿色矿山47座。推动生态文明示范创建,阿勒腾席热镇绿化覆盖率达到48.4%,获评全区首批"国家园林县城";实施乡村振兴战略,人居环境整治走在全区前列,获评"全国村庄清洁行动先进县",入选全国乡村治理体系建设首批试点单位;全旗7个镇全部被评为"自治区级生态乡镇",其中5个镇被评为"国家级生态乡镇",乌兰木伦村、查干柴达木村、布拉格嘎查等3个村被评为国家森林乡村。

当前,伊旗努力打造我国山(沙)水林田湖草系统治理综合示范区,内蒙古自治区生态环境综合整治先行示范基地,鄂尔多斯市绿色发展的领头雁,形成节约资源、保护环境的空间格局、产业结构、生产方式、生活方式,建设成"山更青、水更秀、林更茂、田更整、湖更净、草更美",人与自然和谐的"美丽伊旗",为子孙后代留下空气常新、青山常在、绿水长流的良好生产生活环境。

伊旗牢固树立"绿水青山就是金山银山"发展理念,以生态优先绿色发展为导向打造生态文明试验区,统筹推进污染防治和能耗"双控",严守生态保护红线、环境质量底线和资源利用上线。加快发展绿色能源和"零碳经济",提升林业碳汇能力,鼓励绿色技术创新,倡导绿色生活方式,为实现碳排放率先达峰目标奠定坚实基础。深入实施黄河流域生态保护和高质量发展战略,统筹推进山水林田湖草源头治理、系统治理、综合治理,推行"生态修复+光伏+现代农牧业""风光氢储+生态"治理模式,打造国家储备林、煤矿疏干水综合利用全国标杆。用好矿山地质环境恢复治理基金,一体化推进绿色矿山建设和土地复垦、生态修复治理,境内所有煤矿全部达到国家或自治区级绿色矿山建设标准,创建全国采煤沉陷区生态修复治理示范区。

一、"十四五"规划目标

综合分析"十四五"时期发展趋势和发展条件,伊金霍洛今后五年经济社会发展要努力实现以下主要目标:

转型发展实现新突破。新发展理念得到全面深入贯彻,产业结构调整取得系统性、标志性成果,产业基础高级化、产业链现代化水平显著提高,产业发展较多依赖资源开发状况总体改变。现代农牧业产业化、绿色化、品牌化水平进一步提高,新型工业多元化发展取得明显成效,非煤产业产值占工业总产值比重稳步攀升,服务业规模壮大、层次提升,率先在全区走出一条以生态优先、绿色发展为导向的高质量发展新路子。

科技创新迈出新步伐。创新驱动发展格局初步形成,自主创新能力大幅度提升,重大科技成果转化应用加速落地,创新创业环境更加优化,全社会研发经费投入力度达到全国平均水平,5G智能化矿区建设和煤炭绿色开采等技术广泛应用,经济发展由"以量取胜"向"以质取胜"转变,科技创新走在自治区前列。

营商环境取得新优化。各项改革任务深入推进,各方面体制机制更加健全完善。"放管服"改革取得更为明显的实质性进展,政府职能深刻转变、服务质效大幅提升、政务服务供给更加优化,市场活力、社会活力充分激发,对外开放广度和深度不断拓展,市场化、法治化、国际化营商环境建设迈入先进行列,更高水平开放型经济新体制基本形成,让优质营商环境成为伊金霍洛的最强竞争力。

生态文明建设实现新进步。生产方式和生活方式更加绿色,森林覆盖率和植被覆盖度稳步提高,森林蓄积量和生态系统碳汇能力不断增强,为全市、全区推动"碳达峰、碳中和"作出积极贡献,生态建设走在全国资源型城市前列。山水林田湖草沙系统治理水平全面提升,绿色矿山建设深入推进,能源资源配置更加合理,节能减排治污力度持续加大,祖国北方重要生态安全屏障伊金霍洛防线更加牢固。

社会文明程度得到新提高。社会主义核心价值观更加深入人心,物质文明基础更扎实,精神文明建设成效更显著。深化文化管理体制改革取得成效,拥有先进的文化设施、丰富的文化产品、健全的文化教育和文艺人才培养体系的现代公共文化服务体系更加健全,社会主义先进文化广泛弘扬,中华民族共同体意识深深扎根,群众思想道德素质、科学文化素质和身心健康素质明显提高,成功创建全国县级文明城市。

民生福祉达到新水平。就业、教育、文化、医疗、住房等公共服务体系更加健全,社会保障覆盖面更广、质量更高,民生保障和社会事业发展达到更高水平。城乡居民收入增长和经济增长基本同步,中等收入人口比重上升,人民群众幸福生活的获得感进一步增强。城乡区域发展协调性明显增强,实现巩固拓展脱贫攻坚成果与全面推进乡村振兴战略有效衔接,人民对美好生活的向往得到更好满足。

社会治理取得新成效。法治政府基本建成,法治化、制度化、规范化、程序化、信息化的政府治理体系更加完善,行政效能显著提升,司法公信力显著增强,社会公平正义得到切实维护和实现,防范化解重大风险基础更加牢固、制度更加健全完善,重大公共事件和防灾减灾应急能力明显增强,社会治理水平显著提升,社会环境安全和谐,平安伊金霍洛建设迈向更高水平。

二、2035 年愿景

展望 2035 年,伊金霍洛将同全国全区全市一道基本实现社会主义现代化,经济实力、科技实力大幅跃升,高质量发展迈上新台阶。新型工业化、信息化、城镇化、农业现代化同步实现,支撑现代化发展的市场体系、产业体系、城乡区域发展体系、绿色发展体系、全面开放体系、民生保障体系更加健全。治理体系和治理能力现代化基本实现,法治政府、法治社会基本建成,平安伊金霍洛建设达到更高水平。文化强旗、教育强旗、人才强旗、科技强旗、体育强旗、健康伊金霍洛目标全面实现,文明程度达到新高度,吸引力和影响力显著增强。全方位对外开放格局更加完善,国家现代物流中心枢纽作用充分发挥,开放发展优势进一步彰显。居民人均可支配收入迈上新的台阶,中等收入群体显著扩大,基本公共服务实现均等化,城乡区域发展差距和居民生活水平差距显著缩小,人民生活更加美好,生活品质显著提升,社会更加和谐稳定,人的全面发展、全体人民共同富裕取得更为明显的实质性进展。绿色生产生活方式广泛形成,碳排放达峰后稳中有降,生态环境根本好转,美丽伊金霍洛基本建成。节约资源和保护环境的空间格局、产业结构、生产方式、生活方式总体形成,绿色低碳发展和应对气候变化能力显著增强;空气质量根本改善,水环境质量全面提升,水生态恢复取得明显成效,土壤环境安全得到有效保障,固废处置能力明显提升,环境风险得到全面管控,山水林田湖草沙生态系统服务功能总体恢复,基本满足人民对优美生态环境的需要;生态环境保护管理制度健全高效,生态环境治理体系和治理能力现代化基本实现。

第二节 和谐共生更增绿

　　伊旗坚持改善生态环境质量,努力建设人与自然和谐共生的美丽家园。坚持绿水青山就是金山银山理念,牢固树立生态优先、绿色发展导向,深入打好污染防治攻坚战,全面提升城市生态环境品质,建设人与自然和谐共生的美丽家园,使绿色成为发展最动人的底色、最温暖的亮色。

一、加强生态保护和修复

(一)加强草原森林保护修复

　　加快构建以天然林为主体的健康稳定森林生态系统,建立健全天然林休养生息制度,全面保护修复天然林,天然林保有量不低于305万亩。实施森林质量精准提升工程,提高森林生态系统生产力和森林质量,不断完成人工造林和退化林分修复。实施生态保护和修复工程,实施好京津风沙源治理、天然林保护、退牧还草等重点生态工程,大力开展义务植树,森林覆盖率不断提升。严格执行基本草原保护、草畜平衡和禁牧制度,加强草场改良和人工种草,实行围封禁牧措施,保护和恢复草原植被,草原综合植被覆盖度达到62%以上。落实新一轮草原生态保护补助奖励政策,推进森林、草原等重点领域生态补偿全覆盖。逐步增加对重点生态功能区转移支付,完善生态保护成效与资金分配挂钩的激励约束机制。扩大地方公益林补偿面积,合理确定补偿标准。提升

伊旗毛乌素沙地治理

森林蓄积量和生态系统碳汇能力,深度融入全国碳排放交易市场,探索建立伊金霍洛"碳市场",开展森林、草原碳汇交易,在森林覆盖率较高的基础上体现碳汇的价值,为全市、全区"碳达峰、碳中和"作出积极贡献。

(二)加强流域综合治理与湿地保护修复

实施黄河流域生态综合治理工程,加强乌兰木伦河流域水生态保护和修复。实施水土流失综合治理工程,建设乔、灌、草相结合的生态防护林体系,在山坡采取坡面蓄水工程、山坡截流沟等水土保持工程,在山沟治理采取沟头防护、淤地坝工程,有效控制水土流失,水土流失治理度达到95%以上。完善防沙治沙体系,向全世界提供更多可借鉴的荒漠化防治"伊金霍洛经验"。实施重要水源地水土保持和水源涵养工程,改善河湖和地下水生态环境,有效治理地下水超采区,促进水土保护区生态良性循环,禁止水源地从事可能污染饮用水源的活动,禁止开展与保护水源无关的建设项目,禁止一切破坏水环境生态平衡的活动以及破坏水源林、护岸林、水源保护相关植被的活动,逐步提高水源涵养能力。实施湿地、湖泊保护与生态恢复工程,加大煤矿达标疏干水综合利用力度,加强水系连通及农村水系综合治理,实施退牧还湿、湿地恢复、水资源保护和富营养化治理,持续提升东西红海子湿地水质,打破全旗中西部缺水瓶颈,缓解湿地湖泊水位下降局面,实现湿地生态系统健康发展。泊江海子湿地和其和淖、乌兰淖、红碱淖湖泊管理范围,禁止开垦占用、随意改变湿地用途以及损害保护对象等破坏行为,不得随意征用和转让。实施湿地保护森林公园建设工程,建立湿地保护监测体系,建立定位监测站(点),建立健全湿地保护数据库。

遗鸥

（三）加强自然保护地体系建设

加强鄂尔多斯遗鸥国家级自然保护区建设,协同制定区内项目负面清单,在重要地段、重要部位设立界桩和标识牌,利用现代高科技手段和装备,完善和提升资源管护、科研监测、自然教育、应急防灾、基础设施等体系。以自然恢复为主,辅以科学合理的人工措施,开展受损自然生态系统修复。开展野生动植物保护行动,加强生物多样性保护,实施重要物种专项调查与极小种群监测工程,开展遗鸥种群抢救性保护,加强植物种群保护。完善陆生野生动物疫源疫病监测防控体系,推进陆生野生动物救护繁育中心和疫源疫病监测站建设。加大对野生动物人工繁育和经营利用监管,全面禁止非法野生动物交易,加强对外来有害生物防控能力建设,完善野生动物疫源疫病防控体系。

二、推进资源节约集约利用水平

(一)节约利用能源

落实能源消费总量、强度"双控"机制,实施节能改造、节能技术产业化示范、节能产品惠民、节能能力建设等重点工程。突出抓好工业节能,推进企业清洁化生产,培育一批超低排放企业。提高煤炭清洁高效利用水平,重点解决尾气转化利用问题。加强煤炭分质利用研发,提高低阶煤、劣质煤、煤矸石、煤泥利用效率。推动煤炭、电力、化工、建材等重点行业和耗能大户节能,关闭和淘汰污染严重的企业和生产工艺设备。强化重点用能企业的节能监管,加快能耗在线监测系统建设。推行节能发电调度、电力需求侧管理、合同能源管理等节能机制,加强节能监察。严格节能评估审查,建立健全节能监管和技术网络服务体系。开展绿色建筑行动,推动公共机构建筑、采暖、空调、照明系统节能改造及节能运行。优化交通运输结构,加强新能源车辆在客货运输中的推广应用,完善加气站、充电桩等配套服务设施建设。实施全民节能行动计划,开展能效领跑者引领行动,构建能效提升长效机制。实施资源高效利用工程,提升工业废弃物资源化利用水平。

(二)节约利用水资源

落实严格水资源管理制度,确定好水资源开发利用控制红线、用水效率控制红线和水功能区限制纳污红线,坚持"以水定城""以水定地""以水定人""以水定产",严格保护、科学利用水资源。实行用水总量控制,执行用水定额管理,完善取水许可和水资源有偿使用制度。推广农业节水增效技术,灌溉水有效利用系数达到上级下达目标。大力提升工业用水效率,推进化工、电力、建材等高耗水行业节水技术改造,鼓励工业用水、再生水循环利用,加强工业污水处理设施建设,提高污水处理能力和回用规模。依法控制工业企业使用地下水。全面提高城市节水用水管理水平,推广应用节水器具、节水技术,加强节水教育宣传,提高全民节水意识,建设节水型社会。

(三)节约利用土地资源

强化土地利用规划管控和用途管制,健全耕地保护补偿制度,建立基本农田动态监管系统,合理调整优化建设用地结构和布局,降低工业用地比例,保障新型城镇化用地需求。强化土地节约集约利用,实施耕地质量保护和提升行动,推进"亩产倍增"行动计划。严格控制建设用

矿山修复

地规模,合理安排建设用地增量指标和项目建设时序,大力盘活城乡存量建设用地,推进城乡低效用地再开发和工矿废弃地复垦利用。完善产业用地配置方式,鼓励以长期租赁、先租后让、租让结合等供地方式供应产业用地,提高土地资源利用效率。建立健全节约集约用地机制,加强建设用地空间管制。

(四)加强矿山治理恢复

继续落实矿山地质环境恢复治理基金制度,严格矿产资源开发环境准入条件,加强矿产资源开发全过程生态环境保护监理,实现边开采、边治理、边恢复。一体化推进绿色矿山建设和土地复垦、生态修复治理,积极争取国家和自治区露天煤矿临时用地试点政策支持,推动境内所有煤矿全部达到国家或自治区级绿色矿山建设标准,创建全国绿色矿业发展示范区。统筹山水林田湖草沙系统治理,用好矿区恢复治理基金,按照"板上光伏发电、板下生态产业"的思路,探索"林光互补、牧光互补、光伏+氢"等多种模式,大力实施沙棘沙柳、优质牧草等配套产业项目,构建"生态产业化、产业生态化"发展格局。建立矿山生态环境动态监测体系,严格执行环境影响评价和地质灾害危险性评估制度,控制和消除重大地质灾害、环境安全隐患。推进和谐矿区、绿色矿山建设,实施好储备林等重大项目,提升森林蓄积量和生态系统碳汇能力,推动"碳达峰和碳中和"。

三、推动绿色低碳发展

(一)推进产业绿色化发展

加快推进传统产业绿色升级改造,优化工业生产体系布局。根据资源禀赋和环境容量科学规划、合理布局生产。利用遥感、地理信息系统等新兴空间技术,依据资源环境承载力评价和国土空间开发适宜性成果,科学确立生产区域边界,促进生产区域集约紧凑发展。鼓励不同区域打破界限,开展园区共商共建活动,推进产业园区绿色化改造,加强

隆基光伏产业链项目

园区能源资源梯级利用和系统优化,促进产业循环耦合,实现原料互供、资源共享,提高资源产出率。促进电、热、气等多种能源协同综合能源建设,提高园区能源利用效率。推进传统产业绿色化,着力提高化工、煤炭、电力、建材等行业绿色化水平。推行清洁生产强制审核,加大技术服务支撑力度。

(二)发展循环经济

按照减量化、再利用、资源化的原则,在行业、园区、企业、社区推进资源循环式利用、产业循环式融合、区域循环式开发,全面推进循环经济改革。大力发展循环产业,组织开展产业园区循环化改造,支持企业实现清洁生产,打造以煤电、煤化工为主体的工业循环经济产业链,以秸秆和沼气综合利用为主体的农业循环经济产业链,以城市污水再生利用、生活垃圾堆肥、再生资源利用为主体的生态环保产业链,建立循环型工业、农业、服务业体系,提高全社会资源产出率。实施再生资源回收体系建设工程,推行垃圾分类回收,开发"城市矿产",推进秸秆等农林废弃物以及工业废水、废气和建筑垃圾、餐厨废弃物等废旧物品回收和资源化利用。培育一批粉煤灰、煤渣、煤矸石和煤化工废渣、建筑废弃物综合利用骨干企业,推进大宗固体废弃物综合利用。组织开展循环经济示范行动,推广循环经济典型模式,促进生产和生活系统的循环链接,构建覆盖全社会的资源循环利用体系。

（三）构建绿色发展法治体系

建立健全生态环境保护领导和管理体制、激励约束并举的制度体系、政府企业公众共治体系。建立自然资源督察制度。全面推行排污许可制度。健全环境信用评价、信息强制性披露、严惩重罚等制度。建立稳定的财政资金投入机制。完善污水垃圾处理、节水节能等价格收费政策,推动环境污染责任保险发展。坚持谁破坏、谁补偿,落实和完善生态环境损害赔偿制度。增强全社会生态环境保护法治意识,推进生态环境保护执法规范化建设。健全生态环境保护行政执法和刑事司法衔接机制。开展生态环境保护领域民事、行政公益诉讼。健全考核评价体系,加大资源消耗、环境损害、生态效益等指标考核权重。

四、巩固提升环境质量

（一）着力强化环境分区管控

落实生态保护红线、环境质量底线、资源利用上线生态环境准入清单"三线一单",建立生态环境分区管控体系,细化空间分类分区管治,落实国土空间用途管制,细化空间控制单元、产业目录和高耗能、高污染和资源型行业准入条件。实施水生态环境分区管控。黄河流域实行环境容量质量硬约束,深入推进水环境综合治理。以水定容、以水定产,对新建项目执行最严格排放标准,实行工业、生活、农业面源差别化精细化排放管理。将饮用水水源保护区、湿地保护区及重要水产种质资源控制单元划为优先保护区。

（二）继续打好蓝天碧水净土保卫战

深化大气污染防治，严格执行环评、能评制度，加强产业政策、环境准入和污染物排放标准的约束机制，强化区域联防联控，从源头上防止环境污染和生态破坏；实施污染物排放许可证制度，确保二氧化硫、氮氧化物排放控制在约束指标之内。加强工业源污染防治，加快火电、焦化、建材等行业除尘、脱硫、脱氮技术升级，确保稳定达标排放。严格控制工业烟尘、粉尘及工地、建筑、运输和生活扬尘排放。鼓励使用清洁燃料汽车，控制汽车尾气污染。加强水污染防治，强化环境治理目标管理，建立健全水环境治理的激励机制，深化污染物总量控制制度，确保化学需氧量排放控制在约束指标之内。开展水污染区域联防联控行动。加大饮用水源地保护力度，严格控制饮用水源地外围和输水通道周边开发强度。加大煤矿疏干水、中水达标排放的监管力度，鼓励企业生产优先使用煤矿疏干水和中水，建立突发性污染事故的应急处置和水污染调查机制，确保水生态安全。完善城镇排水系统，新建、扩建和改造城镇污水处理设施，合理布局和建设一批污水处理厂及配套管网，确保污水达标排放。加强土壤污染防治，以重污染工矿企业、饮用水源地周边、废弃物堆存场地等为重点，开展污染场地治理修复。推进建设用地分类管理，落实耕地环境质量类别划分成果，优先保护耕地土壤环境质量。加强农业面源污染防治，加大规模化畜禽养殖污染防治力度。推进农业清洁生产，加强地膜回收与利用，科学施用化肥、农药。加强噪声污染防治，进一步加强社会生活、交通、工业、建筑施工等领域噪声源监管，强化城市声环境达标管理。实施声功能区优化行动计划，通过采用低噪声设备、建设隔音设备等措施，加强固定源噪声治理。推进机动车、餐饮娱乐场所噪声治理，强化城市禁鸣管理，建设噪声敏感区域隔音障。

（三）有效防范环境风险

开展重点地区、重点行业、重点企业环境健康风险评估与风险管理改革。完善全过程环境风险防范和应急管理体系，协调利用市环境应急物资储备库，形成2小时应急圈，累计突发环境事件逐年下降。强化危险化学品及持久性有机污染物等有毒有害化学物质环境监管，加强辐射环境安全监管能力与保障水平，许可证发放率达到100%。有效控制电磁辐射污染，逐步推广"绿色基站""绿色变电站"建设。提升固体废弃物综合利用安全处理处置水平，危险废物处置利用率达到100%，城市医疗废物基本实现无害化处置。全旗工业固体废物综合利用率达到60%以上。

高效循环　清洁利用

（四）持续完善生态文明建设体制机制

优化国土空间开发格局，落实国家、自治区主体功能区规划，严格划定城镇、农业、生态空间等土地开发利用边界。加强生态圈建设，实行生态环境红线保护制度。深化生态环境监管服务，坚持"点、线、面"统筹推进,以项目环评实现"点"上主导,以工业园区和重点行业规划环评实现"线"上延伸,以区域空间规划环评实现"面"上联动。依法加强环境监管执法。加快建立水陆统筹、天空地一体、上下协同、信息共享的生态环境监测网络体系。建设资源环境承载力监测、预警与评估体系,实现监测预警规范化、常态化、制度化。建设环保数字化网格管理系统,实现"点穴式""靶向性"监察治理模式。将环保信用评价制度纳入社会信用体系,形成联合惩戒机制。推动环境责任保险改革。健全环境治理和生态保护市场体系,推进生态资本可度量、可交易、可变现。深度融入全国碳排放权交易市场。探索开展森林、草原碳汇交易。编制自然资源资产负债表,建立生态环境损害责任终身追究制度和生态保护绩效考核评价制度。健全水资源可持续利用管理制度,严格落实水资源开发利用控制、用水效率控制和水功能区限制污染"三条红线"。建立完善中水回用和再生水利用激励机制,逐步提高中水使用比重。建立水、气、土一体化环境监测体系,深入落实"河湖林"长制,完善环境预警监测和项目源头防控体系。健全生态补偿体制机制,完善和实施农牧业"三区"发展规划,保护生态自然恢复区。鼓励各类投资主体以政企合作等形式参与生态环境建设。开展重点流域断面污染补偿。完善污染物排放许可和排污总量控制制度。建立完善重大规划和重大决策环境影响评价制度。建立环境风险预测预警体系,加强环境风险管理。

第三节　政策连续更有力

推动绿色发展,创新调控方式,以生态空间管控引导构建绿色发展格局,以生态环境保护推进供给侧结构性改革,以绿色科技创新引领产业生态化,促进区域绿色、协调发展,加快形成节约资源和保护环境的空间布局、产业结构和生产生活方式,推进构建以产业生态化和生态产业化为主体的生态经济体系,实现发展与保护协同共进。

一、严守国土空间用途管制

以资源环境承载能力评价和国土空间开发适宜性评价为基础,优化城市化地区、农产品主产区、生态功能区三大空间格局,促进以生产空间为主导的国土开发方式向生产—生活—生态空间协调的国土开发方式转变,实现生产空间集约高效、生活空间宜居适度、生态空间山清水秀。强化国土空间用途管制,坚持底线思维,把城镇、农业、生态空间和生态保护红线、永久基本农田保护红线、城镇开发边界作为调整经济结构、规划产业发展、推进城镇化不可逾越的红线,加快形成主体功能明显、优势互补、高质量发展的国土空间开发保护新格局。生态保护红线面积严格管控,进一步推动违法违规侵占生态空间活动的退出和修复;永久基本农田任何单位和个人不得擅自占用或改变用途、不得闲置、荒芜;城镇开发边界集中建设区严格控制城镇空间无序扩张,加大城镇生态系统保护修复力度,优化建成区绿地格局、增强绿地生态功能。

二、落实生态环境分区管控

全面实施"三线一单"（生态保护红线、环境质量底线、资源利用上线、生态环境准入清单）生态环境分区管控意见，加强"三线一单"在政策制定、环境准入、园区管理、执法监管等方面的应用，从空间布局约束、污染物排放管控、环境风险防控、资源能源利用效率等方面提出调控策略及环境治理要求，为产业结构优化调整提供科学依据。让"三线一单"成为党委政府宏观决策的科学工具，注重在重大发展战略上主动融入"三线一单"的理念并落实管控要求。深入推进"三线一单"成果在规划环评、项目环评以及环评预审等环境管理中的全面应用实施，充分发挥"三线一单"对环评管理的优化作用，各类开发建设应将"三线一单"等管控要求融入决策和实施过程，以生态环境分区管控推动经济高质量发展。加快建成"三线一单"信息化平台，打造生态环境的大数据和智慧监管系统，提高生态环境管理制度制定与执行的高效性。

三、大力发展绿色产业体系

培育战略性新兴产业，大力发展现代装备制造、新材料、新能源、节能环保等产业，以科技创新为驱动打造战略性新兴产业集聚区。率先在现代能源经济、光电材料、储能材料、智能矿用制造等领域开展关键技术攻关，打造西北地区一流的能源产业创新中心、新材料生产研发基地、矿用装备生产维修和技术服务基地。装备制造业重点建设金诚瑞矿用截齿生产、神能机械维修制造、恒凯成套配电设备和天明机械煤机制造维修暨后市场服务等项目，打造煤炭装备制造、煤炭机械制造等产业集群。环保产业重点推动神华鄂尔多斯煤制油分公司自备电厂锅炉超低排放改造、新伊科生活垃圾无害化填埋场、神东布尔台区域矿井水提标治理等项目，坚定走"环境友好型"的路子。新材料产业重点发展鑫睿国源年产20万吨无机高分子絮凝剂、金润达高分子管材二期、恒瑞凯管业制造等项目，打造特种材料产业集群。数字产业重点推进5G通

信应用、大数据、智慧矿区、智慧城市等新一代信息技术的布局应用,加快数字经济与实体经济融合发展。

推进绿色产业创新。大力发展新一代信息技术、新材料、高端装备、新能源汽车、绿色环保、医药健康、军民融合等新兴产业,积极培育品牌产品和龙头企业,加快形成一批战略性新兴产业集群。抓好电动重卡、煤机、风机等高端装备制造项目。大力发展数字经济,加强5G、区块链、人工智能、工业互联网、物联网等新型基础设施规划布局建设,推动数字产业化和产业数字化发展。

四、强力推进绿色科技创新

积极推进科技创新。认真落实"科技兴蒙"行动,加快制度创新、产业创新、模式创新、技术创新,提高全要素生产率。深度参与呼包鄂国家自主创新示范区建设,积极推动"一院两地"共建发展,推进现代能源经济研究院建设。聚焦煤炭清洁高效利用、新能源、新材料、生态环保

远景动力鄂尔多斯电池制造基地

等重点领域,推动科技成果应用转化,支持引导驻地央企率先建设产业技术研发中心和科技成果转化基地,打造产业链供应链价值链创新链融合的新支点。深入推动"大众创业、万众创新",充分发挥天骄众创平台孵化功能,规划布局"双创"和科技孵化基地,打造伊金霍洛"双创"升级版。加大高层次人才引进力度,建立完善人才服务保障体系。

五、加快产业结构升级

严格产业准入条件。对标碳达峰碳中和与节能减排目标要求,坚决遏制高耗能高排放项目盲目扩张,不再审批焦炭(兰炭)、电石、聚氯乙烯(PVC)、铁合金、电解铝等新增产能项目,确需建设的,须在区内实施产能和能耗减量置换。提高新建项目节能环保准入标准,除煤制油气项目外的新建高耗能高排放项目工艺技术装备、能效水平、治理水平等必须达到国内先进水平。

优化产业结构。突破影响绿色发展的首要障碍性因素,加快推进传统产业改造升级,培育壮大战略性新兴产业,推动传统企业向绿色化、智能化、高端化迈进。推进现代煤化工产业升级示范,推动化工产业延链补链,衍生新材料产业,补齐煤基等新材料短板。积极推动镁产业由初级加工产品向深加工产品转变,延伸镁冶炼加工产业链条。

优化产业布局。结合地区环境承载力、资源能源禀赋等条件,合理规范城镇、各类园区产业空间布局,确定火电、煤化工等行业规模限值,实行新(改、扩)建项目重点污染物排放等量或减量置换。城市主城区禁止建设环境高风险、高污染项目。严格项目审批,新上重化工项目必须入园,对布局在园区外的现有重化工企业,严禁在原址审批新增产能项目。全面落实《促进工业园区高质量发展的若干意见》,加快对工业园区的调整整合步伐,进一步做好园区产业规划和产业布局定位。

提高利用效率。提升行业资源能源利用效率,严格执行产品能效、水效、能耗限额、碳排放、污染物排放等标准。建立健全节能、循环经

济、清洁生产监督体系。对重点行业深入推进强制性清洁生产审核,传统行业实施清洁化改造。提升重点行业和重点产品资源能源效率,推行合同能源管理、合同节水管理、环境污染第三方治理模式和以环境治理效果为导向的环境托管服务,实施能效、水效、环保"领跑者"制度。

六、推动清洁能源发展

优化能源供给结构。加速能源体系清洁低碳发展进程,优先开发利用可再生能源,打造风能、光伏、氢能、储能"四大产业集群",推动非化石能源成为能源消费增量的主体。以优势资源为依托打造现代能源经济示范先行区。率先建成全国首个碳中和产业园,打造智慧绿电及风光氢储示范基地。率先建成西部地区氢能示范城市,构建制氢、储氢、加氢和燃料电池研发制造应用全产业链体系。率先建成全国5G智能化矿区,打造全国煤炭领域先进技术应用示范基地。

推进能源绿色发展。抢抓自治区建设鄂尔多斯燃料电池汽车示范城市机遇,推进鄂尔多斯氢能产业园建设,推动上汽红岩、上海重塑、新源动力氢能重卡产业链项目落地,积极引进上海舜华等氢能企业,规划建设制氢站2座、固定式加氢站3座,打造氢能全产业链,着力培育百亿级氢能产业集群。按照"板上光伏发电、板下生态产业"的思路,探索推广"风光同场、风光农牧"模式,开工建设远景智慧绿电及风光储氢示范基地、圣圆新能源"绿色矿山+新能源产业+现代农牧业"综合开发示范基地项目,着力培育百亿级风光产业集群,构建多种能源协同互补、综合利用的发展方式。

提升能源科技化水平。加快推动传统煤炭产业向现代化、清洁化、智能化方向发展,建设国家智慧、绿色、科技、安全矿山示范基地。建成补连塔、石拉乌素、马泰壕等22个智能化煤矿,在察哈素煤矿、上湾煤矿推广应用"5G+智慧矿山"模式,推动煤矿装备向智能化、高端化发展。不断提高原煤清洁利用水平,启动建设国电布连电厂二期工程,确保汇能煤制气二期、信诺正能煤焦油深加工等项目建成投产。完善"易能通"智慧能源综合服务平台功能,推进安全生产、市场监管、能源交易等多平台融合,推动信息技术与能源产业深度融合。控制煤炭消费总量。严控化石能源消费总量,煤炭消费尽早达峰并实现稳中有降。重点煤化工企业吨产品原料煤耗达到《煤炭深加工产业示范"十三五"规划》中

百万吨级煤直接液化项目

先进值要求,其他煤化工企业吨产品原料煤耗达到行业平均水平。

实施终端用能清洁化替代。推行国际先进的能效标准,加快工业、建筑、交通等各用能领域电气化、智能化发展,推行清洁能源替代。重点削减民用散煤与农业用煤消费量,对以煤、石焦油、渣油、重油等为燃料的锅炉和工业炉窑,加快使用清洁低碳能源以及工厂余热、电力热力等进行替代。持续推进清洁取暖,构建政府、供电企业、新能源发电商合作联动、优势互补的发展模式,全面推行农村牧区清洁能源替代散煤取暖工程,满足全旗138个嘎查村的供暖用电需求,形成新能源和农牧区清洁供暖协调发展的新局面。

开发能源生产新技术。发展大容量、高参数燃煤机组,推进煤电企业兼并重组,提高规模和档次。采用煤气化联合循环发电(IGCC)、碳捕集等绿色煤电技术,实现煤炭资源清洁高效开发和利用。严格执行煤直接液化制油、煤制天然气、煤制烯烃等行业的单位产品能源消耗限额标准,加快落实煤间接液化制油、煤制乙二醇、煤制芳烃等行业的单位产品能源消耗限额标准。

七、构建绿色交通体系

优化交通运输结构。开展铁路运能提升行动,公路货运治理行动,多式联运提速行动,城市绿色配送行动和信息资源整合行动,深化交通运输供给侧结构性改革。大幅减少公路货物运输量,持续推进"公转铁",大宗货物年货运量150万吨以上的大型工矿企业和新建物流园区,铁路专用线接入比例达到80%以上,推进进站列车直达物流园项目建设,物料通过全封闭的管带机被输送至厂区各车间,做到运料不见料。对其他运输量较大、运输距离较远的矿石、煤炭、焦炭等大宗物料、产品,且无法实施铁路运输的,推动采用国V及以上排放阶段的车辆进行运输。持续推进东胜东至台格庙铁路、海勒斯壕铁路专用线、札萨克铁路集运站项目建设,力争海勒斯壕铁路专用线、察汗淖集运站及铁路专

鄂尔多斯伊金霍洛国际机场

用线投入使用。

推动机动车升级优化。全面实施国VI排放标准。鼓励将老旧车辆和非道路移动机械替换为清洁能源车辆,持续推进清洁柴油车(机)行动。基本淘汰国III及以下柴油货车,加快淘汰国VI及以下重型营运柴油货车,国VI重型货车占比达到30%以上。全面实施非道路移动柴油机械第四阶段排放标准。加快车用液化天然气(LNG)加气站、充电桩布局,在交通枢纽、批发市场、快递转运中心、物流园区等建设充电基础设施。

推进新能源汽车使用。坚持企业的主体地位,发挥市场配置资源的决定性作用,创新推广应用模式,规范市场运行规则,努力降低新能源汽车购买、运营、维护、电池回收的全寿命成本,激发企业积极性,实现新能源汽车在交通运输行业的可持续应用。积极调整运力结构,淘汰高耗能高污染运输工具,加大新能源和清洁能源车辆在城市公交、出租汽车、城市配送、邮政快递、机场等领域应用,推动城市公共交通工具和城市物流配送车辆全部实现电动化、新能源化和清洁化。

构建绿色流通体系。以国家生产服务型物流枢纽为主体打造现代服务业核心区。率先创建全市首个生产服务型国家物流枢纽,打造呼包鄂榆经济带商品物流中转仓、自治区一流的现代煤炭物流基地、"一带一路"中西部地区重要物资中转集散点。发展绿色仓储,鼓励和支持在物流园区、大型仓储设施应用绿色建筑材料、节能技术与装备以及能源合同管理等节能管理模式。加强快递包装绿色治理,推进大型电商和寄递企业包装物回收循环利用共享。

第四节 改革驱动更强劲

伊旗坚持打造改革开放新高地,建设高水平经济新体制。将改革开放贯穿于发展的全过程和各领域,推动有效市场和有为政府更好结合,解决阻碍经济社会发展的体制性、机制性障碍,不断释放改革红利,增添发展动能。

一、完善要素市场化配置

(一)推进土地要素市场化配置

在坚持用途管制的前提下,鼓励以出让、租赁方式供应土地。深化产业用地市场化配置改革,支持国有企业利用存量用地吸引社会资本,完善补充耕地和城乡建设用地增减挂钩节余指标旗内流转交易制度。探索制定不动产登记办法。完善土地利用机制,对发展较好、用地集约的园区在安排年度新增建设用地指标时给予适度倾斜。严格土地利用管理,工业园区用地须纳入全旗用地供应管理,合理确定用地结构。严格执行土地出让制度和用地标准、国家工业项目建设用地控制指标。从建设用地开发强度、土地投资强度、人均用地指标管控和综合效益等方面加强园区土地集约利用评价。

(二)推进资本要素市场化配置

推进区域股权市场发展,建立完善非上市企业股权登记托管、非上市企业信息披露制度。建立完善私募股权投资指引、挂牌企业推介路

315

演、政府性投资引导基金跟投服务机制,建立完善股权资产交易转让、股权挂牌融资、私募股权基金退出机制。"一企一策"加快推动后备企业上市、转板。加快发展债券市场,建立中小企业集合增信机制、金融机构债券承销激励机制和市场化竞争机制。按照"户转企、企升规、规改股、股上市"路径,完善企业上市服务体系。鼓励俄蒙金融机构在我旗空港物流园区设立机构。鼓励跨境电子商务使用人民币计价结算。

(三)加快要素价格市场化改革

完善主要由市场决定要素价格机制。加快建立伊旗公示自然资源价格体系,完善规范城乡基准地价体系。完善最低工资标准评估机制。落实企业薪酬调查和信息发布制度,指导企业开展工资集体协商。深化国有企业收入分配制度改革,构建以岗位价值为基础、以绩效贡献为依据的薪酬管理制度。转变政府定价机制,由制定具体价格水平逐步向制定定价规则转变。健全生产要素由市场评价贡献、按贡献决定报酬的机制。建立工资增长与劳动生产率提高相适应的工资正常增长调控机制,提高劳动报酬在初次分配中的比重。深化人才评价和管理体制改革,破除劳动力跨地区、跨部门、跨所有制流动的隐性壁垒,建设城乡统一的人才市场。全面推进能源企业市场化改革,加快形成企业自主经营、商品和要素自由流动的能源市场体系。

二、优化营商环境

(一)深化"放管服"改革

落实《优化营商环境条例》,全面落实市场准入负面清单制度,保障各类市场主体依法平等使用资金、技术、人力资源、自然资源等各类生产要素和公共服务资源,平等适用各类支持发展政策。持续深化"放管服"改革和"最多跑一次"改革,运用数字化思维和信息化技术创新"放管服"模式。继续深化行政审批制度改革,持续精简行政许可事项,进一步减少审批环节、优化审批流程、创新审批方式、规范审批行为,打造

政务服务大厅

"宽进、快办、严管、便民、公开"的审批服务模式,推进政务服务标准化。深化"证照分离"改革、深化投资审批制度改革、推进投资项目承诺制改革、深化工程建设项目审批制度改革。全面推行"不见面"办事,除法律法规有特殊规定的事项外,原则上都要做到网上全程可办,为企业群众提供"24小时不打烊"在线政务服务。健全平等保护的法治环境。健全执法司法机制,平等保护各类市场主体。依法保护各类市场主体的财产权和其他合法权益,保护企业经营者人身和财产安全。完善知识产权保护制度,加强知识产权行政执法与刑事司法的衔接。强化执法办案监督管理。健全完善以"双随机、一公开"监管为基本手段、以重点监管为补充、以信用监管为基础的新型监管机制,实施涉企经营许可事项清单管理,加强事中事后监管,对新技术、新产业、新业态、新模式实行包容审慎监管。

（二）健全社会信用体系

健全完善公共信用信息征集目录，实现"一张网"管理、"一站式"查询。在政务诚信、商务诚信、社会诚信和司法公信等领域全面建立信用承诺、信用核查和信用"红黑名单"制度，推动守信联合激励和失信联合惩戒机制落地。建设现代征信市场，培育引进合法征信机构，创新征信服务。发挥社会组织作用，促进行业信用体系建设，加强政府信用信息应用，形成"一处失信、处处受限"的联合惩戒机制。通过服务窗口、平台网站、移动终端等方式向社会提供便捷的公共信用信息查询服务。建立健全信用评分评级体系，提高全社会的诚信意识。积极引导金融机构、互联网公司、基础电信运营商等开展大数据征信服务。

（三）深化农村牧区改革

推进农村经营性建设用地入市配套制度，深化农村宅基地改革，探索宅基地所有权、资格权、使用权"三权分置"，加快推进"两权"抵押配套措施。健全完善农村产权流转交易平台，积极推动土地、草牧场规范流转，整合农牧业生产资料，引导扶持种养殖能手向专业大户、家庭农牧场、专业合作社等方向发展。积极发展农牧民股份合作，赋予农牧民对集体资产股份占有、收益、有偿退出及抵押、担保和继承权，促进集体资产保值增值。通过土地流转、规模养殖等方式，推动"农民"变"股民"，真正让"荒山荒地"成为共同致富的"金山银山"。

三、打造美丽宜居乡村

以"天蓝、地绿、水净，安居、乐业、增收"为目标，体现农村特色、乡土味道、田园风貌，推进文化、教育、卫生、社保、商业设施"五覆盖"和供水、供电、道路、通讯、绿化、住房"六到户"工程。开展"美丽乡村·文明家园"创建行动，建成美丽宜居乡村。加强传统民居、古迹古建和历史文化传承保护，突出历史文化遗产及乡土特色元素，保持和延续乡村传统格局和历史风貌。整治农村人居环境，深入推进"厕所革命"。扩大农村牧区垃圾分类和资源化利用,合理确定垃圾收运处置模式。建立村庄环境长效管护机制,推行城乡垃圾污水处理统一规划、统一建设、统一运行和统一管理。推进秸秆利用规模化、专业化、产业化,秸秆综合利用率达到90%以上。深入开展农业面源污染治理行动,严格落实化肥农药使用量负增长计划。实施产地环境净化工程,农膜回收率达到83%以上,畜禽粪污综合利用率达到90%以上。建设或改造一批集观光、体验、展示于一体的乡村旅游目的地。以建成的现有镇综合文化站和村综合文化服务中心为基础,加强基层文化阵地建设,切实提高农村文化生活水平,提升农民综合素质,培育诚信友善、文明和谐的村风民风。

第五节 技术革新更迅速

伊旗坚持实施创新驱动发展战略,全面塑造发展新优势。坚持创新在现代化建设全局中的核心地位,深入实施创新驱动发展战略,认真落实"科技兴蒙"行动,推动发展由要素驱动向创新驱动转变,全面激发创新创业创造活力,打造经济高质量发展的核心动力。

一、加快提升科技创新能力

(一)实施重大科技创新攻关

建立政府投入刚性增长机制和社会多渠道投入激励机制,积极参与国家和自治区创新平台建设,引进一批国家和自治区级科研机构、重点实验室、高等院校和科技企业。充分发挥国家能源集团、远景能源等行业领军企业的示范支撑作用,聚焦智能装备制造、生态修复、燃料电池等领域,实施煤炭清洁高效利用、疏干水深度处理、煤矸石综合利用等一批重大科技项目,攻克一批关键核心技术,推动产业链上下游、大中小企业融通创新。围绕现代农牧业、能源化工、战略性新兴产业、现代服务业等重点产业,组织实施一批产业创新重大专项,力争在生物育种、土壤防治、大规模储能、氢能、生物医药等领域取得突破,推动产业迈向中高端。积极引进物流网、云计算、北斗导航、精细化工等成熟技术的工业化应用,着力培育新兴产业。

远景动力鄂尔多斯电池制造基地

（二）提升企业创新主体地位

将培育高新技术企业作为重点工作,大力提升区域经济核心竞争力。通过高新技术企业认定和各类科技计划项目引导企业科技项目全过程管理,提升创新能力和科研质量。注重小微企业培育,通过众创空间、星创天地支持和引导小微企业向高新技术企业发展。通过创新创业大赛等形式,挖掘科技型中小企业创新潜力。引导和推动中小企业在所属领域深度发展,培育一批聚焦主业、创新能力强、科技含量高、持续加大研发投入的企业。通过科学评价,选拔"领头羊企业""先锋示范企业",带动同行企业提升科技创新能力。集合优势资源,完善推进创新攻关的竞争立项、定向委托、"揭榜挂帅"体制机制,加强创新链和产业链对接。完善鼓励企业创新政策,推动各类创新要素向企业集聚,支持企业加大研发投入、组建创新联合体,提高科技创新核心竞争力。支持企业瞄准国际国内同行业标杆推进技术改造,全面提高产品技术、装备工艺等水平,推动新能源、羊绒等产品和技术标准上升为行业规范、国家标准。

（三）深化科技体制改革

尊重科学研究规律，推动政府职能从研发管理向创新服务转变。健全技术创新的市场导向机制和政府引导机制，加强产学研协同创新，引导各类创新要素向企业集聚，市场导向的科技项目主要由企业牵头。聚焦重大战略任务，打破科技资金分割现状，加快建立适应科技创新规律、统筹协调、职责清晰、科学规范、公开透明、监管有力的科技计划体系和项目资金管理机制。落实科研事业单位在编制管理、人员聘用、职称评定、工资分配等方面的自主权。完善科技成果使用、处置和收益管理制度，加大科研人员在成果转化、收益分享方面的激励力度。推进形成科技、能源和金融结合机制。深化科技激励评价改革，尊重科研规律，大力弘扬科学精神，积极营造崇尚创新、宽容失败的社会氛围。建立创新容错和尽职免责机制，保护科研人员的积极性和创造性。

（四）优化创新组织体系

加大财政投入力度，建立和完善财政科技投入与银行贷款、企业投入、社会投资相结合的多元化科技投融资体系。整合各类科技资源，建

"矿井智能开采关键技术与装备"专项攻关项目

设适应全旗科技创新的人才、基地、平台、机制等科技创新支撑体系,构建政府激励引导、市场配置资源、企业主体创新、社会广泛参与的协同发展科技创新体系。建立和完善技术转移、创业孵化、生产力促进中心等科技服务机构,创建科技服务业创新发展城市。加强技术交易后补助力度,鼓励创办和引进多元化投资、市场化运作的各类专业化技术交易服务机构,发展技术信息、资产评估、技术拍卖、会计审计等公共服务,打造完整的技术转移产业服务链。依托知识产权服务中心等机构,发展专利检索、专利分析、专利申请、专利质量管理等服务,打造完整的知识产权交易服务链条。

(五)推进大众创业万众创新

做大做强科技孵化平台,提升双创基地建设水平,构建更具活力的"双创生态系统"。依托"天骄众创园""蚂蚁筑巢"等创新创业公共服务平台,实施"双创"和"大学生创业就业圆梦"行动,打造国家级"双创"示范基地。注重与周边地区组建众创空间联盟,共享导师、培训、投资等创业资源。鼓励社会机构举办创业沙龙、创业训练营等公益活动,推动创新与创业、线上与线下、孵化与投资相结合,为小微创新企业成长和个人创新提供低成本、便利化、全要素的开放式综合服务平台。坚持市场引领和政府引导并重,放开搞活和规划有序并举,强化政策服务供给,进一步降低创新成本。加强信息资源整合,向企业开放专利信息资源和科研基地。鼓励大型企业建立技术转移和服务平台,向创业者提供技术支撑服务。建立"天使投资""创业投资""产业投资"引导基金,激发各类资本参与和支持创业的积极性,加强对种子期、初创期、成长期科技型中小企业的支持,推动全旗公共技术平台、服务平台对创新企业、创业个人免费开放。积极营造良好的创新生态环境,广泛举办各类创业创新活动,努力培育"创客"文化,让创新创业蔚然成风。全面推进众创众包众扶众筹,依托互联网拓宽市场资源、社会需求与创业创新对

接通道,推进专业空间、网络平台和企业内部众创,加强创新资源共享。推广研发创意、制造运维、知识内容和生活服务众包,推动大众参与线上生产流通分工。发展公众众扶、分享众扶和互助众扶。完善监管制度,规范发展实物众筹、股权众筹和网络借贷。打造智慧能源专业孵化器,以能源科技为核心,开创"能谷"品牌。

二、实施人才优先发展战略

落实"草原英才"工程,实施"人才强旗"战略,依托鄂尔多斯市现代能源经济研究院、鄂尔多斯能源职业技术学院,鼓励各类主体通过共建新型研发机构等方式,完善产学研用结合的协同育人模式,打好引才育才聚才用才"组合拳"。发挥人才在经济转型、产业升级中的重要作用,确保人才投入优先保证、结构优先调整、政策优先创新。完善人才服务,设立引进高层次人才专项编制,优化事业单位专业技术人员人事管理,确保专业技术人才合理流动;健全人才引进制度,为引进人才的落户、医疗、保险、住房、配偶就业、子女上学等提供便捷服务。完善人才培养机制,建立各类重点实验室,推进产学研结合,有针对性地开展"订单式"人才培养和技能培训。加快发展职业教育,依托全旗职业教育和各类培训阵地,认真抓好重点专业技术人才继续教育和培训工作。加强本土人才的培养和支持力度,让本土人才有更好条件、更多时间深耕专业、多出成果。

第六节　产业拉动共富裕

伊旗坚持推动产业转型升级,加快构建现代产业体系。坚持把发展经济着力点放在实体经济上,多产业融合、全产业链布局,推进产业数字化、网络化、智能化,培育新技术、新产业、新业态、新模式,加快新旧动能转换,构建集群发展、多极支撑、高端低碳的现代产业体系。

一、加快提升产业链供应链现代化水平

(一)完善产业链供应链

立足优势特色产业,按照"锻长板、补短板"的要求,构筑"安全可靠有韧性、动态平衡有活力"的产业链供应链体系,找准产业链、供应链薄弱环节,加强重点生产环节和关键材料、关键零部件、关键生产工艺的技术研发,扫除产业链供应链淤点和堵点,促进各环节、各产业、各区域、各部门间畅通,提高供给体系与市场需求的适配性。以数字化赋能传统优势产业,将数字技术有机地融入研发设计、物流供应、生产制造、消费服务等环节,促进产业线上线下循环。以数字化智能化技术、前沿技术、关键核心技术的研发应用为导向,布局战略性新兴产业和以智能经济为代表的未来产业,推动产业链供应链转向数字化、网络化、智能化。积极吸引国内外高端产业链落户我旗,完善产业链、供应链、研发链。挖掘产业结构梯次转移的空间潜力,积极承接产业转移。加快实施产业基础再造和产业链提升工程,大力引进产业链缺失项目、升级项

伊旗文化产业沙山公园

目,完善旗内产业链和供应链,逐步形成区域间、产业间、企业间产业互补、生产互补、供应互补。

(二)推动产业链创新链深度融合

围绕产业链部署创新链,围绕创新链布局产业链,加强科技创新和技术攻关,提升产业基础高级化、产业链现代化水平。构建特色产业生态系统,引导龙头企业主动发起、中小型创业企业积极参与,培育大中小企业共存的产业生态系统。实施企业梯次培育行动,遴选培育产业链领航企业、龙头骨干企业。大力培育"专精特新"企业,打造一批细分行业和细分市场领军企业、单项冠军和"小巨人"企业。孵化培育一批独角兽、瞪羚企业。主动引导科技创新向产业运营转化,拓展"双向融合"的市场空间。围绕制造业服务化转型,推动优势产业链主动融合科技创新、提升产业附加值,实现产业链创新链融合发展。引导要素资源集聚,着力解决资金、能源、土地、用工、技术、运输、原料等各方面困难

食品总仓及地产食品加工园区

问题,保障产业链企业发展和项目建设要素需求。

(三)推进供应链创新与应用

加快建立适合伊旗旗情的供应链发展新技术和新模式,促进制造供应链智能化和可视化,重点推进我旗农畜产品行业、机械装备制造、化工、能源等优势特色产业供应链体系的智能化,推动感知技术在制造供应链关键节点的应用,促进全链条信息共享,实现供应链可视化。推进供应链协同制造,完善从研发设计、生产制造到售后服务的全链条供应链体系。建设服务型制造公共服务平台,发展基于供应链的生产性服务业,倡导绿色供应链,推行产品全生命周期绿色管理,鼓励企业积极参与供应链行业的标准制定,积极开展供应链标准化。

二、做优做强现代能源经济

(一)推进煤炭产业现代化发展

按照智能化开采、安全化生产、系统化生态保护的思路,考虑煤炭资源市场区位、交通运输、公共服务等综合因素,优化煤炭开发布局。推动贮存条件好、安全有保障、机械化水平高的井工煤矿核增生产能力,拓展优质煤产能释放空间,优化煤炭供给结构。坚持市场主导、企业主体和政府支持相结合的原则,支持优势煤炭企业兼并重组,形成现代化大型煤炭企业集团,提高煤炭产业集中度,增强抵御市场风险能力。引导年产60万吨以下煤矿有序退出,年产500万吨以上煤矿产能占比达到65%左右。推进大型煤矿智能化改造,充分应用"互联网+"和5G技术,实现煤炭开采岗位机器人替代、生产过程智能控制、供应链条智能决策,推进智能矿山建设,实现煤炭开采"无人化、少人化"。推进煤炭绿色高效开发利用,大力实施煤炭充填开采、保水开采等绿色开采技术,发展煤炭洗选加工和矿区循环经济。推进煤矿安全生产标准化建设,提高企业安全生产水平。依托"易能通"等数字化平台,推进区域煤炭交易"云超市",提高煤炭供给质量和效益,稳定煤炭销售市场,持续提升伊金霍洛优质煤市场占有率。

智慧矿山

（二）推进煤电产业绿色发展

以满足我国中东部地区绿电需求为导向，以优化电源结构、提高外输能力为重点，根据电力需求变化与输电通道建设，实施绿电输送工程，推进特高压电力绿色外送通道和配套坑口电源点建设。实施数字能源工程，推动智能电网改造，建设智能电网、智能热网，建设电力物联网，实现能源网络用户友好互动，力争基本建立调度、交易、管理现代化的智能电网。推进电力体制改革，扩大电力直接交易范围，有序推进新能源汽车充电设施等电力应用市场建设，提升自用电比例。加强和完善能源产供储销体系建设，完善输气管道和储备设施建设。实施燃煤机组超低排放和节能改造，坚决淘汰关停不符合标准的机组，推进新旧电厂全部采用高参数、环保型空冷机组，着力推进60万千瓦及以上超临界机组建设，水耗、煤耗和主要污染物排放指标达到国内领先水平。示范开展高效煤气化发电及多联产技术开发应用，推进燃煤发电高效、近零排放。

（三）推进煤化工产业高质量发展

拉长"煤字头"深加工产业链，推进煤炭分级分质梯级利用，大幅提高精深加工度，稳步实施煤制油、气等现代煤化工升级示范，推动现代煤化工向煤基精细化学品、煤基高端新材料产业方向延伸，建立"一块煤到一匹布""燃料到材料"的全产业链条，打造国家现代煤化工产业示范区。稳步发展神华煤制油、汇能煤制气等煤炭清洁高效利用重大项目，推动煤化工向合成纤维、合成树脂、合成橡胶等合成材料及其下游高端产品延伸，打造国内一流的煤化工产业集群。集中攻关突破一批关键技术，实现清洁资源高效利用。建立智能高效的供应链体系，着力提升园区承载能力、配套服务能力和安全运维能力。

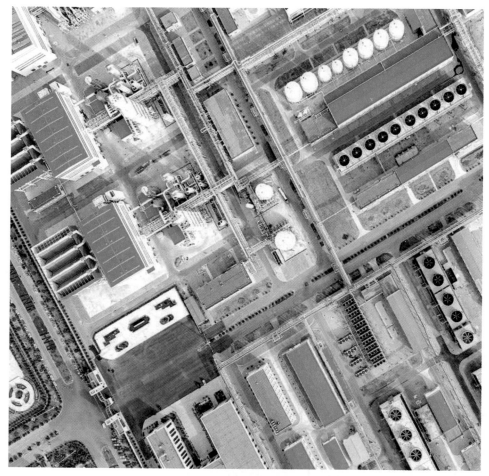

内蒙古汇能煤电集团公司煤制天然气项目

(四)推进新能源产业可持续发展

全面落实碳达峰、碳中和战略目标,加大对风能、光伏、氢能等新兴能源发展力度,有序提高新能源在整个能源结构中的比例,促进能源结构调整。利用煤炭开采形成的复垦区和塌陷区,加强与远景能源等高科技企业合作,加快推动天骄绿能100万千瓦"生态修复+光伏""光伏+氢"等融合发展现代新能源产业示范项目和风电项目建设。新能源成为装机增量的主体能源,占电力总装机的比重不断提高。推广"风光储同场"，实施源网荷储工程，推进一体化综合应用。推进风电场、光伏发电基地建设智慧电厂。依托煤化工制氢成本优势，实施绿氢经济工程，重点利用化工余氢收集、电解水制氢，为氢产业发展提供基础。稳步推广氢能重卡，全力引进上汽红岩、新源动力等上下游产业链项目，积极培育以"绿氢"为引领的氢能产业集群。积极发展储氢设备、氢燃料电池、加氢站、氢燃料汽车及主要零部件，加快构建制、储、加、运、输、用等氢能综合利用产业体系，发展氢能上下游产业链，建成以锂电池为代表的电化学储能装备制造园区，氢燃料电池示范城市群，打造"氢城"品牌，把握未来氢能产业发展的主动权。加快储能技术与产业发展，推动可再生能源规模化应用，实现高碳城市低碳发展。

天骄绿能50万千瓦光伏项目

三、培育壮大战略性新兴产业

（一）现代装备制造业

以能源化工产业为依托，以跨省合作园区为优势，以市场需求为导

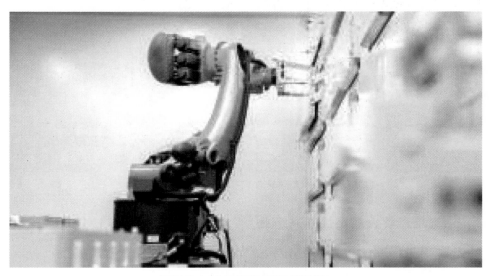

向,引进龙头企业,扶持本地企业,融入国家战略,承接装备制造产业转移。加快推动装备制造技术信息化、智能化、网络化改造,提升装备制造配套能力。围绕装备产品生命周期中的重要环节和衍生领域,大力发展煤炭采掘、化工、节能环保、专用车辆、新能源、装备服务六大装备制造业,着力培育装备维修、租赁、研发、培训、会展五大装备服务业,构建装备制造和装备服务相互带动、相互支撑的"六+五"装备产业体系,以制造带动服务,以服务支撑制造,实现制造业与服务业的良性互动和融合发展。形成"一核多点"的装备制造和装备服务格局。

(二)新材料产业

打造"低电价""低气价""低地价"优势,完善产业配套体系,促进新材料产业与能源、化工、装备等上下游产业融合发展。抓住煤电气资源上下游产业快速发展的机遇,培育新型储能电池、高能储氢材料、聚合物电池材料、多晶薄膜太阳能电池等新能源材料。基于现已形成的化工产业基础,壮大塑料管原料、密封材料、包装膜、特种橡胶等新型化工材料。把握生态环境材料的市场需要,推动内蒙古清研沙柳综合利用

远景动力鄂尔多斯电池制造基地

等项目做大做强,发展生态建材、环境修复、环境净化等生态材料,引进完全可降解塑料生产线,发展聚乳酸等塑料替代产品,用于服装、包装、农业、汽车、生物医药等众多领域。以高性能和低成本为方向,引进具有自主知识产权的电子元器件研发生产企业,发展高低压电器及成套设备、电工器材、电力电子类环保节电装置等电子元器件制造产业,有效满足电力、工业、民用、商业、行政事业等公用电网领域的市场需求。

（三）电子信息产业

加快推进数字经济创新发展,大力促进产业数字化转型,全面促进物联网、大数据、人工智能与实体经济深度融合,以数字技术创新带动科技变革、产业变革和社会治理方式变革。推进数字经济赋能行动,推动采矿、能源、装备制造等行业龙头企业加强自动化、智能化、成台(套)化装备技术与传统生产加工的集成融合改造,打造以数字生产线、数字车间和数字工厂为重点的智能化示范项目;支持龙头企业进行产业链信息化建设,建设企业大数据中心,打造产业"数据中台",推动形成原材料收储、销售交易以及协作加工产业链各环节高效有序运行机制,促进上下游、产供销协同联动,发展产业新生态。依托园区及周边地区优势产业和重点行业,做好"企业登云"行动,建设工程及矿用机械维修、新能源汽车、物流云服务数据中心建设。以相对成熟的物联网应用领域和项目为切入点,孵化一批具备较强竞争力的创新型企业,重点推进产品追溯系统、厂矿安全生产在线监测预警系统、环境质量在线监测预警系统、物联网家电、安防报警及环境监控系统等项目的研发与应用。

（四）节能环保产业

以技术创新、业态创新和商业模式创新为动力,推进多领域、多要素协同治理,推广应用第三方污染治理,提升环境治理服务效能。加快引育先进产能和产业集群,培育发展工业废水和城镇污水处理技术设备,促进环保产业向园区集聚、环保服务向中心城市集中,打造"城市矿产"

示范基地。优先发展壮大环保技术研发和生产性服务业,加强产业研发及装备、产品与综合服务业生产。加大大宗工业固废、报废汽车和电子电器等综合利用,建立以产业大宗固体废物综合利用、废旧装备清洁回收处理、城镇废弃物回收处理及资源再生利用为重点的静脉产业园区。推进畜禽养殖污染治理及农村面源污染综合治理,发展生态修复产业。发展和推广煤高效清洁利用节能环保技术,建立以粉灰、矿渣为主要原料的绿色建材项目,形成循环经济业态。鼓励节能环保企业与互联网企业跨界合作、深度融合,搭建节能环保设备网、节能环保设计网等平台,发展节能环保供需对接、技术转移、市场推广等新业态新模式服务。

(五)生物医药产业

加强与北京、上海等生物医药产业重点区域战略合作,承接高端绿色化学原料药生产、医药中间体制造、制剂生产包装等产业转移。充分利用丰富的沙棘资源,积极发展沙棘产业,重点开展沙棘维生素、脂肪酸、植物固醇、生物碱、黄酮及多酚等有益活性物质高纯度提取技术研究,推进沙棘系列产品开发与生产。支持对甘草、苦参、黄芪、苁蓉等优势植物资源的综合开发,支持对各类中蒙药制剂品种、天然药物提取物、临床需求的仿制药、特色原料药、保健食品等的开发与研究。

四、创新发展现代服务业

(一)金融服务业

完善金融组织体系,建设金融商务区,吸引促进证券、银行、保险、基金管理、金融租赁、期货经营等金融机构来我旗设立分支机构,积极创造条件组建民营银行,参与银行业金融机构改制和增资扩股。支持组建或引进财务公司、金融租赁公司、汽车金融公司、消费金融公司等非银行金融机构。积极发展与地区经济结构和发展水平相适应的多层次资本市场,推动具备条件的企业上市融资,推动中小微企业通过"新三板"、自治区股权交易中心挂牌融资,继续发展股权投资、融资租赁、企业债券等多种融资服务,满足企业多元化融资需求。支持有条件的企业进入期货市场,申请建立煤炭、化工等大宗商品期货交割库。积极开展知识产权质押融资、"银政"担保合作等金融产品创新。深入开展"保项目、入园区、进企业、下乡村"专项行动,形成多层次、广覆盖和可持续的现代金融服务体系。全面推进绿色金融发展,加大对节能减排、循环经济、清洁能源支持力度。围绕牛羊肉、羊绒、玉米、马铃薯等特色产业,量身定制全产业链金融服务方案,打造特色金融服务。拓宽保险服务领域,大力发展"三农三牧"、森林保险,推动商业保险参与社会保障体系建设,加快发展责任保险,积极引进保险资金投资我旗基础设施建设和产业发展。设立政府转型发展母基金,吸引各类股权投资基金、创业投资基金等社会资本参与,设立产业发展专项子基金,按照资本市场化运作,全面扶持地方实体经济发展壮大。优化金融生态环境,防范化解金融风险。

乌兰木伦湖南岸沿湖经济带

(二)现代物流业

持续推进札萨克物流园区、伊旗煤炭物流园区、龙虎渠白货物流园区、空港物流园区建设,开展示范物流园区创建工作,提升园区示范作用和中心物流功能。培育壮大城市快递物流、冷链物流等新兴物流。加强旗、镇、村三级物流配送体系建设,健全超市、百货商店、连锁店、邮政快递等城市配送联盟,完善农村牧区农资储运、配送、交易市场和信息发布等体系。围绕区域工业布局,积极发展能够提供物流一体化解决方案,具有供应链设计、咨询、管理能力的第四方物流,推行集仓储、运输、交易、融资为一体的"物流+资金流+信息流"综合服务模式,实现物流供给由传统型、单一化服务向标准化、信息化、智能化、集约化、平台化转变。以物流技术、管理经营、运输服务、绿色包装等创新为重点,全面推进物流科技进步。"十四五"期间,物流业增加值年均增长15%左右。优化消费网络重要节点布局,建设辐射带动能力强资源整合有优势的区域消费中心,完善城乡物流配送体系,推进智能快递柜等设施建设和资源共享。

(三)商务服务业

加快发展会展经济,引进知名会展机构,培育涵盖清洁能源、生态文明、民族文化等元素的特色会展业,打造国际那达慕大会和中国内蒙古草原文化节等品牌,创建以敏盖白绒山羊、能源矿产、绿色农畜产品等为主题的展会品牌。积极推动会展业与文化旅游、商贸、交通等行业融合发展,形成以会展活动为杠杆的区域经济发展新模式。以国泰商务广场、乌兰木伦湖南岸为重点,引导水岸金钻大厦裙楼功能转型,大力发展总部经济,积极引进国内外大型企业来我旗设立区域总部和投融资中心、管理中心、营销中心、信息中心等职能总部,鼓励符合条件的本土优势企业加快建设企业总部,促进总部经济与楼宇经济互动发展,打造蒙西地区现代化能源经济总部中心,辐射晋陕蒙宁的总部经济集聚区。加快政府商务管理和服务向数据化、网络化、智能化推进,以数据赋能产业。鼓励传统商贸企业与电子商务企业深度整合,培育数字商务企业,搭建电子商务数据共享公共服务平台。发展壮大广告、会计、审计、认证认可、信用评估、经纪代理、管理咨询、市场调查等专业服务业。积极发展律师、公证、司法鉴定、经济仲裁等法律服务业。加快发展项目策划、并购重组、财务顾问等企业管理服务业。规范发展人事代理、人才推荐、人员培训、劳务派遣等人力资源服务业。

(四)新兴服务业

拓宽服务领域,推进服务业与制造业在更高层次的融合,支持市场潜力大、发展基础好、具有比较优势的科技、信息、中介等新型服务业发展,培育形成新的经济增长点。科技服务业:以科技服务基础设施建设、科技服务能力建设为重点,搭建科技创新研发、科技企业孵化、科技推广示范、科技咨询服务体系,鼓励发展专业化的科技研发、技术推广、工业设计、科技中介等服务,提升重点产业核心竞争力。信息服务业:以"互联网+"为核心,以"智慧伊金霍洛"建设为重点,积极发展云计算、大数据、物联网等新兴信息产业,建设大数据基地,支持北斗导航系统的建设和运用,努力将信息服务业培育成新兴支柱产业。航空产业:加快机场配套基础设施建设,发展综合保障服务、航空旅游休闲,逐步形成航空培训、运营服务、维修保养、休闲旅游产业链。快递服务业:以引进和培育快递龙头企业为重点,搭建完善的快递服务网络体系;发展"快递+内容",实现快递服务普惠为民。健康养老业,支持居家养老服务机构与社区卫生服务中心、乡镇卫生院、诊所等基层医疗机构深化合作,为老年人提供日常护理、保健服务,发展健康体检、营养辅导、母婴照料等专业机构,培育大健康产业链。支持物业服务企业探索"物业+养老服务"模式,补齐居家社区养老服务设施短板。

（五）生活性服务业

把发展生活性服务业与改善民生结合起来,拓展新型服务领域,满足多层次、多样化的需求。商贸业:加快城市商业消费综合体布局建设,提升商贸集聚区、专业市场群、商业网点快递收发、便民充值、休闲品质餐饮等功能。优化提升居住区商业、社区商业中心布局,促进商贸零售网点网络化、特色化、集约化经营。差异化打造特色商业街区,发展集购物、美食、休闲娱乐和生活服务街区。鼓励发展乡镇商贸综合服务中心,建设和改造农产品批发市场、农贸市场、社区菜市场等鲜活农产品零售网点,鼓励发展农超对接、农批对接等多种产销衔接方式。挖掘农村牧区消费潜力,完善农村商品流通体系。建设配套煤炭智能化综合服务区,提升矿区商贸服务水平。家庭服务业:多方式提供家庭、美容美发、电器维修等服务,规范房地产中介、物业管理、家用车辆维修保养等服务,提高居民便利化水平。积极发展健康服务、母婴护理、病人陪护、家居保洁等服务业,建立统一规范的服务质量标准,提升全行业规范化水平。房地产业:坚持房子是用来住的、不是用来炒的定位,保持房地产市场平稳健康发展。完善公租房保障体系,大力保障城镇住房困难家庭基本住房需求,着力解决新市民住房困难,加大重点群体精准保障力度。引导房地产企业整合重组、优化存量和转型发展,提升核心竞争力。社区服务业:加快发展社区服务业,实施"便利消费进社区,便民服务进家庭"工程,建立一站式社区服务中心,引导新业态进社区,打造智慧社区。

五、大力推进农牧业现代化

（一）建设现代农牧业产业体系

健全粮食安全保障机制,严守耕地红线,遏制耕地"非农化"防止"非粮化",深入实施农牧业高质量发展行动,不断优化农牧业生态环境,提高农牧业资源利用率、土地产出率和劳动生产率,提升现代农牧业生产力发展水平。健全永久基本农田"划、建、管、补、护"长效机制，确保耕地保有量稳定在58.7万亩左右。深入实施好"藏粮于地和藏粮于技"战略，推进高标准农田建设，确保高标准农田达到8万亩以上，粮食总产量稳定在2亿斤左右。大力发展现代农牧业，扶持生态家庭农牧场和标准化规模种养殖基地建设，打造专业化生产基地，壮大生猪、肉牛、肉羊、肉驴、绒山羊、家禽水产、杂粮杂豆、瓜果蔬菜（食用菌）、乳业、特色种养殖和林沙产业规模，形成一批特色主打产品，提升农畜产品影响力和市场占有率。优化农牧业产业结构，有序调节非优势区籽粒玉米，进一步扩大豆类生产规模，因地制宜增加青贮玉米、饲草作物种植面积，大力发展优质饲料牧草，提升农作物产品质量和种植效益。加强农畜产品品牌建设，将品牌打造与农畜产品生产功能区建设、绿色有机等产品认证紧密结合，擦亮老品牌，塑强新品牌。推进农村牧区产业融合发展，培育一批家庭工场、农村车间、农畜产品，打造一批林沙产品精深加工和产地初加工企业，不断增强产业融合发展的引领带动能力。推进敏盖绒山羊原种繁育中心、湖羊养殖示范基地、乐享百万头生猪养殖基地建设，全力支持配合乌兰、蒙泰田园综合体落地开工，打造全区乡村产业振兴示范工程。

绿色食品杂粮

（二）建设现代农牧业生产体系

提高规模化生产水平，鼓励通过互换承包地、联耕联种等方式实现连片耕种，探索统一连片流转，解决土地碎片化问题，实现土地规模化经营。根据"无标转有标，有标变提标"的原则，完善农牧业生产标准化体系，建设标准化生产基地。推进畜禽水产良种化、养殖设施化、生产规模化、防疫制度化、粪污无害化，加快畜禽标准化基地建设。推进无规定马属动物疫病区建设，加快兽医社会化服务工作，提升兽医卫生公共服务水平和动物疫病预防控制能力。推进农牧业生产全面机械化，加快推进农牧业现代化进程，农作物耕种收综合机械化率达到65%。探索"互联网+"农牧机作业服务新模式，加快农牧机装备、农牧机作业与信息技术融合发展。发展新型农村牧区集体经济，完善农牧民对集体资产股份的占有、收益、有偿出让及抵押、担保、继承等管理办法，赋予农牧民更多财产权利。鼓励经济实力强的农村牧区集体组织辐射带动周边嘎查村共同发展。继续深化开展"红色领航行动"，探索实施股份合作、有偿服务、联合经营等方式发展嘎查村级集体经济，多渠道增加农牧民的增值收益、股权收益、资产收益。总结推广先进地区扶持发展嘎查村集体经济改革试点经验，用好用活帮扶村产业扶持基金，力争每个嘎查村培育1—2个增收致富特色优势产业。

乐享生猪养殖园

(三)建设现代农牧业经营体系

加大金融支农支牧力度,持续健全完善农村牧区金融体系,强化金融服务方式创新,增加金融服务和产品供给。全面落实好各项强农富农惠农政策,促进"三农工作"健康可持续发展。壮大新型农牧业经营主体,实施新型农牧业经营主体培育工程。健全和完善龙头企业与农牧民利益联结机制,充分发挥龙头企业的辐射带动作用。健全农牧业社会化服务体系,强化农牧业科技支撑,重点支持集成运用测土配方施肥、秸秆还田、精准施肥施药等控肥控药新技术的集成研究和示范推广。实施国家粮食安全保障工程,以优势粮食工程为引领,实施产后服务体系建设,开展"五代"服务,在粮食产业前端发力,统筹推进粮食产业链、价值链、供应链建设,着力推动优粮优产、优粮优购、优粮优加、优粮优销,实现产购储加销有机融合。完善粮食储备体系,优化储备粮布局和结构,实施农畜产品质量安全水平提升工程,主要农畜产品监测合格率保持在98%以上。提升现代种业发展水平,加强与良种企业和科研机构合作交流,引进和培育适宜我旗种植的新品种。支持"敏盖"内蒙古绒山羊新品种培育和地方品种保种工作,确保我旗优势特色物种遗传资源应保尽保,将"敏盖"绒山羊品牌做大做强。大力发展农牧业社会化服务组织,推行合作式、订单式、托管式等服务模式,支持农资经

红庆河镇哈达图淖尔村——"养猪村"

销企业、农技服务机构、专业合作社、龙头企业等开展农牧业公益性服务。促进小农牧户生产和现代农牧业发展有机衔接,引导小农牧户从分散的单打独斗式生产向集中连片的群体化生产转变,帮助小农牧户对接市场、发展联合协作,提升小农牧户组织化程度。创新农牧业营销服务,充分运用"互联网+"等新兴手段,建立绿色农畜产品电子商务平台,培育农超对接、农批对接、直销直营、同城配送、与餐饮协会对接直接配送等新型流通业态,提升农畜产品产销衔接水平。

第七节　党建引领强保障

为实现伊旗高质量发展,必须坚持党的全面领导,提高党把方向、谋大局、定政策、促改革的能力,充分调动一切积极因素,最广泛地动员全社会力量,凝聚新时代伊金霍洛全方位高质量发展的磅礴力量。

一、坚持党的集中统一领导

发挥各级党委领导核心作用,健全领导经济社会发展的体制机制,完善上下贯通、执行有力的组织体系,增强"四个意识"、坚定"四个自信"、做到"两个维护",把党中央决策部署落到实处。认真贯彻落实新时代党的组织路线,不断强化各级党组织的政治属性和政治功能,建立健全党委研究经济社会发展战略、定期分析经济形势、出台重大政策的工作制度,提高各级领导班子和领导干部抓改革、促发展、保稳定水平和专业能力。全面贯彻落实新时代党的组织路线,坚持德才兼备、以德为先、任人唯贤,把各级领导班子配优建强,把干部队伍管好用好。加强对敢担当、善作为干部的激励和保护,以正确的用人导向引领干事创业导向。加强和改进党的基层组织建设,认真总结提炼基层党建实践中的创新经验,正确处理好共性和个性、党建和业务、目标引领和问题导向、建章立制和落地见效、继承和创新的关系,不断增强政治功能和组织功能,形成推动事业发展的强大力量。坚持无禁区、全覆盖、零容忍,一体推进不敢腐、不能腐、不想腐,深化党风廉政建设和反腐败斗争。持续整治"四风"问题,巩固拓展落实中央八项规定精神成果。严明党的纪律和规矩,落实党风廉政建设主体责任和监督责任,强化责任追究。不断深化党风廉政宣传教育,加快推进源头防腐。坚持运用法治思维和法治方式开展廉政建设和反腐败斗争,切实加强党员干部作风建设。建立健全决策权、执行权、监督权既相互制约又相互协调的权利结构和运行机制,积极推进政务公开标准化,打造干部清正、政府清廉、政治清明的良好政治生态。

二、推进社会主义政治建设

全面落实党的知识分子、民族、宗教、港澳侨务等政策,巩固和发展最广泛的爱国统一战线。深化群团改革,进一步发挥工会、共青团、妇联、科协等群团组织的桥梁纽带作用,为推动经济社会发展贡献力量。全面贯彻党的民族政策,深化民族团结进步教育,铸牢中华民族共同体意识,促进各民族共同团结奋斗、共同繁荣发展。广泛开展"中华民族一家亲,同心共筑中国梦"主题活动,讲好伊金霍洛民族团结故事。以增强各族群众对中华文化的认同为目的,不断推动各民族文化的传承保护和创新交融,构建各民族共有精神家园。以依法治理民族事务促进民族团结为渠道,加强党的民族理论民族政策和民族法律法规以及党中央关于民族工作重大决策部署的贯彻落实。深入实施"互联网+民族团结"行动,加强民族团结进步示范旗和示范单位建设。深化民族团结进步教育,把培育和践行社会主义核心价值观与民族团结进步教育有机结合起来,把民族团结进步教育融入干部教育、国民教育、社会教育全过程。

后 记

习近平总书记说过:"时代是出卷人,我们是答卷人,人民是阅卷人。"在伊金霍洛旗,我们可以说:"沙漠是出卷人,我们是答卷人,人民是阅卷人。"伊旗的绿色答卷得到了人民群众的高度赞赏,向人民交上了一份满意答卷。

《大美绿城 伊金霍洛》共七章,由6位成员协力完成。在撰写过程中,各章节与撰写者多次沟通,尽己所能,几易其稿,修改完善。其中,鄂尔多斯市委党校皇甫欢欢老师撰写伊金霍洛生态区位、伊金霍洛生态本底;丁国春老师撰写伊金霍洛绿色考卷;鄂尔多斯生态环境学院任昱老师撰写伊金霍洛绿色答卷;常超英老师撰写伊金霍洛绿富同兴;邬振江老师撰写伊金霍洛绿色精神,于辉老师撰写"厚植底色,逐绿前行"。

《大美绿城 伊金霍洛》初稿形成后,鄂尔多斯林业治沙科学研究院原院长刘朝霞研究员提出修改建议,作者据此完善了书稿,二稿拿出后,刘朝霞研究员再次提出进一步完善建议,作者遵此建议进一步完善,形成该书稿在此深表谢意! 全书由皇甫欢欢最终审定。

本书内容囊括四个视角。第一,从历史经纬来看,描绘伊金霍洛生态环境变迁,着重从中华人民共和国成立后特别是中国特色社会主义进入新时代以来伊金霍洛生态文明建设重大成果及历史经验。第二,从政策沿革来看，梳理伊金霍洛旗落实的各项举措，着重从中华人民共和国成立70多年来在山水林田湖草沙保护和修复及环境系统治理中如何创造性地贯彻落实党中央、自治区的关于生态环境保护的方针政策、举措。第三，从绿色精神来看，对伊金霍洛旗在建党百年中为爱绿、逐绿、护绿而涌现的英雄模范人物及可歌可泣的优秀精神品质进行大力弘扬，这是伊金霍洛旗的生态宝藏，绿色精神将代代传承，为后来者注入源源不断的动力。第四，从现实维度来看，伊金霍洛旗贯彻落实习近平生态文明思想，加大山水林田湖草沙共同体建设，将绿色产业融入其中，推进生态保护和修复力度，将绿色发展理念融入经济社会发展全过程、各方面中，使绿水青山转化为金山银山、赋能金山银山、融合金山银山，以高水平保护促进高质量发展，以高质量发展提升高水平保护，绘就青山常在、绿水长流、空气常新的美丽伊金霍洛新图景。

在此，特别感谢政协伊金霍洛旗委员会能够提供此次宝贵机会，让编写组成员有机会了解伊金霍洛旗70多年来绿色之歌的壮美华章，感谢鄂尔多斯学研究会赋予写作组成员的信任，这是我们保质保量完成书稿的最大底气，最后感谢伊金霍洛旗林草局、伊金霍洛旗能源局、伊金霍洛旗水利局、伊金霍洛自然资源局、伊金霍洛旗宣传部等部门以及纳林陶亥镇、乌兰木伦镇、红庆河镇、蒙苏工业园区等单位在书籍编写过程中的大力支持，提供了翔实的资料供写作组成员参考。

由于水平有限，书中难免出现纰漏，敬请各位同仁、读者不吝赐教，批评指正！

编委会

2023年9月